博士后文库

中国博士后科学基金资助出版

深部硬岩–硬性结构面

——力学行为与动力灾害评价

孟凡震　著

科学出版社

北　京

内 容 简 介

本书主要论述深部硬岩–硬性结构面力学行为与动力灾害评价,全书共11章,围绕三个核心问题。第一,硬岩脆性破坏特征、机制与评价,包括硬岩脆性破坏特征与机制、岩石脆性评价方法、岩石Ⅱ型应力-应变曲线特征、机制与应用。第二,结构面型岩爆孕育演化机制、影响因素与预警,包括深埋隧洞结构面型岩爆案例介绍、结构面型岩爆分类与机制、剪切滑移型岩爆影响因素、滑移型岩爆灾害预警。第三,高应力下结构面剪切力学行为与动力灾害评价等,包括硬岩结构面剪切力学特性、硬岩结构面起伏体损伤特点及对动力剪切失稳的影响、岩石细观结构对动力剪切失稳的影响、跨尺度结构面动力剪切的幂函数规律等内容。

本书可供岩土工程、地质工程、矿业工程和水利水电工程等行业从事岩体力学研究工作和现场工程实践的科研人员、技术人员和高校师生参考阅读。

图书在版编目(CIP)数据

深部硬岩–硬性结构面: 力学行为与动力灾害评价/孟凡震著. —北京: 科学出版社,2023.8
(博士后文库)
ISBN 978-7-03-075004-4

Ⅰ.①深… Ⅱ.①孟… Ⅲ.①坚硬岩石–岩体结构面–岩石力学 ②坚硬岩石–岩体结构面–山地灾害–评价 Ⅳ.①TU45②P694

中国国家版本馆 CIP 数据核字(2023) 第 037178 号

责任编辑: 刘信力 杨 探/责任校对: 彭珍珍
责任印制: 赵 博/封面设计: 陈 敬

科 学 出 版 社 出版
北京东黄城根北街 16 号
邮政编码: 100717
http://www.sciencep.com
北京建宏印刷有限公司印刷
科学出版社发行 各地新华书店经销
*
2023 年 8 月第 一 版 开本: 720×1000 1/16
2024 年 1 月第二次印刷 印张: 15 1/4
字数: 302 000
定价: 148.00 元
(如有印装质量问题, 我社负责调换)

"博士后文库"编委会

作者简介

孟凡震，博士，青岛理工大学教授（破格）、博士生导师，山东省高等学校青年创新团队负责人，曾入选山东省"泰山学者"青年专家、山东省青年科技人才托举工程、山东省取得突出成绩的博士后、西海岸新区领军人才等。2015 年博士毕业于中国科学院武汉岩土力学研究所，2017 年入选中国博士后科学基金会"香江学者"计划，2018—2020 年于香港大学地球科学系从事博士后研究工作，曾获中国科学院优秀博士学位论文、湖北省优秀博士学位论文、中国科学院院长优秀奖等。主要从事深部岩体力学方面的研究工作，在 *Rock Mechanics and Rock Engineering*、*Engineering Geology* 等期刊发表 SCI、EI 收录论文 50 多篇，以第一作者和通讯作者发表 SCI 论文近 30 篇，论文被引 3000 多次，中、英文单篇最高被引 219 次和 171 次，7 篇论文被引超过 100 次，2 篇论文入选高被引论文、1 篇论文获得 *Journal of Rock Mechanics and Geotechnical Engineering*（*JRMGE*）期刊 "Most cited articles published in *JRMGE* since 2021"。已授权发明专利 9 件，处于实质审查阶段的专利 6 件，参编中国岩石力学与工程学会团体标准 2 部，兼任山东岩石力学与工程学会理事、中国岩石力学与工程学会低碳能源岩石力学与工程专委会委员，担任中国岩石力学与工程学会主办的中国科技期刊卓越行动计划高起点新刊 *Rock Mechanics Bulletin* 的青年编委和 *Sustainability* 期刊的 Leading Guest Editor，任 30 余个国际期刊审稿人。主持国家自然科学基金项目 2 项、其他省部级课题 8 项。

"博士后文库" 序言

　　1985 年，在李政道先生的倡议和邓小平同志的亲自关怀下，我国建立了博士后制度，同时设立了博士后科学基金。30 多年来，在党和国家的高度重视下，在社会各方面的关心和支持下，博士后制度为我国培养了一大批青年高层次创新人才。在这一过程中，博士后科学基金发挥了不可替代的独特作用。

　　博士后科学基金是中国特色博士后制度的重要组成部分，专门用于资助博士后研究人员开展创新探索。博士后科学基金的资助，对正处于独立科研生涯起步阶段的博士后研究人员来说，适逢其时，有利于培养他们独立的科研人格、在选题方面的竞争意识以及负责的精神，是他们独立从事科研工作的"第一桶金"。尽管博士后科学基金资助金额不大，但对博士后青年创新人才的培养和激励作用不可估量。四两拨千斤，博士后科学基金有效地推动了博士后研究人员迅速成长为高水平的研究人才，"小基金发挥了大作用"。

　　在博士后科学基金的资助下，博士后研究人员的优秀学术成果不断涌现。2013 年，为提高博士后科学基金的资助效益，中国博士后科学基金会联合科学出版社开展了博士后优秀学术专著出版资助工作，通过专家评审遴选出优秀的博士后学术著作，收入"博士后文库"，由博士后科学基金资助、科学出版社出版。我们希望，借此打造专属于博士后学术创新的旗舰图书品牌，激励博士后研究人员潜心科研，扎实治学，提升博士后优秀学术成果的社会影响力。

　　2015 年，国务院办公厅印发了《关于改革完善博士后制度的意见》(国办发〔2015〕87 号)，将"实施自然科学、人文社会科学优秀博士后论著出版支持计划"作为"十三五"期间博士后工作的重要内容和提升博士后研究人员培养质量的重要手段，这更加凸显了出版资助工作的意义。我相信，我们提供的这个出版资助平台将对博士后研究人员激发创新智慧、凝聚创新力量发挥独特的作用，促使博士后研究人员的创新成果更好地服务于创新驱动发展战略和创新型国家的建设。

　　祝愿广大博士后研究人员在博士后科学基金的资助下早日成长为栋梁之才，为实现中华民族伟大复兴的中国梦做出更大的贡献。

中国博士后科学基金会理事长

前　言

习近平总书记曾指出"向地球深部进军是我们必须解决的战略科技问题"。当前我国国民经济持续快速发展带动了基础工程建设和资源开发以前所未有的速度蓬勃发展，出现了大量深部地下岩体工程，如深埋巷道、引水隧洞、交通隧道、核废料处置库等，其工程规模与技术难度世界罕见。深部工程岩体处于"三高一扰动"的复杂应力状态中，其中高应力下，岩爆灾害频发，已经成为制约深埋硬岩隧洞 (隧道、巷道) 工程安全建设的瓶颈问题。例如，岩爆机理的解释、风险的合理评估和准确预测及防控已经成为深埋隧洞工程安全建设和工程防灾减灾亟待解决的关键难题。

从锦屏二级水电站、川藏铁路等国家重大深埋隧洞施工过程中发现，一部分岩爆发生区域存在规模不等的结构面，这些结构面一般无充填、闭合性好 (即硬性结构面)，且含结构面的围岩发生的岩爆往往规模大、破坏力强，且可能在该洞段连续发生强岩爆。例如，最大埋深 2525m 的锦屏二级水电站洞室群施工排水洞 2009 年 11 月 28 日发生极强岩爆事件，造成 7 人死亡，上亿元的隧道掘进机 (TBM) 设备报废，该岩爆与一条长度近 7m 的结构面有关。现阶段对于这种由于结构面的存在诱导发生的强烈岩爆研究较少，对于结构面型岩爆的发生机制、孕育演化过程、结构面与岩爆的关联、硬岩结构面在高应力下的力学行为与致灾机理、动力灾害评价方法等都缺乏系统研究。

本书围绕三个核心问题：① 硬岩脆性破坏特征、机制与评价，包括硬岩脆性破坏特征与机制、岩石脆性评价方法、岩石 Ⅱ 型应力–应变曲线特征、机制与应用；② 结构面型岩爆孕育演化机制、影响因素与预警，包括深埋隧洞结构面型岩爆案例介绍、结构面型岩爆分类与机制、剪切滑移型岩爆影响因素、滑移型岩爆灾害预警；③ 高应力下结构面剪切力学行为与动力灾害评价等，包括硬岩结构面剪切力学特性、硬岩结构面起伏体损伤特点及对动力剪切失稳的影响、岩石细观结构对动力剪切失稳的影响、跨尺度结构面动力剪切的幂函数规律等内容。

本书中的研究内容得到国家自然科学基金 (51609121，51879135)、山东省自然科学基金 (ZR2016EEQ22)、山东省重点研发计划 (2019RKB01083)、山东省"泰山学者"计划、山东省高等学校青年创新团队发展计划 (2019KJG002)、"香江学者"计划等项目的大力支持；研究过程中得到了中国科学院武汉岩土力学研究所周辉研究员、李邵军研究员、张传庆研究员，青岛理工大学王在泉教授，香港大学地球科学系 Louis Wong 教授等专家的热心指导和帮助，在此深表感谢！本书得到中国博士后科学基金会的优秀学术专著出版资助项目的资助，特此感谢！

限于时间仓促和作者的水平，书中不妥之处，希望得到读者的批评指正。

2023 年 2 月

目　　录

第 1 章 绪 论

1.1 研究目的与意义

我国国民经济持续快速发展带动了基础工程建设和资源开发以前所未有的速度蓬勃发展,出现了大量深部地下岩体工程 (如深埋巷道、引水隧洞、交通隧道、核废料处置库等),其工程规模与技术难度世界罕见。例如,在水利水电工程方面,锦屏二级水电站所建 7 条单洞长约 17km、最大埋深达 2525m 的隧洞是迄今为止世界上埋深最深的水工隧洞工程之一;南水北调一期工程单洞最长达 73km,最大埋深 1100m[1];地处雅鲁藏布江大拐弯的墨脱水电站,其引水隧洞埋深达 4000m[2]。此外,还有二滩、小湾、拉西瓦、瀑布沟水电站等深埋水电工程地下厂房及引水隧洞的相继建设 [3]。在矿产资源开采与能源开发方面,由于浅部资源的逐渐减少和枯竭,矿产资源的开采逐渐转入深部。例如,红透山铜矿开拓深度已延伸至井下 1357m,采深也已达 1257m[4];冬瓜山铜矿的主井深度达 1000m[5];夹皮沟金矿二道沟坑口矿体延深至 1050m 等 [6],新汶矿业孙村煤矿、华丰煤矿,大屯能源公司孔庄煤矿,会泽铅锌矿等矿山开采深度均已超过 1500m。在交通领域,据不完全统计,截至 2020 年我国建成的铁路隧道总长度已达到约 19630km,公路隧道总里程达到 8260km。其中,在建和拟建的隧道中存在大量深埋隧道,例如,正在兴建中的川藏铁路,线路全长约 1500km,其中雅安至林芝段分布隧道 72 座达 838km,最长的易贡隧道长 42.5km,为目前国内铁路最长隧道,海拔最高的果拉山隧道海拔达 4475m,隧道最大埋深 2123m[7];西康铁路的秦岭隧道全长 18.45km,最大埋深为 1645m[8];兰新铁路的乌鞘岭隧道全长 20.05km,最大埋深 1050m[9];成昆线的关村坝隧道全长 6.187km,最大埋深 1650m[10] 等。公路隧道中,例如,川藏公路的二郎山隧道全长 4.176km,最大埋深 770m[11];大保高速公路的大箐隧道全长 3.121km,最大埋深 687m[12];西康高速公路的终南山隧道全长 18km,最大埋深 1640m[13] 等。随着我国 "十三五" 规划纲要提出要加强 "深海、深地、深空、深蓝" 等四个领域的战略高技术部署,深部地下空间利用和深部地下资源开采将在国家建设和发展过程中起到越来越重要的作用,随着我国基础工程建设和资源开发的日益深部化,将会出现越来越多的深部地下岩体工程。

随着地下工程埋深的增加,岩体所处的地应力明显增大。一些国家重大战略工程往往处于西部地区不同板块交界处，构造活动活跃，地形地质条件复杂，因此在自重应力和构造应力叠加影响下，深部岩体工程往往处于极高的地应力的环境中，例如，锦屏二级水电站深埋隧洞最大地应力达 70MPa[14]，川藏公路二郎山隧道最大地应力达到 60MPa[15]，川藏铁路巴玉隧道最大埋深 2080m，最大地应力达到 52.4MPa[16]。当处于深埋高应力条件下的岩石被开挖后，原岩应力状态被打破，围岩中的应力将重分布以达到新的平衡状态，应力调整过程中如果新的应力超过了围岩的强度，岩石将发生破坏而失去承载力。岩爆是指在高地应力岩体中，由于开挖卸荷作用使储存在岩体内的应变能突然释放导致洞壁围岩片状剥落、岩片 (块) 抛出、弹射等的动力失稳现象。随着地应力增大，深埋隧洞开挖卸荷诱发的高强度岩爆频发，造成大量人员伤亡、机械损坏、工期延误和重大经济损失，且这种灾害的危害性随着埋深和应力水平的增大而显著增大。川藏铁路巴玉隧道 94% 洞线长度位于岩爆区，强烈岩爆段长度约 2200m[17]，川藏铁路米林隧道岩爆段落全长 7500m，占隧道总长的 65%；锦屏二级水电站深埋隧洞施工过程中发生岩爆上千次，严重阻碍了正常的施工，如引水隧洞、施工排水洞和辅助洞均发生了强烈、极强岩爆破坏。例如，辅助洞 B 洞 2008 年 6 月 8 日发生极强岩爆，爆坑深度约 4m，一次抛射方量超过 500m³，支护系统严重破坏，延误工期近 1 个月。2010 年 2 月 4 日 2# 引水隧洞在引 (2)11+006~11+060 洞段发生多次强烈应变型岩爆，爆坑深度达 2~3m，在引 (2)11+023 位置发生极强岩爆，该岩爆事件伴随有强烈震动造成出渣装载车被弹起和移位，南侧拱脚处排水沟岩体鼓起，隧洞底板产生深度达 1m、宽度约 10cm 的纵向裂缝。施工排水洞采用直径 7m 的隧道掘进机 (TBM) 开挖，2009 年 11 月 28 日开挖至 SK9+285 洞段时发生破坏范围近 28m、破坏深度 5~8m 的极强岩爆事件，将 TBM 护盾前段整体掩埋，岩爆破坏围岩近 400m³，也是锦屏二级引水隧洞发生的最严重的岩爆事件，造成 7 人死亡，上亿元的 TBM 设备报废。2011 年 11 月 3 日，义马千秋煤矿发生重大冲击地压事故，造成 10 死 64 伤，直接经济损失 2748.48 万元 [18]。该次事故是由于煤矿开采后，上覆巨厚顶板砂砾岩层诱发下伏逆断层活化导致巨大的能量瞬间释放诱发了冲击地压事故。二郎山隧道自 1996 年 6 月开工以来，施工中先后共发生 200 多次岩爆，连续发生岩爆的洞段累计总长度达 1095m(其中主洞 410m、平导 685m)，对施工过程造成了不同程度的影响 [11]；秦岭终南山隧道在埋深超过 750m 的施工地段发生了轻微、中等岩爆，岩爆形成 "V" 形凹槽，爆坑深度从十几厘米至 1.5m 不等，一度给施工造成很大的困难，对施工安全和进度构成严重威胁 [19]。另外，天生桥、二滩、瀑布沟和拉西瓦等水电站地下洞室群开挖工程中均发生了不同程度的岩爆灾害，例如，二滩水电工程地下厂房洞群开挖过程中，发生了数十次规模不等的岩爆，甚至出现百吨级预应力锚索被拉断现象，对洞室围岩造成了较大破坏，严重影响了施工进度。

因此，岩爆灾害已经成为制约深埋硬岩隧洞 (隧道、巷道) 工程安全建设的瓶颈问题，岩爆机理的解释、风险的合理评估和准确预测及防控已经成为深埋隧洞工程安全建设和工程防灾减灾亟待解决的关键难题。深埋硬岩隧洞施工过程中，发生频率最高的属于应变型岩爆，容易发生在开挖卸荷后的完整围岩中，具有随挖随爆、强度低、发生频率高、爆坑深度浅等特点。但从锦屏二级水电站深埋隧洞施工过程中岩爆发生后揭露的现场特征发现，一部分岩爆发生区域存在规模不等的结构面，这些结构面一般无充填、闭合性好 (即硬性结构面)，且含结构面的围岩发生的岩爆往往规模大、破坏力强，且可能在该洞段连续发生强岩爆 (这种岩爆称为结构面型岩爆)。而现阶段对于这种由于结构面的存在诱导发生的强烈岩爆研究较少，虽然有众多的试验成果来帮助解释岩爆这种动力失稳现象，但是这些基于压缩试验、加卸载试验的成果很难用于揭示这种由结构面诱发的岩爆。虽然在采矿工程中断层滑移型冲击地压已有多年的研究历史，但由于深埋交通、水电隧洞工程与矿山工程开挖方法、开挖扰动范围、赋存环境等存在一定差别，因此结构面型岩爆与断层滑移型冲击地压既有相似之处，但也有很大的不同。

因此，以深部高应力下硬岩–硬性结构面组成的高储能系统为研究对象，对于硬岩的脆性破坏特征和机制、硬岩峰后力学特性和储能能力、硬岩结构面与岩爆的相关性、高应力下硬岩结构面剪切力学行为、结构面动力剪切失稳的影响因素、预警监测指标和方法等开展系统而深入的研究，揭示结构面诱发岩爆的内在机制，探究不同岩性的岩石材料因素 (内因) 和环境因素 (外因) 对结构面型岩爆的影响规律，建立深部硬岩隧洞动力灾害的评价方法，为我国深部岩体工程的安全作业提供重要的理论和技术支持，这不仅是我国深部资源开发的重大需求，也是深部岩体力学发展前沿的关键科学问题和亟待解决的重大课题。

1.2　研究现状概述

1.2.1　硬岩脆性破坏特征与机制

近年来随着西部大开发建设的推进，越来越多的交通隧道、水电隧洞等地下岩体工程需要在西南高山峡谷地区兴建，这些高山在形成过程中经历了长期的地壳挤压、抬升等地质作用，使得岩体内积聚了极高的构造应力，构造应力叠加覆岩本身的自重应力构成了岩体的原岩应力。而地下隧洞岩体开挖后经历强卸荷作用，使得围岩内应力重分布造成掌子面和隧洞边墙等位置应力集中，在高应力作用下硬脆性岩体 (如大理岩、花岗岩、玄武岩等) 极易发生脆性破坏，轻则板裂、层裂等一般的静力破坏，重则岩爆等动力失稳破坏。图 1-1 为几种代表性的岩石破坏应力–应变曲线，岩石的脆性破坏一般指具有峰后曲线位于"脆性跌落"至"理想弹塑性"之间的特点的破坏形式 (图中的应力–应变曲线一般通过轴向应力或轴向变形控制加载方式获得)。

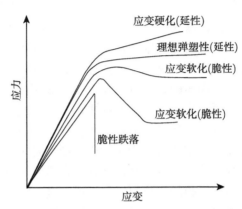

图 1-1   不同破坏类型的岩石应力–应变曲线示意图

除了在土木工程隧洞 (道) 开挖过程中经常遇到岩石的脆性破坏之外, 在地下数千米的采矿工程以及地下几十甚至上百千米的浅源地震中, 岩石的脆性破坏都被认为是各种动力地质灾害发生的主要原因。因此, 国内外岩石力学工作者对岩石的脆性破坏过程和机理开展了广泛的研究 [20−28]。

Wawersik 和 Fairhurst[24] 将岩石的应力–应变曲线分为 I 型曲线和 II 型曲线 (图 1-2(a)), I 型曲线是指岩石峰后发生稳定的断裂扩展 (峰后曲线的斜率小于 0, 如图 1-1 中的大部分曲线), 即外力必须持续对试件做功才能维持断裂的扩展, 峰值强度之后试件仍然保持一定的强度; 而 II 型曲线则具有峰后斜率大于 0 的特点, 岩石试件的破坏是自我维持的, 峰值强度时储存在试件内的弹性应变能足够维持峰后试件的断裂扩展, 不需要外力做功, 是一种不可控的破坏, 只有当试件内的应变能被提取出来时, 断裂才会停止。葛修润等 [29] 认为岩石的 II 型应力–应变曲线是在复杂的轴向变形状态下的外包络线 (图 1-2(b)), 且作者通过研制的试验机发现那些归类为 II 型岩类的脆性岩石在轴向变形控制方式下加载时峰后都是可控的, 因此作者认为 I 类、II 类曲线的分类是不合理的。

随着压力升高, 岩石的脆性减弱, 逐渐向延性过渡, 这一现象已经被岩石力学试验所证实。无侧限或低围压下, 岩石宏观上以劈裂破坏为主, 或呈圆锥形破坏 (这主要是试件两端面与试验机压头之间摩擦力增大所致), 微观上则是众多微裂纹从矿物颗粒边界起裂并逐渐朝向最大主应力方向扩展, 最终贯通形成宏观的张拉断裂。当围压较高时, 微裂纹的纵向扩展被抑制, 最终沿着最大切应力方向形成与最大主应力作用方向呈一定夹角的断层带发生剪切滑移破坏。对于岩爆等动力灾害而言, 当岩石脆性减弱取而代之发生延性破坏时, 发生强烈岩爆的风险也随之降低, 因此在矿山和水电隧洞中有时采用注水软化的方法预处理围岩, 降低岩石的脆性，防止岩爆的发生；在深部地壳中，随着深度增大，压力和温度逐渐升高，岩石的脆性减弱转而发生碎裂流动破坏，因而浅源地震和深部地震具有不同的发震机理。因此，一些研究者开展了岩石的脆-延转换特性和转换临界压力等方面的研究。

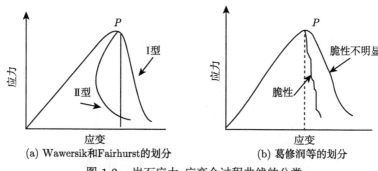

(a) Wawersik和Fairhurst的划分　　　　(b) 葛修润等的划分

图 1-2　岩石应力–应变全过程曲线的分类

Mogi[30] 研究了不同类型的硅酸盐岩石和碳酸盐岩石在不同围压下的力学特性，发现对于强度较高的岩石，脆-延转换的临界压力要更大。如果将众多不同类型的硅酸盐抗压强度和围压置于同一坐标内，脆-延转换的分界点可以用一过原点的直线表示：$C = 3.4P_{\mathrm{H}}$，C 为压缩强度，P_{H} 为围压。Mogi[31] 研究了真三轴加载条件下，第二主应力和第三主应力对岩石延性 (以不可逆变形表示)[22] 的影响。研究发现，当第二和第三主应力相等时，峰值差应力和延性随围压增大而增大；当最小主应力保持不变时，随着第二主应力增大，峰值差应力增大，但延性降低。Byerlee 等 [32] 通过试验数据验证了"当沿着断层面上的摩擦强度超过岩石的剪切强度时即发生脆-延转换"这一假说。对于 Mogi 的观点 [30](摩擦假说可能适用于硅酸盐而不完全适用于碳酸盐) 作者认为是不准确的：脆-延转换的摩擦假说既适合于硅酸盐又适合于碳酸盐类岩石，脆-延转换的分界点应该是一条表示摩擦强度的曲线而非 Mogi 所述的直线。

加拿大学者为研究深部花岗岩作为核废料处置库的安全性开展了一系列的原位监测和室内试验研究，在硬岩脆性破坏特征、现场围岩脆性破坏评价方法和理论等多方面取得了较为丰硕的成果，极大促进了人们对硬岩脆性破坏力学行为的理解，为硬岩的实验室和现场尺度的开挖损伤评价提供了理论基础。

Martini 等 [33] 通过原位测试方法研究了埋深 420m、直径 3.5m 的圆形 Mine-by 试验洞采用非爆破方法开挖过程中开挖损伤区的形成和渐进发展过程。通过各种监测方法观测发现，破坏区呈 "V" 形 (图 1-3)，其形成经历了四个阶段，分别是：起裂阶段、发展阶段、板裂和剥落阶段、稳定阶段。Martin[34] 采用损伤控制的试验方法研究了 Lac du Bonnet 花岗岩的渐进破坏过程，认为伴随着试验的破坏所发生的是岩石黏结强度的逐渐丧失和摩擦强度的活化。作者提出了一种常差应力 $(\sigma_1 - \sigma_3)$ 准则，可以预测损伤的起始和破坏区的深度。Martin 等[35] 将洞室最大切向边界应力与室内单轴压缩强度之比定义为损伤指数，认为当该指数大于 0.4 时开始出现脆性破坏。作者通过将微震实测的损伤起始强度准则与 Hoek-Brown 强度准则对比，提出了采用 $m = 0$，$s = 0.11$ 作为 Hoek-Brown 脆性参数来预测脆性破坏的深度、支护压力、洞室最优形状等。采用该参数的前提是脆性破坏过程是岩石破裂导致黏聚力不断丧失，而摩擦强度没有发挥作用而被忽略掉。

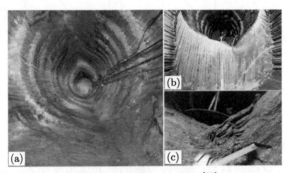

图 1-3   Mine-by 试验洞 [33]

(a) "V" 形破坏区；(b) 洞截面；(c) "V" 形破坏区尖端

Hajiabdolmajid 等[36] 采用传统的连续数值方法和 CWFS(黏聚力弱化–摩擦强化) 模型计算了 Mine-by 试验洞破坏区的形状和范围，发现由于传统方法均假设黏聚力和摩擦强度同时起作用，因此模拟的结果与实际观察的破坏区形状和深度相差较大；而 CWFS 模型假设岩石脆性破坏时摩擦强度滞后于黏结强度发挥作用，且两者都与塑性应变相关，计算结果与实际基本相符。Bieniawski[22] 将岩石的压缩脆性破坏过程分为如下几个阶段：裂纹闭合阶段、线弹性变形阶段、裂纹稳定扩展阶段、裂纹非稳定扩展阶段、破坏及峰后阶段。

可见岩石的脆性破坏是渐进发展的过程，从原始裂隙的压密，新生裂纹的稳定扩展，裂纹的连接、贯通、汇合、剪切滑动或劈裂张开，最终形成宏观的剪切或劈裂断裂面而破坏。线弹性变形阶段和裂纹稳定扩展阶段的分界点称为岩石的起裂强度 σ_{ci}，稳定扩展和非稳定扩展阶段的分界点称为损伤强度 σ_{cd}，而岩石的峰值强度 σ_f 则是岩石最基本的力学参数 (图 1-4)，这三个应力值被称为岩石重要的应力门槛值。当应力水平超过 σ_{ci} 时，微裂纹开始萌生，Brace 等[21] 认为从该点起岩石开始表现出膨胀特性，该点的应力水平在 30%~50% 的峰值强度值，侧向应变曲线偏离线性，由于微裂纹的继续扩展需要持续的外力作用，因此该点之后的阶段称为裂纹稳定扩展阶段。而从 σ_{cd} 开始，轴向应力–应变曲线开始偏离线性，试件内裂纹密度剧烈增加，岩石内部的损伤加剧，裂纹开始连接、交汇，岩石进入明显的屈服阶段，σ_{cd} 还被称为初始屈服点、临界扩容应力、岩石的长期强度等。由于岩石的起裂强度和损伤强度对于确定岩石的初始损伤、微裂纹起裂和长期强度等方面的重要作用，人们从应力门槛值的确定方法、不同岩石的应力门槛值大小、岩体的起裂强度准则等方面进行了较多研究。

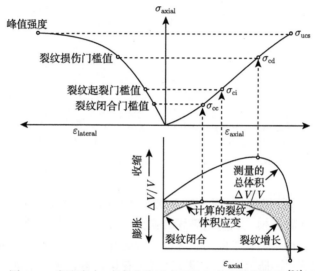

图 1-4 岩石应力–应变曲线示意图及各个阶段的划分 [21]

σ_{cc}，σ_{ci}，σ_{cd}，σ_{ucs} 分别表示裂纹闭合应力、起裂应力、损伤应力和单轴压缩强度

Martin 和 Chandler [37] 认为隧洞周边高的切应力是导致围岩脆性破坏、强度劣化的主要原因，而强度劣化始于微裂纹的起裂 (σ_{ci})，并最终导致在低于岩石单轴压缩强度 (σ_f) 的应力水平 (σ_{cd}) 下发生破坏。作者提出了采用裂纹体积应变模型法计算岩石的起裂应力，并研究了 Lac du Bonnet 花岗岩试样尺寸、累积损伤对起裂应力和损伤应力的影响。发现两者都与试样尺寸无关，起裂应力也与损伤程度无关，但损伤应力则非常依赖于累积损伤量。Cai 等 [38] 提出了应用于完整岩体和节理岩体裂纹起裂应力及损伤应力的普遍性的门槛值的确定方法，可分别表示为 $\sigma_1 - \sigma_3 = A\sigma_{cm}$ 和 $\sigma_1 - \sigma_3 = B\sigma_{cm}$，$A$、$B$ 为材料常数。Eberhardt 等 [39] 利用应变测试和声发射相结合的方法研究了 pink Lac du Bonnet 花岗岩在单轴压缩和单轴循环加卸载条件下的变形和损伤特性，认为起裂强度和损伤强度分别为 0.39 倍和 0.75 倍的单轴压缩强度，利用归一化的变形、应力和声发射计数可以很好地描述岩石的损伤特性。

地下工程开挖过程中，硬脆围岩可能发生常规的静力破坏，也可能发生动力失稳破坏 (图 1-5)，即在一定的应力环境、动力扰动、不同加卸载速率等条件下，静、动破坏可以转换。例如，低应力下可能发生强度较低的准静态脆性破坏，如剥落、板裂等；当应力较高时，则会发生强烈的脆性破坏，如应变型岩爆、结构面型岩爆等动力失稳破坏。

(a) 围岩的板裂化

(b) 施工排水洞2009.11.28岩爆

图 1-5   锦屏二级水电站深埋洞室群典型的脆性破坏

李地元 [40] 通过试验发现，对于立方体花岗岩试件，当高宽比从 2.4 降低到一定值时，其破坏模式从剪切破坏转换到板裂破坏，且板裂破坏的裂纹基本是一些等间距且平行于加载方向的破坏面，板裂化强度约为圆柱形试样压缩强度的60%。陈卫忠等 [41] 研究了不同卸荷路径下花岗岩峰值前后的能量变化，发现卸围压更容易发生强烈的脆性破坏；卸载速率越快，岩石破坏前所能够储存的最大应变能越小，越容易发生岩爆。陈卫忠等 [42] 通过单轴卸荷试验认为岩爆机理可分为能量积聚、微裂纹形成与扩展、裂纹贯通与爆裂三个过程，隧道开挖使径向应力卸载，围岩承载能力降低，而切向应力集中使得岩体内微裂纹扩展，同时释放应变能，当释放出来的弹性应变能大于形成新的微裂纹所需的能量时，微裂纹发生不稳定扩展并最终贯通，最后岩爆发生，剩余的弹性应变能转化为动能。吴世勇等 [43] 针对锦屏二级水电站引水洞和排水洞频繁发生的剧烈板裂化岩爆与非剧烈板裂化片帮两种板裂化破坏现象开展了大理岩的真三轴加卸载试验，研究了大理岩板裂化破坏过程，发现取自不同位置的大理岩均发生了与现场相似的板裂化破坏，板裂的方向与最大主应力方向平行 (图 1-6)。侯哲生等 [44] 归纳了锦屏二级水电站深埋隧洞围岩的四种破坏方式分别是张拉型板裂化片帮、张拉型板裂化岩爆、剪切型片帮和剪切型岩爆，并分析了每种破坏方式的发生机制。马艾阳等 [45] 开展了锦屏大理岩全程和非全程的岩爆模拟试验，认为岩石试件的宏观破坏是由表及里，越接近临空面，宏观裂纹发育越早；张性裂纹出现要早于剪切裂纹，剪切裂纹搭接相邻的张性裂纹形成闭圈，闭圈内的碎块出现剥离甚至弹射。何满潮等 [46] 利用自行研制的冲击岩爆试验系统研究了带贯通圆孔的砂岩试样在冲击作用下的岩爆过程，并比较了冲击岩爆与静力加载导致岩爆破坏现象的异同，发现静力加载条件下岩爆弹射现象更明显、片状剥离程度更高，碎屑块度和数目都比冲击岩爆多。

图 1-6　锦屏大理岩真三轴条件下板裂化破坏形态 [43]

　　由上述分析可知，岩石的脆性破坏受岩石本身的矿物组成、微缺陷、应力状态等影响，最本质的特征在于微缺陷 (微裂纹、颗粒边界、微孔洞) 的萌生、扩展和贯通，而岩石在外荷载作用下的突然失稳 (如岩爆破坏) 则是岩石脆性破坏的一种特殊的显现形式，显现破坏特征还会受加载方式、开挖方式、外界扰动、试样尺寸和形状、加卸载条件等的影响。

1.2.2　岩石脆性特征评价方法

　　岩石的脆性指岩石在外力作用下发生很小的变形，其就发生破坏失去承载能力。脆性是岩石 (特别是深部岩石) 的一种非常重要的性质，决定了岩石破坏的难易程度 (图 1-7)。例如，岩爆的发生条件之一是在硬脆性围岩中，围岩的脆性程度和脆性破坏的程度是决定岩爆风险的关键内因 [47]；脆性也是表示岩石可钻性的关键指标，对于旋转钻机钻取岩芯以及现在深埋硬岩掘进中广泛采用 TBM 开

图 1-7　地下工程建设、能源开发与岩石脆性密切相关

挖刀盘破岩的钻进速度、道具磨损、造价预测等，同样具有决定性作用 [48,49]；由于页岩的脆性显著影响井壁的稳定性，因此页岩脆性是评价储层力学特性和压裂效果的关键指标 [50]；在煤矿开采中，煤的脆性越好，越容易切割，生产效率越高 [51]；现在被广泛用作建筑材料的花岗岩的脆性程度大小也决定了其适用范围。因此，在深埋岩石工程建设和资源开发利用中，合理而准确地评价岩石脆性特征具有重要意义。

表 1-1 列出了常见的脆性指数及获取方法。Hucka 等 [52] 早在 1974 年就对当时表示岩石脆性的指标进行了总结。之后随着岩石力学的不断发展，人们根据不同的目的和评价对象，建立了不同的脆性分析指标。Altindag[53-55] 将岩石抗压强度和劈裂抗拉强度积的一半定义为脆性系数 (B_3)，并认为其与岩石的可钻性指数、断裂韧性和比能均具有密切的相关性，而与压拉强度比表征的脆性指数 (B_1) 无明显关系。Singh[51] 认为煤的脆性 (以 B_2 和 B_{22} 为衡量指标) 越大，切割阻力和初始临界贯入应力越大，产生的细粒所占百分比越少，粉尘越少。Gong 和 Zhao[48] 研究了 TBM 进尺速度与岩石脆性程度 (B_1) 的关系，发现进尺速度随脆性程度的增大而增大。Kahraman[56] 也根据不同文献中的数据研究了 TBM 进尺速度和岩石脆性 (B_1，B_2，B_{16}) 的关系，发现进尺速度与 B_1 和 B_2 无相关性，但与 B_{16} 有很强的相关性。Yagiz[57] 提出了以贯入试验为依据的脆性指标 (B_{17}) 确定方法，分析了该指标与岩石抗压、劈裂抗拉强度及岩石密度的关系，并提出一个统计模型 (以抗压、拉强度和密度为变量) 预测岩石脆性，预测结果与贯入试验结果具有极好的一致性。Goktan 和 Yilmaz[58] 研究了脆性 (B_1) 与风镐切削效率 (drag pick cutting efficiency, 用比能 (specific energy, SE) 表示) 之间的关系，将 SE 用抗压强度规范化后获得较好规律：随着脆性增强，比能减少，破岩效率提高。Yarali 和 Kahraman[49] 研究了不同岩石脆性指标 (B_2 和 B_3) 与其可钻性之间的关系，发现岩石钻进速率指数 (drilling rate index) 与 B_2 没有什么相关性，但与 B_3 具有较强的指数关系，随着 B_3 增加，钻进速率指数减小。李庆辉等 [50] 在总结前人研究的基础上，提出了考虑峰前峰后力学特征的指标，并对页岩脆性特征进行了评价。Hajiabdolmajid 和 Kaiser[59] 从岩石脆性破坏的机制出发，提出了一种考虑黏聚力弱化摩擦强化的基于塑性应变的脆性指标 B_8，并分析了此指标对地下工程稳定性分析和评价的意义。Yagiz 和 Gokceoglu[60] 建立了一种采用贯入试验直接测量岩石脆性的方法 (B_{17})，而且试验发现该方法所建立的脆性指标与岩石的单轴压缩强度、劈裂拉伸强度和密度三者存在相关性，可以用这三个常用的参数预测。Yilmaz 等 [61] 利用点荷载试验研究了具有相似组成成分但不同粒径的花岗岩的相对脆性 (B_{19})，发现粒径越大的花岗岩相对脆性越高，因为裂纹扩展需要的能量越低。Tarasov 和 Potvin[62,63] 根据当岩石受压时峰后的能量平衡建立了一个新的指标 (B_{10})，可以在连续和单调的区间内考虑具有 I 型和 II 型

曲线的岩石的脆性。

表 1-1 常见的岩石脆性评价指标

分类依据	测试方法	计算公式及说明
应力-应变曲线	强度特征	$B_1 = \sigma_c/\sigma_t$, $B_2 = (\sigma_c-\sigma_t)/(\sigma_c+\sigma_t)$, $B_3 = \sigma_c\sigma_t/2$, $B_4 = \sqrt{\sigma_c\sigma_t/2}$, $B_5 = (\tau_p-\tau_r)/\tau_p$, σ_c 和 σ_t 分别为单轴压缩强度和劈裂抗拉强度, τ_p 和 τ_r 分别为峰值强度和残余强度
	变形特征	$B_6 = \varepsilon_{1i}\times100\%$, $B_7 = \varepsilon_r/\varepsilon_t$, ε_t 和 ε_r 分别为破坏时总应变和可恢复应变 $B_8 = (\varepsilon_f^p - \varepsilon_c^p)/\varepsilon_c^p$, ε_c^p 和 ε_f^p 分别为黏聚力丧失和摩擦强度强化的临界塑性应变
	能量分析	$B_9 = W_r/W_t$, W_r 和 W_t 分别为破坏时刻恢复的能量和总能量 $B_{10} = (M-E)/M$, $B_{11} = E/M$, M 和 E 分别为峰后模量和弹性模量
物理和力学性质测试	硬度	$B_{12} = HE/K_{IC}^2$, $B_{13} = H/K_{IC}$, K_{IC} 为断裂韧度, E 和 H 分别为弹性模量和硬度 $B_{14} = (H_\mu - H)/K$, H_μ 和 H 分别为微观硬度和宏观硬度, K 为常数
	细粒含量	$B_{15} = S_{20}$, S_{20} 为粒径小于 11.2mm 的颗粒占的百分比 $B_{16} = q\sigma_c$, q 为普氏冲击测试中小于 28mesh 的颗粒含量所占百分比
	贯入试验	$B_{17} = F_{max}/P$, F_{max} 为最大外荷载, P 为最大外荷载时的贯入深度 $B_{18} = P_{dec}/P_{inc}$, P_{inc} 和 P_{dec} 分别为平均力减小时间和增加时间, 单位为 s
	点荷载试验	$B_{19} = K_b$, $K_sP/h^2 = S_t - K_bP$, K_b 为相对脆性, K_s 为形状系数, P 为破坏时施加的外荷载, h 为加载点之间的距离, S_t 为拉伸强度
	矿物成分	$B_{20} = W_{qtz}/(W_{qtz}+W_{carb}+W_{clay})$, W_{qtz}, W_{carb}, W_{clay} 分别为石英、黏土和碳酸盐矿物的含量 $B_{21} = RTRI = S_FG_FF_F$, RTRI 为岩石韧性指数, S_F, G_F, F_F 分别为刚度、结构和页理系数
	内摩擦角	$B_{22} = \sin\varphi$, $B_{23} = 45° + (\varphi/2)$, φ 为由摩尔包络线确定的当 $\sigma_n = 0$ 时的内摩擦角

从上述分析可见，脆性对岩石的破坏具有重要的影响，从人为破岩和岩石压裂角度来讲，岩石越脆，越容易破碎，有利于提高破岩效率和掘进速率。而从另一个方面即硬岩的脆性破坏角度来讲，硬岩强烈的脆性破坏是深部地下岩体工程施工过程中遇到的一大挑战，而岩爆则是岩石脆性破坏的最典型代表，在锦屏二级水电站引水隧洞施工过程中，频繁发生的岩爆灾害对工人的生命安全造成了严重的威胁，并且岩爆发生时容易造成设备损害、工人被迫停工，岩爆发生后需要清渣、补强支护等措施，这一系列后果延缓了施工工期，给建设单位造成巨大的经济损失，因此对深埋岩体工程而言，如何有效评价岩石的脆性特征且控制岩石的脆性破坏则是关注的重点。

从前人的研究成果来看，岩石的切割性、可钻性等都与岩石的脆性有关，当采用不同的脆性指标进行评价时，不同研究者往往得出不同的甚至是矛盾的结论。例如，Goktan 等发现岩石的切割效率与以 B_2 表示的脆性值指标之间没有相关性[61]，但 Singh 却发现煤的可切割性随着以 B_2 表示的脆性值的增大而增加[51]；Altindag[55] 发现岩石切割效率 (以比能表示) 与 B_1 和 B_2 没有相关性，但 Gong

和 Zhao[48] 通过数值模拟认为随着 B_1 和 B_2 增大，刀盘的压入过程和破岩变得容易；Nejati 和 Ghazvinian[64] 研究了具有不同脆性的岩石的破裂过程及疲劳响应，在文中作者采用的是在峰值附近的塑性变形量评价三种岩石的脆性，认为条纹状大理岩、砂岩和软石灰岩脆性依次降低，但从文中提供的三种岩石的压拉强度分析可知，如果采用 B_1 作为评价指标，那么因为砂岩具有最大的压拉强度比，所以脆性最强。

上述这些相互矛盾的结论表明，虽然当前存在许多描述岩石脆性性质的指标 (尤其以压、拉强度关系为基础所建立)，但它们是否真正适用于评价岩石的脆性存在不确定性；除此之外，岩石在高应力状态下往往表现出脆–延转换特性，而对于那些基于简单应力状态建立的脆性指标则无法评价这种变化。在深埋岩体工程中，岩爆倾向性的评价和岩爆的控制是工程施工中需要解决的关键难题，而当前除了压拉强度比 (B_1) 被广泛用于评价岩石脆性对岩爆倾向的影响外，缺乏其他有效的评价指标。

除此之外，建立岩石脆性指标的强度参数、变形参数主要通过常规的单、三轴应力–应变曲线获得 (即轴向变形控制下以一定速率加载得到 I 型应力–应变曲线)，然而对于脆性极高的硬岩，在轴向变形或轴向力控制下加载时，无侧限或低围压下其峰后应力–应变曲线的差别较小，均发生瞬间的垮落破坏，基于岩石 I 型应力–应变曲线而建立的岩石脆性指标是否仍然有效需要深入研究。相比于岩石的 I 型应力–应变曲线，国内外岩石力学界目前对于岩石 II 型应力–应变曲线的特征、影响因素、产生机制等研究较少，岩石 I 型、II 型应力–应变曲线的区别和在评价岩石脆性性质上的适用性都缺乏系统的研究。

1.2.3 岩爆的分类研究

岩爆的分类是岩爆防治、预测预报的基础，只有将潜在的岩爆类型搞清，才能针对性地采取防治措施和预测预报方法，达到事半功倍的效果。岩爆破坏的表现形式多种多样，国内外众多学者从不同角度提出了多种分类方法，目前学术界尚未达成共识，一般是依据岩体弹性应变能的储存与释放特征、应力作用方式或岩体结构类型等来进行分类的。

Notley[65] 从形成岩爆的破坏机制出发，提出了三种基本的岩爆类型：I、II 和 III 类岩爆，I 类岩爆在地下施工中最为常见，常发生于掌子面附近，是开挖过程中局部岩体积应变能的突然释放；II 类岩爆产生的原因是岩体本身存在潜在的滑移层或初始应力较大，接近岩体的抗剪强度，或者后期开挖扰动使应力重新分配，甚至改变原有主应力方向，进而使岩体产生整体滑移失稳；III 类岩爆是由于不适当开挖使矿柱应力集中而发生破坏。南非 Ortlepp 和 Stacey[66] 根据岩爆震源机制将岩爆分为 5 种：应变–爆裂 (strain-bursting)、弯折 (bucking)、

矿柱表层压碎 (pillar of face crush)、剪切破裂 (shear rupture) 和断层–滑移 (fault-slip)(表 1-2)。加拿大 Hasegawa 等 [67] 同样依据岩爆震源机制，将开采引起的震动事件分为 6 种：洞室垮落 (cavity collapse)、矿柱爆裂 (pillar burst)、采空区顶板断裂 (cap rock tensional fault)、正断层滑移 (normal fault)、逆断层断裂 (thrust fault) 和近水平冲断层断裂 (near horizontal thrust faulting)。德国 Kuhnt 和 Knoll 等 [68] 根据震源参数之间的关系，将岩爆分为采矿型岩爆 (静态岩爆) 和构造型岩爆 (动态岩爆)，前者与采矿直接有关，后者是与整个区域的采场应力重分布有关。南非 Ryder[69] 根据地震波初动符号不同，在 20 世纪 80 年代提出岩爆的两种类型：C(crush/collapse) 型岩爆和 S(shear/slip) 型岩爆。Gary Robert Corbett[70] 将岩爆分为 5 种类型：宏观冲击 (macro-bursts)、微观冲击 (micro-bursts)、冲击地压 (bumps)、岩爆 (rock bursts) 和构造岩爆 (tectonic rock bursts)。

表 1-2　巷道地震事件震源的建议分类 [66]

地震事件	推测震源机制	地震记录的初动	里氏震级 M_L
应变–爆裂	表面剥落并伴随碎片猛烈弹射	通常不被觉察到; 可能发生内爆	$-0.2 \sim 0$
弯折	预先存在且平行于巷道的较大岩板向外挤出	内爆	$0 \sim 1.5$
矿柱表层压碎	岩石从工作面猛烈喷出	内爆	$1.0 \sim 2.5$
剪切破裂	完整岩体发生剧烈剪切破裂	双力偶剪切	$2.0 \sim 3.5$
断层–滑移	已有断层重新发生剧烈运动	双力偶剪切	$2.5 \sim 5.0$

汪泽斌 [71] 根据国内外 34 个地下工程岩爆特征，将岩爆划分为破裂松脱型、爆裂弹射型、爆炸抛突型、冲击地压型、远围岩地震型和断裂地震型六大类。张倬元、王士天等 [72] 按岩爆发生部位及所释放的能量大小，将岩爆分为三大类型，即洞室围岩表部岩石突然破裂引起的岩爆、矿柱或大范围围岩突然破坏引起的岩爆、断层错动引起的岩爆。王兰生等 [73] 依据岩爆的特征将岩爆类型划分为爆裂松脱型、爆裂剥落型、爆裂弹射型和抛掷型四大类。谭以安 [74] 则从形成岩爆的应力作用方式出发，将岩爆类型划分为水平应力型、垂直应力型、混合应力型三大类和若干亚类。徐林生和王兰生 [75] 根据岩爆岩体高地应力的成因，将岩爆类型划分为自重应力型、构造应力型、变异应力型和综合应力型四大类。秦岭终南山公路和铁路隧道岩爆 [76,77] 依据破裂程度大小特征分为弹射型、爆炸抛射型、破裂剥落型和冲击地压型。冯涛等 [78] 依据岩石峰值荷载后的松弛特征将岩爆分为本源型和激励型两类。李忠和汪俊民 [79] 则根据岩爆发生的时间将岩爆分为速爆型和缓爆型。He 等 [80] 通过深入分析岩爆分类，结合我国煤矿进入深部以后岩爆增加的现象，根据对岩爆发生机制的认识，结合现场工程岩爆现象，将岩爆分为应变岩爆、构造岩爆和冲击岩爆。冯夏庭等 [81] 根据发生的条

件和机制, 将岩爆分为应变型岩爆、应变–结构面滑移型岩爆和断裂滑移型岩爆, 从发生的时间方面考虑, 又可将岩爆分为即时型岩爆和时滞型岩爆, 所谓即时型岩爆, 是指开挖卸荷效应影响过程中, 完整、坚硬围岩中发生的岩爆, 时滞型岩爆是指深埋隧洞高应力区开挖卸荷及应力调整平衡后, 在外界扰动作用下发生的岩爆 [82]。

从上述的分析可见, 不同学者从不同角度提出了各自的岩爆分类方法, 这在一定程度上都促进了岩爆研究的向前发展, 岩爆的分类方法众多从另一个侧面说明了岩爆的极其复杂性, 岩爆的发生受众多因素的影响, 不同生产环境 (矿山与隧洞)、不同开挖方式 (钻爆法与 TBM 开挖)、不同应力环境 (构造应力为主与垂直应力为主) 对岩爆产生不同的影响, 因此会产生不同类型的岩爆。

锦屏隧洞发生的岩爆除了应变型岩爆 (应变型岩爆主要是指发生在坚硬、完整岩体中、爆坑相对较浅、弹射的岩块主要以薄板状或薄片状为主的岩爆, 爆坑侧边界有时呈陡坎状, 碎块边缘较薄且锋利) 之外, 还有很大一部分与结构面相关, 岩爆发生区域存在零星的结构面或层理面, 岩爆发生后结构面往往作为爆坑的底部边界或侧边界, 本书将这种与结构面相关的岩爆通称为结构面型岩爆, 目前对于深部硬岩工程施工中频繁发生的结构面型岩爆的研究较少, 对结构面型岩爆现场案例的介绍极少, 人们对这种岩爆类型的发生过程、影响因素等缺乏了解, 对于何种结构面会诱发何种类型的岩爆也缺少认识。

1.2.4 岩爆机理研究

岩爆的机理研究是岩爆研究的核心, 岩爆的机理主要包括岩爆发生的内在原因和规律, 即岩爆是如何发生的、孕育演化过程是怎样的以及外部因素对岩爆的作用形式和影响等。只有对岩爆的发生过程认识清楚才能对该过程的某个阶段采取有针对性的弱化措施, 从而对岩爆进行调控, 也只有摸清影响岩爆的外部因素才能人为地降低这些影响因素对岩爆的影响以达到控制岩爆或降低岩爆强度等目的。岩爆的分类大致代表了该种岩爆的发生机制, 例如, Ortlepp 等 [66] 的剪切破裂型和断层滑移型岩爆, 从名称就可以判断该种岩爆主要发生的是岩体或断层的剪切破坏, He 等 [80] 的冲击诱发岩爆说明岩爆是外界扰动所诱发的, 强调了三种外部的影响因素。当然这种分析只是大致的, 还不够具体, 国内外相关研究者就岩爆机理开展了大量卓有成效的研究。

谭以安 [83] 分析了天生桥水电站引水隧洞岩爆破裂断面、岩块的几何形态特征及破裂面断口的电子显微镜扫描 (简称电镜扫描), 认为岩爆的发生过程分为劈裂成板、剪断成块和块片弹射三个阶段。徐林生和王兰生 [84] 通过对岩爆破坏岩石的破裂断口的电镜扫描微观分析, 将岩爆的力学机制分为压致拉裂、压致剪切拉裂和弯曲鼓折 (溃曲) 三种基本方式。侯哲生等 [44] 分析总结了锦屏二级水电站隧洞岩爆的两种机制,包括:张拉型板裂化岩爆和剪切型岩爆。对于张拉型板裂化岩爆,是由于硐室围岩开挖卸荷后发生张拉破坏,之后岩板内不断积聚能量,最终在外界扰动作用下失稳并释放能量发生岩爆;对于剪切型岩爆则是洞壁围岩形成楔形体并积聚能量,当剪切面上剪应力超过其剪切强度时楔形体被抛出形成岩爆。许东俊等[85]通过对地下洞室围岩应力状态分析和真三轴压缩试验认为,片状劈裂岩爆是在双轴压缩应力作用下洞壁面产生;剪切错动型岩爆是在真三轴应力状态下围岩内部产生,说明对于处于不同的应力状态的岩体岩爆的破坏模式有片状劈裂和剪切错动两种。

何满潮等[86]利用研制的岩爆试验系统研究了卸荷作用下花岗岩的岩爆特征,发现岩爆过程可分为平静期、小颗粒弹射、片状剥离伴随颗粒混合弹射和全面崩垮四个阶段,作者根据岩爆的发生时间将岩爆分为滞后岩爆(最大主应力相当于岩石的长期强度)、标准岩爆(最大主应力大于岩石长期强度小于单轴压缩强度)和瞬时岩爆(最大主应力大于或等于岩石单轴强度)。李廷芥等[87]认为岩石裂纹的发展对岩爆过程中能量耗散具有极大影响,分析了大理岩和花岗岩分形维数随应力状态的变化,发现随着应力增加,圆孔大理岩试件裂纹的维数值增加而花岗岩裂纹维数没有显著增加并且表现出一定的波动性。作者认为花岗岩裂纹扩展沿一个相对简单的路径发展,所消耗的表面自由能相对较小,因此比大理岩岩爆倾向更高。

无论何种开挖方式,地下隧洞的开挖都涉及卸荷效应,由于开挖卸荷往往导致围岩切向应力集中,当应力集中程度超过了岩体的承载能力时,硬脆性岩体将发生动力失稳破坏,因此一些学者认为工程岩体发生岩爆与否取决于卸荷效应,并开展了岩石的卸荷试验研究和数值模拟研究。汪洋等[88]认为深部岩体工程产生的岩爆是一种卸荷效应,采用数值模拟研究了卸荷范围和程度对岩爆的影响,发现随着围岩卸荷范围和卸荷程度的增大,潜在的岩爆动力源区逐步向围岩深部转移,发生岩爆的可能性进一步减小;围岩的卸荷程度比围岩的卸荷范围对岩爆的影响效果更为显著。张黎明等[89,90]开展了卸围压的三轴压缩试验,发现卸荷会造成岩体在较低应力水平下破坏,原岩储存的弹性应变能会对外释放,释放的能量转换成动能造成岩爆。

上述关于岩爆机理的研究主要集中在发生在完整岩石内的应变型岩爆,而当高应力岩体中存在结构面、断层等不连续地质构造时,结构面等不连续地质体的剪切滑移也可能诱发岩爆灾害。在相关研究方面,Williams等[91]通过对一次里氏震级为2级的岩爆的地震波形进行初动分析,发现该事件的震源机制是采矿导致的断层滑移。White和Whyatt[92]认为Lucky Friday Mine的岩爆主要是因为岩体沿层面的滑动使采场尺寸减小,造成压应力增加。Ortlepp[93]通过对发生在南非金矿中一次震级为3.4级的岩爆进行实地调查,发现该次岩爆是完整岩体发生剪切破裂形成新的断层造成的，作者利用扫描电镜对断层泥进行了分析，从细观角度阐释了断裂形成过程。Castro 等 [94] 采用数值模拟研究了法向卸压、断层揭露、应力旋转和预留煤柱对断层滑移诱发微震事件的影响。Li 等 [95] 论述了断层–煤柱相互影响诱发岩爆的三种机理，并且提出了六种措施控制断层–煤柱岩爆。潘一山等 [96] 建立了扰动响应稳定性判别准则作为断裂滑移型岩爆的判据。齐庆新等 [97] 认为煤岩试样在摩擦滑动过程摩擦系数变化导致的黏滑是冲击地压发生的机理。宋义敏等 [98] 利用花岗岩的双轴压缩摩擦试验研究了断层冲击地压失稳瞬态过程中断层位移演化的时间和空间特征。张春生 [99]、周辉等 [100] 对锦屏深埋隧洞中与结构面等地质构造相关的构造型岩爆进行了分析。李志华、王涛等 [101–104] 采用相似材料模拟了工作面推进过程中断层面上法向应力和剪应力的变化以及断层面的活化情况。

可见国际上对于断裂滑移型岩爆的研究主要采用 (微) 地震监测方法，(微) 地震监测虽然可以对震源机制和震源参数等进行实时解译，有助于理解滑移型岩爆的机制、获知可能的岩爆强度，但应用 (微) 地震监测时往往首先需要通过前期监测建立岩爆数据库，并且该方法在岩体 (矿体) 开挖前无法对滑移型岩爆进行预测，无法在决策阶段采取措施规避具有较大断裂滑移型岩爆危险的断层或结构面等地质构造。国内学者多采用相似模型试验对断裂滑移型岩爆开展研究，该方法虽然可以定性获得应力场随开挖的演化规律，但由于相似材料本身强度低、脆性弱、能量积聚能力差，因此试验中断层发生的都是静力剪切破坏，而实际上断层滑移诱发岩爆是一种动力失稳过程，相似材料试验很难对该过程进行准确模拟。

与深部硬岩结构面密切相关的结构面型岩爆发生机制和孕育演化过程较少有研究者深入分析。由于这种类型的岩爆采用相似模拟试验和数值模拟试验都很难复制硬岩硬性结构面这种特殊的地质构造，因此最好的研究手段是总结分析现场的岩爆案例，并结合原岩试验开展相关研究。

1.2.5　岩爆的预警研究

岩爆等动力灾害的有效预测、预警是进行防灾减灾的重要方法。岩爆的预测预警方法主要包括岩石物性指标预警 (如脆性指数、弹性能指数、应力指数、剩余能量指数等)、监测预警 (如声发射、微震监测、电磁辐射、微重力法、回弹法、光弹法、钻屑法等) 和多因素综合预警 (如神经网络、聚类分析、模糊综合评判、灰色系统理论、支持向量机、机器学习等) 等。

在岩石物性指标预警方面，李庶林 [105] 根据岩石室内力学性质试验结果来评价岩爆的倾向性，从岩性角度用脆性系数、应变能储存指标、岩爆能量比、动态DT(峰值强度后破坏持续时间) 等方法评价了凡口铅锌矿矿石和岩石的岩爆倾向性。杜子建等 [106] 在多种岩爆室内试验评价指标中，在考虑岩爆发生机制基础上选用围岩应力指数、岩体脆性指数、岩体完整性系数、弹性能量指数四个指标进行岩爆的评判和预测。张镜剑[107] 提出了岩爆五因素综合判据，并在已有资料的基础上对岩爆判据、分级及防治等提出了意见和建议；何佳其等[108] 对大尺寸试件进行不同梯度应力作用下的岩爆试验，引入梯度应力–强度比对强度–应力比判据进行优化，建立一种引入梯度应力的岩爆预测方法。Xue 等[109] 采用弹性能量指标准则、Russenes 准则、Tao 准则、岩石脆性系数准则和岩体完整系数准则五条经验准则并利用权重系数和理想解相似度排序技术 (TOPSIS) 构建了两步综合评价模型。郭建强等[110] 以岩石强度与整体破坏准则为基础，从弹性应变能是岩爆发生的内在动力出发，建立考虑了原岩应力、岩体完整性、岩石抗拉强度及泊松比的岩爆烈度分级预测模型。Gong 等[111,112] 基于室内压缩试验建立了基于线性储能规律的室内岩爆判据，发现了岩石加载过程中的线性储能规律，提出了岩石在峰值强度处弹性应变能的计算方法。单纯从岩石性质角度进行岩爆预警有一定的局限性，因为岩爆灾害的发生受岩石内因和环境外因共同影响，岩石自身的性质只能表示具有岩爆的倾向性，很难预警是否发生岩爆。

在监测预警方面，Feng 等[113] 利用实时微震监测数据和建立的岩爆预警公式提出了一种基于微震监测的岩爆动态预警方法，该方法包括岩爆数据库、微震活动和岩爆之间的函数关系、最佳加权系数和动态更新几个关键部分，可以实时预警不同强度的应变型岩爆和应变–结构面滑移型岩爆发生的概率。Cai 等[114] 开发了一种使用模糊综合评估模型来评估微震指数的岩爆预测方法。Su 等[115] 通过试验模拟岩爆发生的动态过程，利用微震传感器和声发射传感器对岩爆过程进行监测，对比分析了两种信号作为岩爆破坏前兆的差异性。Zhou 等[116] 采用声发射法预测岩爆高风险区域的震级和位置，获取高黎贡山发生岩爆后的应力波特征，并通过统计和分析声发射波形的幅值及频率建立了基于声发射的岩爆判据。Liu 等[117] 以爆坑体积分级为指标，通过综合统计分析揭示了微震信息与岩爆规模之间的关系，建立了利用微震关键参数估计岩爆规模的方法。Xue 等[118] 根据双江口水电站地下厂房众多的微震监测数据，建立了基于微震监测统计参数 (累积势体积、能量指数、累积能量释放等) 的岩爆预警方法。Liu 等[119] 通过分析367 个微震事件的震源和统计参数发现岩爆发生前每天事件数和能量以及累积势体积激增，能量指数维持在高位。He 等[120] 考虑到静应力和动应力的叠加作用建立了基于微震监测地震波速的岩爆风险评价方法。

岩爆的发生受众多因素影响，较为复杂，随着计算机科学技术的发展，人们利用人工智能、人工神经网络、模糊数学等先进的算法对已知的岩爆案例进行学习，来预测后续岩爆的发生。Feng 和 Wang[121] 最早利用专家系统对南非深部金矿岩爆的发生进行了系统研究；王元汉等[122] 采用模糊数学综合评判方法，选取影响岩爆的主要因素，对岩爆的发生及烈度大小进行预测；刘章军等[123] 以模糊概率理论为基础, 采用模糊权重, 建立模糊概率模型对岩爆进行预测; 徐琛等 [124] 基于理想点法的基本理论, 综合考虑了岩爆发生机制, 通过层次分析法和熵权理论计算主客观权重, 综合确定五种指标的权重系数, 构建了应变型岩爆组合权重–理想点法预测分析模型。Zhou 等 [125] 采用熵权云模型方法对岩爆分类进行预测。Liu 等 [126] 使用云模型和归因权重法预测岩爆分类。丁向东等 [127] 采用人工神经网络原理, 各自建立了相应的岩爆分类与预测的神经网络模型; 葛启发和冯夏庭 [128] 采用新的数据挖掘方法 AdaBoost 的组合学习方法, 并结合神经网络误差反馈 (BP) 算法, 构建了集成神经网络 AdaBoost-ANN 的岩爆等级多分类预测模型; 孙臣生 [129] 考虑九个主要预测关联性指标, 以非线性科学理论为指导, 建立 BP 神经网络改进预测模型。王迎超等 [130] 基于功效系数法的基本原理, 在综合考虑岩爆的关键影响因素基础上, 建立了一种新的岩爆烈度分级预测模型。高玮 [131] 把仿生聚类算法——蚁群聚类算法引入岩爆研究领域, 提出一种岩爆预测的新方法。徐飞和徐卫亚 [132] 结合投影寻踪法、粒子群优化算法和逻辑斯谛曲线函数, 建立了岩爆预测的粒子群优化投影寻踪模型。Zheng 等 [133] 使用熵权灰色关系反向传播神经网络 (BPNN) 开发了岩爆预测模型。Dong 等 [134] 建立了岩爆倾向性预测的随机森林模型。

岩爆灾害的预警技术随着人们对岩爆机理认识的加深而不断向前发展, 目前微震监测已经成为高岩爆风险洞段必不可少的监测手段, 微震的实时监测为岩爆灾害的预警和规避发挥了重要作用。由于目前对硬岩结构面剪切滑移诱发岩爆的研究还较少, 对于这种岩爆的孕育演化过程不清, 对其破坏前兆信息缺乏了解, 因此亟须开展相关研究, 确定或建立行之有效的监测预警指标和方法。

1.2.6　硬岩结构面剪切力学特性

在地下岩体工程施工过程中, 经常遇到不同规模和尺度的结构面 (节理、层理、断层等), 结构面的存在使岩体具有非均质性、各向异性和非连续性, 结构面的力学性质是影响岩体宏观力学性能 (如强度特征、渗透特征) 的关键因素。由于结构面具有较低的剪切强度, 岩体沿着结构面发生剪切破坏是一种常见的工程灾变形式。在浅埋岩体工程中, 如边坡、隧道等, 岩体埋深较浅、地应力较小, 结构岩体内部积聚的能量较少, 因此当岩体沿着结构面剪切破坏时, 释放的能量较少, 属于静力剪切破坏。在深部采矿、深埋隧洞、深部油气开采等深埋岩体工程中, 较高的地应力与局部的构造应力叠加, 导致岩体内积聚大量的能量, 当沿着结构面剪切破坏时, 面壁咬合的起伏体被突然剪断, 瞬时释放出大量的能量, 导致岩体发生动力失稳破坏, 如滑移型岩爆、诱发地震等灾害 (图 1-8)。因此, 开展不同应力条件下含结构面岩体力学特性的研究具有重要的科学意义和工程意义。近几年研究者从结构面压剪基本力学特性、破坏机制、影响因素、理论模型等多方面开展研究。

图 1-8   南非金矿开采过程中发生的断层滑移破裂 [93]

杜时贵等 [135] 对比研究了天然凝灰岩结构面直剪试验强度值与 JRC-JCS 模型预测值的关系。郑文棠等 [136] 对某核电厂结构面取样后进行了室内直剪试验，发现硬性结构面具有峰值应变软化现象，而对于咬合一般、部分被铁锰质渲染的结构面则未出现峰值。杜守继等 [137] 分析了岩石节理剪切变形特性和粗糙度特性与变形历史的依存关系。李志敬等 [138] 研究了不同粗糙度的硬性结构面剪切蠕变特性，在低的应力水平下，变形表现为衰减蠕变和稳态蠕变；高应力水平时，岩样在极短时间内迅速破坏，未出现通常的加速破坏阶段。沈明荣等 [139] 进行不同法向应力水平下的剪切蠕变试验，利用过渡蠕变法、等时曲线法、蠕变曲线第一拐点法确定结构面试件在剪切状态下的长期强度，比较了三种方法各自的不足。丁秀丽等 [140] 分析了三峡船闸区硬性结构面剪切蠕变特性，表明了结构面的剪切蠕变位移不仅是加载持续时间的函数，且与所施加的法向压应力和剪切应力的大小有关。周辉等 [141] 采用三维 (3D) 雕刻技术制作具有相同形貌的大理岩结构面，研究了大理岩的各向异性特征随法向压力的变化特点。江权等 [142] 采用 3D 雕刻技术，制作了具有相同三维形貌特征的砂岩、大理岩和花岗岩结构面，研究了硬岩结构面在直剪条件下的表面磨损特征。3D 雕刻技术的出现使制作具有相同形貌的结构面试件成为可能，保证了不同试样组别形貌的一致性，能够更准确地研究其他因素对结构面力学行为的影响。

随着岩体工程 (深部隧道、引水隧洞、核废料处置库) 和能源开采 (深部采矿、油气开采、地热开发等) 深度的逐渐增加，节理岩常常赋存于高应力环境下，例如，锦屏二级水电站最大埋深 2525m，最大主应力达 70MPa，低应力和高应力环境下硬岩节理具有不同的力学特性，尤其表现在峰后阶段。因此，开展高应力条件下硬岩节理剪切力学特性的研究，对于保障我国深部岩体工程的安全施工、深部能源的安全高效开采具有重要意义。Li 等 [143] 采用花岗岩结构面开展了 5∼25MPa 法向应力的剪切试验，研究了结构面剪切过程中的声学信号特征和岩石碎屑特征。Meng 等 [144−146] 采用人工劈裂的方法形成粗糙不规则结构面，对高法向压力下 (最大 45MPa) 大理岩、花岗岩、水泥砂浆结构面剪切力学特性开展了一系列研究，发现：① 岩性和应力条件是导致不同峰后摩擦特性的主要原因；② 花岗岩节理高应力下的周期性黏滑现象与周期性地震和滑移型岩爆具有相似的发生过程，认为黏滑时产生的应力降和释放的极大能量是产生滑移型岩爆的主要原因，据此提出了采用声发射 b 值对滑移型岩爆预警的方法；③ 剪切速率不仅对节理峰值强度有较大影响，还显著影响花岗岩节理峰后摩擦阶段的黏滑幅值，剪切速率越高，黏滑幅值和间隔越小。

1.2.7 结构面起伏体损伤特性

结构面的剪切强度与其粗糙度密切相关，而结构面的粗糙度则由其表面的起伏体决定。断裂滑移型岩爆、诱发地震等动力灾害具有突发性、瞬时性等特点，在极短的时间内释放出巨大的能量，这种破坏形式与表面粗糙起伏结构的紧密咬合和瞬间剪断破坏密切相关。因此，研究节理表面起伏体的损伤规律和时空分布特点对于预测结构面宏观力学特性、揭示其破坏机制具有重要意义。

Patton 基于模型试验较早发现了起伏体在低应力的爬坡磨损破坏和高应力下剪断破坏两种模式 [147]。刘新荣等研究了含有规则一阶、二阶起伏体的砂岩节理在峰前循环剪切荷载作用下的损伤特性，发现当起伏体发生爬坡效应和啃断破坏时，剪应力曲线显著不同 [148]。江权等利用结构面刻录方法制作结构面，发现结构面剪切破坏具有局部化和非均匀化特征 [142]。上述对于岩石节理表面损伤的研究以定性描述为主，而随着光测技术的迅速发展，高清拍照技术、三维扫描技术等被广泛应用于岩石节理表面损伤的定量分析中。Indraratna 等 [149] 提出了一种根据起伏体高度劣化大小表征表面损伤程度的新方法 (图 1-9)，发现起伏体损伤和断层泥的累积随着法向压力和粗糙度增大而增大。Asadi 等 [150] 发现随着起伏体高度和压力的增大，节理破坏逐渐从摩擦滑移到剪断破坏和拉伸破裂转换。Jiang 等 [151,152] 采用三维雕刻技术制作了形貌一致的结构面，利用三维扫描仪定量分析了剪切前后结构面形貌参数的变化。李化等 [153] 基于三维高精度激光扫描与地理信息系统 (GIS) 技术，以似斑状花岗岩为例，对其节理表面起伏形态进行精确测定，发现大于 45° 的起伏体倾斜面面积对剪切方向的敏感性较大。曹平等 [154] 对劈裂形成节理进行不同法向应力下的多次剪切试验，并用扫描仪获取剪切前后的三维形貌和参数，发现经历四次剪切作用后，结构面粗糙度各向异性程度降低；随法向压力的增加，各次剪切后结构面的形貌变化量逐渐减小，形貌趋于平整。

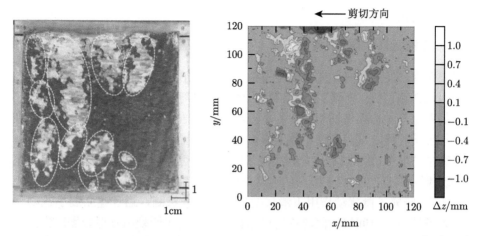

图 1-9   1.6MPa 压力下结构面起伏体的实际损伤与三维扫描定量化的损伤 [149]

上述对于结构面损伤的研究都是在试验结束后，对试验后的结构面观察、拍照或者扫描，无法实时获得剪切过程中结构面损伤的时空分布特点。结构面内部的起伏体发生破裂时，会发出弹性波，即声发射 (AE) 现象，因此可以通过声发射技术实时获得剪切过程中结构面上微破裂信息的时间分布，还可以利用声发射定位技术获取破裂发生的位置和强度等信息。Li 等 [143] 通过对定位的 AE 事件随剪切过程的变化，将剪切分为四个阶段，并且发现 AE 事件的位置与粗糙的起伏形貌密切相关。Moradian 等 [155,156] 通过在花岗岩节理直剪试验中进行二维声发射定位，发现峰值前随着剪应力增大，AE 事件呈离散状态分布但数量逐渐变多，而在剪应力峰值附近逐渐局部化。Meng 等根据砂浆节理剪切过程中监测的声发射事件，建立了考虑剪切时间和法向压力的起伏体损伤模型。Meng 等 [145,157] 通过对劈裂的砂浆节理、大理岩节理和花岗岩节理进行二维声发射定位，分析了三种不同岩性岩石节理的声发射信号，发现花岗岩节理 63%~85% 的声发射事件发生在峰后阶段，峰值前仅占 30% 左右，说明花岗岩节理峰后摩擦滑移阶段产生大量的微破裂。Chen 等 [158] 对天然节理和劈裂节理加热水冷后进行剪切，通过三维声发射定位方法研究了两种节理的声发射特性。

上述研究中剪切试验所施加的压力都很低 (一般低于 5MPa)，研究对象主要为岩质边坡、浅埋隧道等工程。随着地下资源和地下隧洞的开挖深度越来越大 (大量的地下工程埋深超过 1000m)，岩体的赋存环境越来越复杂。其中在高应力作用下，硬岩结构面表现出与低应力下显著不同的特性，如花岗岩的黏滑失稳。当前对于高应力下硬岩结构面的宏细观损伤特点和分布规律缺乏足够的研究，对于宏细观损伤与硬岩结构面宏观力学特性 (如峰值后应力降、黏滑幅度) 之间的关联也缺乏相关认识。

1.2.8　结构面与岩爆相关性研究

　　岩爆容易发生在坚硬完整的岩石中,这是长期以来岩石力学工作者的认识,然而从川藏铁路、引汉济渭工程、锦屏二级水电站等深埋隧洞施工过程中发现一些岩爆的发生与结构面密切相关。为调查结构面对岩爆孕育演化过程的影响,众多学者从现场观测、试验测试、数值模拟等方面进行了相关研究。

　　陈宗基[159]很早就提出,断层与岩脉的附近常常发生岩爆,在龙凤矿发生的50起岩爆中,有72%是在断层的前区,14%在断层之中,10%在断层的后区。李杰等[160]研究了微扰动作用下滑移型岩爆的诱发机制,通过建立弱小扰动诱发初应力条件下岩块间接触面滑移的理论模型,给出了断裂滑移型岩爆产生的力学条件。在现场观测方面,闫苏涛和王青蕊[161]以拉林铁路岗木拉山隧道为背景,在总结现场岩爆特征和规律的基础上,采用 Hoek-Brown 理论对岩石强度进行折减,提出了考虑结构面影响的岩爆预测模型。Feng 等[162]总结了中国锦屏二级水电站涉及 11.6km 隧道的 44 次中等和强烈岩爆孕育过程中的微震活动特征,发现大多数岩爆都受结构面影响,岩爆发生区的结构面多为硬性结构面和 III 级或 IV 级结构面。Wang 等[163]详细介绍了中国西南一条深埋隧道的微震监测信息、各种结构面 (数量、角度) 对岩爆倾向性、强度和分布以及破坏的影响,总结认为当结构面较多时,岩爆发生的可能性会减少,但一旦发生岩爆就更有可能是强烈的岩爆。

　　在试验研究方面,Cheng 等[164]利用圆形隧洞物理模拟试验,借助数字图像处理 (DIC) 技术观察大理岩在双轴应力下,隧道受不同位置的小尺度结构面影响的岩爆破坏剪切滑移过程,认为小尺度结构面滑移是诱发岩爆的主要影响因素之一。Li 等[165]对劈裂花岗岩结构面进行直剪试验以重现结构面型岩爆,研究了结构面的应力–变形关系、声波特征、声发射特征、弹射破片和破坏特征,探究了法向应力对岩爆强度的影响,发现法向应力越大,岩爆强度越大。邓树新等[166]利用自主研制的试验装置,结合高速摄影技术,模拟了冲击扰动下岩块从开始滑移至发生岩爆全过程,并从内因、外因和诱因三方面探讨了滑移型岩爆机理。

　　在数值模拟方面,Manouchehrian 和 Cai[167]通过 Abaqus 模拟深埋隧道中岩石的动态破坏,对比了不同长度、倾角和距离的断层对岩石破坏和岩爆的影响。马春驰等[168]使用 GDEM 研究了节理裂隙与结构面的不同分布对岩爆破坏类型 (弯曲–鼓折张裂–滑移型张裂–倾倒型) 的影响,并揭示了岩爆能量演变机制。Sainokin 和 Mitri[169]通过数值模拟研究了深部采矿对断层滑移震源参数的影响。冯帆等[170]基于有限元/离散元耦合 (FDEM) 数值方法,模拟了含预制裂隙圆形孔洞硬岩硐室模型,探究不同预制结构面位置、长度以及倾角下围岩裂纹扩展规律及其力学特性,以此揭示结构面作用下深埋高应力硐室围岩的破坏机制。赵红亮等[171]采用离散元法模拟深埋地下隧洞中潜在滑移断裂的分布特征和几何形态,分析开挖断裂附近围岩应力状态的变化特征以及结构面断裂型岩爆机理,发现断裂构造在高应力作用下容易发生错动,导致能量突然释放。Sainoki 和 Mitri[172] 通过数值模拟研究了不同因素对采矿诱发的矿山断层滑移动态力学特性的影响,发现剪切位移增量受采矿深度、断层的摩擦角及断层位置的影响显著,而受断层的刚度和剪胀角的影响不大。

研究者通过现场观测、试验测试、数值模拟等手段研究了节理、断层等不连续地质构造活化滑移诱发滑移型岩爆、冲击地压等动力灾害的孕育演化过程和发生机制,促进了人们对滑移型岩爆等动力灾害的了解。然而前述的试验研究绝大多数都是在低应力条件下开展的,节理的剪切破坏不具备动力剪切破坏的特征 (即突发性、瞬时性和高能量),高应力下节理、断层的动态失稳显然与一般的准静态剪切破坏不同,往往在瞬时释放巨大能量;另外,上述的数值模拟在考虑节理、断层的剪切破坏时需要对断层结构做一定简化,即采用传统的摩尔–库仑 (Mohr-Coulomb) 准则作为结构面活化的判据,忽略了结构面粗糙的三维起伏结构的影响。为了更清楚地探明与结构面有关的这类岩爆的孕育演化机制、影响因素等,需要更多的生动、详细的现场案例帮助人们了解结构面在其中所起的作用,同时也需要开展与深部结构面岩体应力环境相匹配的力学试验,确定高应力下结构面岩体的理论模型为数值模拟服务。

1.3　目前研究中存在的问题

通过上述分析可知,近年来研究人员对岩石脆性破坏特征和评价、岩爆机理与预警、结构面剪切力学行为等方面开展了大量的研究,并且取得了一系列的科研成果,丰富了岩石力学理论,加深了人们对岩爆这一世界级工程难题的认识。然而由于岩石材料的非透明特性、地质 (应力、构造) 条件的复杂性、施工条件的差异性,岩爆灾害仍然是深部岩体工程施工中面临的最严重的挑战。为保障深部硬岩工程安全施工、深地能源高效开发、高应力下含结构面岩体的稳定性分析和动力灾害评价,亟须对以下问题开展深入研究:

(1) **硬岩脆性破坏特征、机制和评价方法**。岩石的物性特征是岩爆发生的重要条件之一,对于软弱围岩发生岩爆的概率较低;而对于硬脆围岩,准确了解其在不同应力条件下脆性破坏特征、显现形式、脆性破坏机制和影响因素是对其岩爆倾向性评估的关键,目前虽然存在各种基于岩石 I 型应力–应变曲线的岩石脆性评价方法,但较少从破坏机制出发,并且都存在各种不同的局限性,很难准确评价岩爆以峰后为主要显现形式的破坏方式。对于超硬脆围岩，岩石的 I 型应力–应变曲线都以强烈应力跌落的形式发生，不同岩石之间或不同应力状态之间仅仅具有极微小的差异，基于 I 型曲线的评价方法很难准确反映这种差异；岩石的 II 型应力–应变曲线则提供了很好的替代选择，而当前对不同岩石 II 型应力–应变曲线特征、II 型曲线产生的原因、影响因素和在岩石动力灾害评价中的应用都缺乏详细的分析和深入的研究。

(2) **深部硬岩结构面对不同类型岩爆的诱发机制**。岩爆与结构面密切相关，这似乎与之前人们对岩爆大多发生在完整的围岩中的认识相矛盾，这种岩爆发生环境的变化主要是由于围岩赋存环境引起的。在浅埋、低应力环境下，结构面等不连续地质体内储存的能量有限，不足以诱发岩爆；而深埋、高应力条件下，由于开挖卸荷作用、结构面的切割作用，隧洞边墙被结构面切割的围岩更容易积聚大量的能量，再叠加上外界的扰动作用很容易诱发岩爆。但当前相比于发生在完整围岩中的应变型岩爆，对结构面诱发岩爆的认识较少，对于"什么样的结构面会诱发岩爆、会诱发何种岩爆"缺乏充分的认知，这严重阻碍了深部硬岩隧洞工程的安全施工和动力灾害的评价。

(3) **深部硬岩结构面剪切力学特性与动力灾害评价**。当前对于岩石结构面力学行为的研究大部分都是基于浅埋岩石工程，施加的法向应力水平较低。当前我国深部工程规模越来越大、应力越来越高。高应力下结构面、节理、断层等不连续地质构造在开挖卸荷作用下滑移容易诱发滑移型岩爆。目前对高应力下结构面剪切力学特性的研究还较少，对不同岩性的结构面在高应力下的破坏特点、破坏前兆特征等认识不足，对结构面/断层活化诱发岩爆等动力灾害的影响因素、预警方法等也缺乏系统研究。

1.4　本书技术路线图

鉴于上述存在的问题，本书在前人研究的基础上，结合锦屏二级水电站深埋隧洞、川藏铁路等国家重大深地战略工程频繁发生的岩爆灾害，以深部硬岩–硬性结构面组成的高储能系统为研究对象，系统研究硬岩脆性破坏特征、机制和评价方法，并对深部硬岩隧洞中"结构面型岩爆"这一新发现的岩爆类别的现场案例的岩爆特点、岩爆类型、岩爆孕育演化过程进行深入分析；对于深部硬岩结构面以剪切破坏为主的破坏形式，借助室内试验开展高应力下结构面剪切力学特性的研究，探究结构面起伏体的损伤特性和与宏观动力学行为的关联，揭示结构面剪切诱发动力灾害的影响因素、预警方法 (本书技术路线如图 1-10 所示)。本书的成果对于含节理岩体工程的稳定性分析、滑移型岩爆等动力灾害的机制解释、监测预警和防灾减灾具有重要意义。

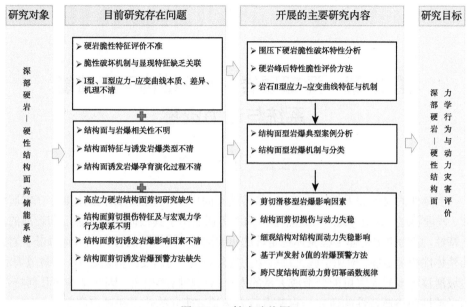

图 1-10　技术路线图

第2章 深部硬岩—硬性结构面高储能系统与动力灾害

2.1 引 言

岩体作为复杂的天然地质结构,常常被不同尺度和规模的结构面切割。在岩质边坡、浅埋隧道、巷道等地下工程中,结构面等弱面由于其极低的剪切强度和较高的渗透特性,成为决定岩体工程整体稳定性的重要因素。结构面的存在大大地降低了岩体的整体性和稳定性,增加了施工过程中的危险系数,其诱发的剪切破坏,如隧道坍塌、边坡滑移等地质灾害可能会造成大量的人员伤亡和财产损失,因此结构面几何特性、力学特性和渗透特性的研究一直是岩石力学领域研究的热点和难点问题。

然而在深部硬岩隧洞施工过程中发现,结构面不仅对围岩的准静态破坏 (如塌方、掉块) 产生影响,对某些岩爆动力灾害也起到控制作用。众多的岩爆案例表明,岩爆不仅仅经常发生于完整性好的完整围岩中,在含有一定数量硬性结构面的岩体中,岩爆也经常发生,并且通过研究岩爆之后的爆坑形态发现结构面通常作为岩爆的爆坑边界,说明深部硬岩工程中,结构面的存在与某些岩爆的发生具有密切的相关性。本节主要通过搜集和论述锦屏二级水电站、川藏铁路等深部硬岩隧道/洞工程发生的一些记录较为详细、照片较为清晰、强度相对较高的岩爆案例,重点探讨岩爆与结构面之间的相关性 (由于岩爆现场条件复杂、光照差、危险系数高,部分岩爆爆坑无法准确清晰地记录)。根据这些岩爆案例,提出一种结构面型岩爆的分类方法,并借助室内试验和现场岩爆破坏区特点分析,揭示和推演每种结构面型岩爆的孕育演化机制。

2.2 岩 爆 案 例

2.2.1 锦屏二级水电站深埋隧洞岩爆案例

锦屏二级水电站位于四川凉山彝族自治州,利用雅砻江锦屏 150km 长大河湾的 310m 天然落差,裁弯取直,引水发电,其中作为该项工程的主体,锦屏二级水电站深埋隧洞群包括四条引水隧洞、两条辅助交通隧洞和一条排水洞,平均长度 16.7km,引水隧洞开挖洞径 13m 左右,工程具有高埋深、高地应力、高压涌水、高水头等特点和难点,引水隧洞上覆岩体一般埋深 1500~2000m,最大埋深

2525m，构成了世界上综合规模最大的水工隧洞群，也是目前世界第一埋深隧洞。工程区域最大主应力达 63MPa，且主要分布有硬脆性大理岩，在隧洞施工过程中，岩爆频繁发生，在 7 条隧洞施工中岩爆发生总数超过 1200 次，每条隧洞岩爆洞段约占整个开挖洞段的 15%。截至 2012 年 2 月，引水隧洞共发生岩爆 750 多次，轻微岩爆占 44.9%，中等岩爆占 46.3%，强烈和极强岩爆占 8.8%[173]。岩爆的发生严重阻碍了施工进度，并对现场工作人员的生命安全造成严重的威胁，岩爆发生时携带巨大能量的岩块常造成施工机械设备的摧毁和掩埋，给施工单位造成严重的经济损失。

锦屏辅助洞 A 和辅助洞 B 开挖过程中，累积发生岩爆的洞段分别占隧洞总长的 18.48% 和 16.29%，其中辅助洞以轻微岩爆为主，A、B 洞发生轻微岩爆的累积长度分别占隧洞总长的 12.54% 和 10.32%；中等岩爆次之，A、B 洞分别占隧洞总长的 4.13% 和 4.67%；强烈岩爆相对较少，A、B 洞分别占隧洞总长的 1.73% 和 1.12%；A、B 洞分布极少量极强岩爆，A、B 洞分别占隧洞总长的 0.09% 和 0.17%。类比至引水隧洞，预计其累积发生岩爆的长度为 8km 左右，其中轻微、中等岩爆长度约为 6km，发生强烈岩爆的长度约为 2km，发生极强岩爆的长度约为 0.3km，无岩爆洞段长度约为 8.4km[174]。

1. 岩爆案例 1：锦屏排水洞 "11.28" 极强岩爆

2009 年 11 月 28 日（"11.28"），排水洞桩号 SK9+283~SK9+322 洞段发生极强岩爆，造成 TBM 被损毁。此次强烈岩爆之前，该洞段从同年 10 月 8 日开始，开挖过程中发生了多次岩爆，这里只列举 11 月 28 日当天发生的揭露出一条大结构面的岩爆。当排水洞 TBM 向前掘进至 SK9+283 桩号时，SK9+285 南侧拱肩部位发生极强岩爆，并诱发其后 28m 范围极强岩爆，岩爆瞬时冲击作用摧毁了全部支护系统，并将 TBM 设备主梁前段在焊缝处折断，主梁为壁厚 80mm 的高强钢板，刀盘向后约 30m 范围被石块掩埋，如图 2-1 所示，岩爆伴生的冲击波将后配套二层的值班室房门冲断，塌方总量为 400 余立方米。微震监测设备记录了岩爆前及过程中的地震事件，分析认为此次事件的里氏震级为 2.0。

桩号 SK9+283~SK9+322 洞段为中细粒结晶厚层块状白山组 (T_{2b}) 大理岩，灰色或灰白色，主要由方解石及细条纹状黑云母等矿物组成，新鲜、坚硬。岩体中存在一些平直光滑的刚性结构面，结构面表面可见擦痕，渣块挤压错动的痕迹明显。11 月 28 日岩爆后揭露出一条 NWW 向刚性结构面，倾 NE，倾角约为 40°~50°，结构面平直，较为光滑，无充填，结构面以下岩体已全部塌落，形成深达 7m 的 "V" 形坑，如图 2-1 所示。该洞段发生的一系列岩爆事件很可能与开挖诱发该结构面的滑动有关。图 2-2 为 Xu 等[175] 监测的 "11.28" 极强岩爆发生时的微震监测事件，可清楚地看到微震事件呈条带状聚集，证明了该次岩爆是开挖导致的结构面剪切活化引起的。

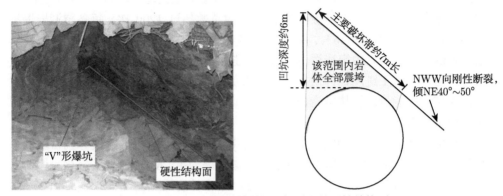

图 2-1　"11.28" 极强岩爆爆坑及揭露出的硬性结构面

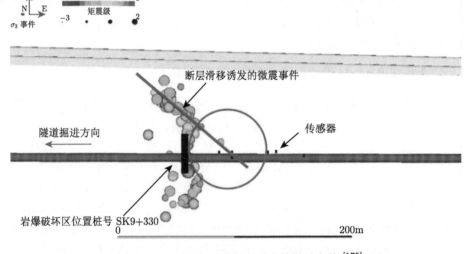

图 2-2　"11.28" 极强岩爆所对应的微震事件 [175]

2. 岩爆案例 2: 锦屏 "2.4" 极强岩爆

2010 年 2 月 4 日 ("2.4"), 2# 引水隧洞发生极强岩爆, 此时, 掌子面桩号为 K11+006, 在此次岩爆发生之前, K11+027~K11+046 洞段北侧边墙至拱肩数次出现岩爆, 局部坑深达 2m。

据现场施工人员介绍, 掌子面爆破、通风排烟完成后进行清渣、排险, 完成出渣 12 车, 剩余 3 车, 此时桩号 K11+023 处发生极强岩爆, 其声响甚于开挖爆破声, 岩爆造成南侧边墙、拱脚部位岩体弹出, 同时揭露出一组 NWW 结构面

(如图 2-3 所示) 作为爆坑的边界, 结构面延展长度 3∼4m, 前期支护施加的锚杆在岩爆发生时被拉出或拉断。很特别的是, 此次岩爆在隧洞上台阶底板形成 3 条裂缝, 其中一条裂缝从南侧拱脚一直延伸至北侧拱脚, 走向与隧洞轴向近似垂直, 横向贯穿隧洞, 最大缝宽达 25cm, 可探深度 1.5m(如图 2-4 所示), 出现裂缝部位岩体均坚硬完整, 无明显结构面。岩爆发生时剧烈的底板震动造成一台已装渣的自卸车移位, 受强烈震动影响, 十几吨重的自卸车被弹起三次, 车身由原先的平行洞轴线方向变成与洞轴线斜交成 30°, 并严重受损, 汽车前挡风玻璃震碎, 多处连接油缸被毁 (如图 2-4 所示)。

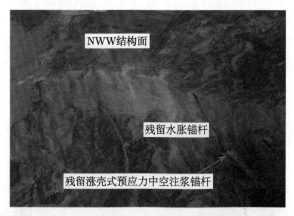

图 2-3　2# 隧洞 K11+023 南侧边墙 "2.4" 极强岩爆揭露出的结构面和残留的锚杆

图 2-4　2# 隧洞 K11+023 南侧拱脚边墙极强岩爆

本洞段岩性以 T_{2b} 灰白色巨厚层状大理岩为主, 夹灰黑色细条纹, 埋深约 1950m, 位于中部第一个向斜西翼。K11+023 桩号前后约 5m 范围内已施工涨壳式预应力中空注浆锚杆, 承包商已施加 80kN 预应力且完成锚杆注浆, 岩爆发生后该洞段范围内相当多的锚杆仍留在岩体上, 但显然已经发生滑动, 部分锚杆的垫板受冲击而弯曲，残留在岩壁上的锚杆如图 2-3 所示。

3. 岩爆案例 3：锦屏 "2.23" 中等时滞性岩爆

2011 年 2 月 23 日 ("2.23") 凌晨 0:40 左右，在 1-2-E 洞段，桩号为 K8+805～K8+815 南侧边墙发生了一次中等时滞性岩爆，发生岩爆的区域距当日掌子面 110～120m，发生岩爆的时间距离此洞段开挖的时间滞后了 62 天。该段以白山组大理岩为主，破坏区域范围长 × 高 × 最大深度约为 10m×5m×0.6m，岩爆造成现场出渣车挡风玻璃、油箱、右边门损坏，司机轻伤。虽然此次岩爆爆坑较浅，但岩块弹射距离较远，最远甚至达到隧洞中部，离边墙接近 6m，岩块最大尺寸为 0.8m×3.5m×0.5m。此次岩爆过后揭露出一条平行于隧洞边墙的大尺寸的结构面，如图 2-5 所示，结构面正好作为爆坑的底部边界，使爆坑呈平底锅形，爆坑的上下边界呈陡坎状，结构面面壁上可见明显的铁锰质渲染的痕迹。

图 2-5　"2.23" 中等时滞性岩爆揭露出的结构面

4. 岩爆案例 4：锦屏 "12.1" 中等时滞性岩爆

2010 年 12 月 1 日 ("12.1")，在 1-1-E 隧洞北侧边墙 K8+940～K8+948 位置处发生了一次中等时滞性岩爆，距离当日掌子面 95m，滞后此位置开挖完成 11 天，爆坑深度、高度和延伸的长度分别为 0.3～0.7m，2～4m 和 6～8m。岩爆发生时发出较大响声，岩块弹射最大距离接近 8m，爆出的岩块以板状为主，部分岩块形状不规则。图 2-6 为 "12.1" 岩爆的爆坑形态和弹射的岩块，图 2-7 为岩爆揭露的结构面形态，部分锚杆已经被拉断，图 2-8 所示的为一块弹射出来的岩块，其边界上可看到与图 2-7 颜色一致的棕色渲染痕迹，说明该表面也是岩爆所揭露的结构面的面壁。

图 2-6　"12.1"中等时滞性岩爆爆坑形态和弹射的岩块

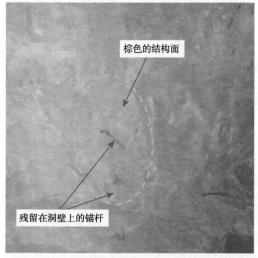

图 2-7　"12.1"岩爆揭露出的结构面及残留在边墙上的锚杆

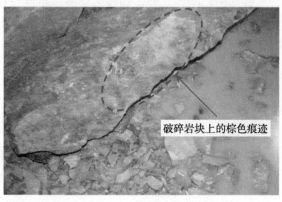

图 2-8　"12.1"岩爆弹射出的岩块

2.2.2 川藏铁路拉林段隧道岩爆案例

巴玉隧道位于地球上最深的大峡谷——雅鲁藏布江大峡谷中，地处海拔 3500m，隧址区地面标高 3260~5500m，最大埋深 2080m。隧道起讫里程为 DK190+388~DK203+461，全长 13073m，其中单线隧道长 12482m，车站 3 线隧道长 591m；设置进出口两座平行导坑作为辅助坑道，隧道穿越地层主要为花岗岩。隧址区最大主应力约为 50MPa，中间主应力约为 37MPa，最小主应力约为 36MPa，隧道围岩风化程度低，多为未风化/弱风化状态。围岩完整性较好，多为完整/较完整围岩。隧道围岩中含有少量延展性较低的硬性结构面。

勘察设计阶段，预测正洞岩爆段长 12242m，占其长度的 94%，其中轻微、中等和强烈岩爆段长度分别为 4106m，5922m，2214m；隧道进口平导洞岩爆段长为 3805m，占其长度的 94%，其中轻微、中等岩爆段长度分别为 2647m 和 1158m；隧道出口平导洞岩爆段长为 3355m，占其长度的 82%，其中轻微、中等岩爆段长度分别为 1460m 和 1895m。隧道实际施工过程中，由于极高地应力作用，发生了多次强烈岩爆，例如，2015 年 8 月到 2018 年 11 月间，平导洞和正洞的岩爆发生段累计长达 12111m，其中轻微、中等和强烈岩爆段长度分别为 5636m，4944m，1531m，岩爆灾害成为制约巴玉隧道安全高效施工的最大障碍。下文岩爆案例 5~7 均引自 Hu 等 [176]。

1. 岩爆案例 5："17-4-21" 中等岩爆

2017 年 4 月 21 日 ("17-4-21")，当隧道工作面开挖到桩号 DK194+457 处时，隧道北侧拱肩至拱顶处发生了中等岩爆，岩爆发生区域围岩相对完整，无明显结构面。岩爆爆坑相对较浅，呈浅窝形 (宽 × 高 × 深接近 2m×3m×1m)，岩爆产生的破碎岩石多为片状，其中一部分岩石甚至弹射到隧道南侧 [176]。微震监测结果显示，定位的微震事件密度最大的区域为隧道北侧拱肩附近区域，与岩爆的实际发生区域相吻合 (图 2-9)。除此之外，通过微震震源机制分析发现监测的微震事件多为拉伸断裂事件，说明该处岩爆发生时岩石内部发生大量的拉伸 (tensile) 破裂，是典型的应变型岩爆，与结构面没有太大相关性。

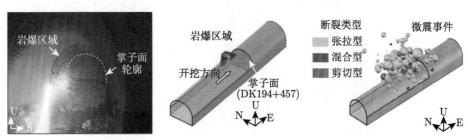

图 2-9　"17-4-21" 岩爆爆坑与对应的微震事件 [176]

2. 岩爆案例 6: "17-4-29" 中等岩爆

2017 年 4 月 29 日 ("17-4-29")，当隧道工作面达到桩号 DK194+493 时，在 DK194+490~DK194+493 的北侧拱顶发生轻微岩爆，揭露出两条贯穿整个掌子面的硬性结构面 (图 2-10)，两条结构面的倾向均为 184°，倾角分别为 50° 和 20°。在下一个开挖爆破循环后，桩号 DK194+493~DK194+496 北侧拱顶又发生了一次中等岩爆，发现结构面从 DK194+493 延伸到 DK194+530，该段北拱肩至拱顶共发生 5 次轻度岩爆和 3 次中度岩爆，最大的岩爆坑尺寸约为 7m×4m×1m(宽 × 高 × 深)。微震监测发现，微震事件主要集中在隧道北拱肩周围的岩石中，并且主要由拉伸断裂引起，岩爆产生的岩石碎块多为板条状和片状岩石 [176]。

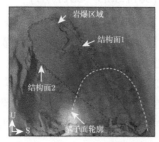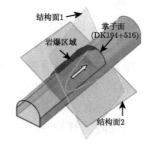

图 2-10 "17-4-29" 岩爆爆坑与对应的微震事件 [176]

3. 岩爆案例 7: "17-6-21" 中等岩爆

2017 年 6 月 21 日 ("17-6-21") 开始，在桩号 DK194+792~DK194+793 的拱肩南侧边墙爆破后发生轻微岩爆。随后揭露了两组硬性结构面，它们在南侧墙和拱肩处切割隧道，其中一组结构面的倾向为 20°，倾角为 45°；另一个结构倾向为 207°，倾角为 50°(图 2-11)。随着工作面向前移动，在 DK194+793~DK194+797 的拱肩的南边墙爆破后发生了另一次中等岩爆，结构面一直延伸到 DK194+820。总体来看，这部分的拱肩南侧墙体共发生 1 次中等岩爆和 3 次轻微岩爆。最大的岩爆坑尺寸为 4m×4m×1.5m(宽 × 高 × 深)[176]。微震事件集中在隧道南拱肩附近的

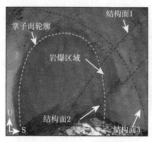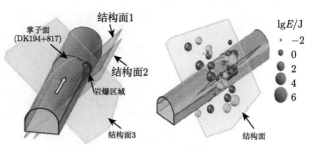

图 2-11 "17-6-21" 岩爆爆坑与对应的微震事件 [176]

围岩中，分析发现大量的微震事件是由剪切断裂引起的，岩爆产生的碎块具有较大的尺寸。

2.2.3　引汉济渭工程隧道岩爆案例

引汉济渭工程是世界上最大的调水工程，涉及从汉江输水到西北地区陕西省渭河，引水工程主要由黄金峡水利枢纽、三河口水利枢纽、秦岭输水隧洞组成，秦岭输水隧洞全长 81.77km，坡度为 1/2500，设计输水量为 70m^3/s。隧洞采用 TBM 和钻爆法施工，其中 39.08km 用 TBM 开挖，其余 42.69km 采用钻爆法开挖。岩爆案例 8 引自文献 [177]，案例 9、10 引自文献 [178]。

1. 岩爆案例 8：秦岭南段 #4 斜井支洞强烈岩爆 (2017.3.29—2017.4.1)

#4 斜井支洞是亚洲最长的斜井，长为 5820.21m，平均坡度为 −10.79%，为解决长距离 TBM 作业的渣土运输和通风问题而开挖。隧道断面为 6.5m×6.7m(宽 × 高) 的半圆拱形，采用钻爆法开挖，隧道埋深为 250∼1430m，最大水平主应力为 26.19MPa，围岩主要为花岗岩，单轴抗压强度为 133∼184.9MPa[177]。2017 年 3 月 29 日、2017 年 3 月 31 日和 2017 年 4 月 1 日在同一区域连续发生 3 次罕见的强烈岩爆，如图 2-12 所示 (该隧道开挖时，轻微岩爆和中等岩爆时常发生，但

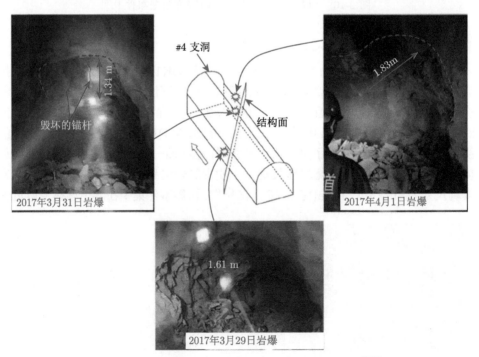

图 2-12　秦岭南段 #4 斜井支洞强烈岩爆与结构面 [177]

强烈岩爆较少见),事后分析发现这些岩爆都与围岩内部一条由细脉岩组成的结构面有关,结构面从 #4 斜井支洞左帮延伸至右帮,2017 年 3 月 28 日在工作面揭露。该结构面在前期的地质调查中并未被发现,下面将详细描述该岩爆的发生过程。

2017 年 3 月 29 日 10 时 26 分,工作面后方 #4 斜井支洞左侧边墙发生强烈岩爆 ("3.29" 岩爆),根据监测的微震事件的聚集位置,推断 #4 斜井支洞左侧边墙可能发育有结构面 (图 2-13(a)),开挖卸荷导致结构面周围围岩破裂,产生大量的微震事件,该次岩爆可能与结构面有关。"3.29" 岩爆爆坑深度约为 1.6m,最大岩块尺寸为长 1.13m、宽 0.88m、高 0.64m[177]。

2017 年 3 月 31 日 10 时 23 分,工作面后方的拱顶处又发生了一次强烈岩爆 ("3.31" 岩爆),岩爆过后掌子面出露少量岩脉 (图 2-13(b)),说明该强烈岩爆可能与地质构造有关,岩爆后破坏深度为 1.34m,最大岩块尺寸为长 1.25m、宽 0.72m、高 0.45m。所采用的隧道轴线方向间距 1.5m、环向间距 1.5m 的锚杆对掌子面围岩进行加固,但在岩爆发生时这些锚杆均被毁坏 [177]。

图 2-13　岩爆过后揭露出的岩脉 [177]

2017 年 4 月 1 日 16 时 55 分,在掌子面后方,#4 斜井支洞右边墙与拱顶连接处再次发生强烈岩爆 ("4.01" 岩爆),岩爆伴随着响亮的轰鸣声,岩爆后破坏深度为 1.83m,弹射的岩块尺寸最大为长 1.38m、宽 0.95m、高 0.52m,前期施打的锚杆同样被毁坏 [177]。

从 3 月 24 日到 4 月 5 日,一共监测到 492 个微震事件,而通过震源机制分析发现,接近 73% 的事件为剪切型,再加上通过现场开挖和岩爆不断揭露出的由岩脉组成的结构面可知,该区域的三次岩爆都与结构面密切相关,并且主要发生沿着结构面的剪切失稳,最终造成岩爆。图 2-14 为从 3 月 24 日到 4 月 2 日监测的微震事件的分布图,近似呈现条带状,与前述的实际岩爆位置和推断的结构面的位置较为吻合。

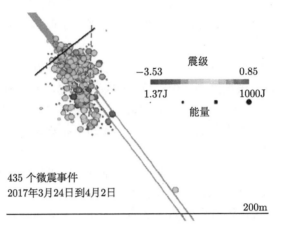

图 2-14　3 月 24 日到 4 月 2 日期间岩爆区域监测的微震事件 [177]

2. 岩爆案例 9：秦岭隧道北"20-1-6"强烈岩爆

秦岭隧道北段采用 TBM 施工段多次发生岩爆，2020 年 1 月 6 日 ("20-1-6")8
时 28 分，当掌子面达到桩号 K45+703 时，从桩号 K45+716∼K45+710 右侧边
墙发生中等岩爆，爆坑长 6m、宽 4m、深 0.9m。岩爆过程中，大量的岩体碎片抛
出并伴随着类似岩体内部雷管爆破的开裂声。大约 35h 后，2020 年 1 月 7 日 19
时 47 分，当隧道掌子面达桩号 K45+701 时，该区域再次发生强烈岩爆，同样伴
随巨大的开裂声响，岩爆坑深达为 2.2m。该区域围岩完整性差，结构面较多，在
"1-6"岩爆区域，结构面的方位大致为 NS∠37°，结构面与主应力方向小角度相交
(图 2-15 中的岩爆 1)[178]，结合微震监测震源机制的分析可以判定，本区域的岩
爆与沿着结构面的滑移剪切破坏密切相关。

3. 岩爆案例 10：秦岭隧道北"20-3-31"强烈岩爆

当隧道掌子面达到桩号 K45+588 时，在桩号 K45+600∼K45+592 左帮发生
强烈岩爆。根据现场工程师记录的数据，岩爆坑深度为 1.8m，最大岩块尺寸为长
2.4m、宽 1.6m、高 0.8m。然而，大约 39h 后的 2020 年 4 月 1 日 19 时 35 分，
在第一次岩爆区域，伴随着脆脆的声音和小块岩块的弹射，发生了中度岩爆。岩
爆坑深度 0.6m。"3.31∼4.01"岩爆中，两个结构面的走向分别为近 EW∠30° 和
EW∠90°(图 2-15 中的岩爆 2)[178]。微震监测结果的震源机制的分析可以判定，本
区域的岩爆也与沿着结构面的滑移剪切破坏密切相关。

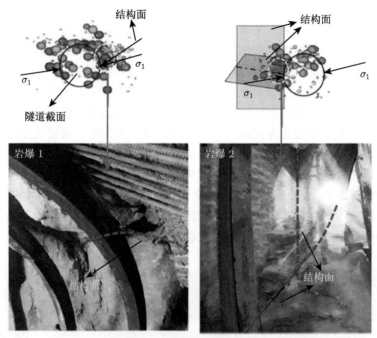

图 2-15   秦岭隧道北段两次与结构面有关的岩爆 [178]

2.3   结构面型岩爆分类

在 2.2 节中，介绍了锦屏二级水电站深埋隧洞、川藏铁路等重大工程施工过程中发生的几起典型的与结构面相关的岩爆 (本书称为结构面型岩爆)，包括爆坑形态、结构面特征等。结构面广泛存在于地下工程围岩中，而在浅埋岩体工程中，结构岩体的破坏主要沿着弱面的剪切破坏，属于静力破坏，这主要由于在浅埋环境中，地应力相对较低，结构岩体内部积聚的能量有限，并且在低压力下，即使很粗糙的结构面，滑动一侧的岩体将顺着起伏体抬起而非将起伏体剪断，因此释放的能量较低不至于发生动力冲击型破坏；在深埋工程中，地应力本身较高，再叠加上局部的构造应力，岩体内会积聚较高的能量，而高压力下结构面发生剪切破坏时，起伏不平的面壁结构会被剪断，瞬时释放出较大的能量而诱发冲击型动力失稳。深部岩体中虽然并不是所有结构面都会诱发岩爆，但当作用在结构面上的应力条件、结构面本身的力学特性及与隧洞的相对位置满足一定条件时，结构面型岩爆将会发生。

岩爆发生机制和过程的准确理解是岩爆有效防治和控制的基础，而科学地进行岩爆分类将有助于对某一种类型的岩爆单独研究进而更好地促进对岩爆发生机理的认识。对于实际工程而言，根据地质条件、应力条件等提前判断某一区域更容易发生何种类型的岩爆，从而可以有针对性地进行岩爆的支护设计。

通过对结构面型岩爆的实例分析发现高应力条件下结构面的存在主要诱发围岩发生了两种类型的动力冲击破坏：剪切型破坏和屈曲型破坏。对应着这两种可能的破坏模式的结构面与隧洞的相对位置示意图如图 2-16 所示，当结构面与竖直方向呈一定夹角、在压力作用下有滑动趋势时，可能会导致剪切型冲击破坏的发生；而当结构面呈竖直方向或与竖直方向呈微小夹角时，可能发生屈曲型动力失稳破坏。因此，根据现场发生的岩爆的实际情况和初步推断，将结构面型岩爆分为三类：滑移型岩爆、剪切破裂型岩爆和板裂屈曲型岩爆。实际上上述的结构面导致的岩爆与地 (主) 应力的方向都密切相关，对于剪切型的动力冲击破坏，当大主应力方向垂直于结构面面壁时，结构面较难滑动，但当主应力与结构面滑动方向小角度斜交时，更容易诱发剪切失稳 (岩爆案例 10)。

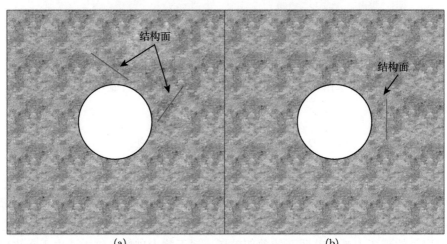

(a)　　　　　　　　　　　　　　　　　(b)

图 2-16　剪切型岩爆与屈曲型岩爆中结构面与隧洞的相对位置示意图

(a) 和 (b) 分别为可能诱发剪切型和屈曲型岩爆的结构面

2.3.1　滑移型岩爆

滑移型岩爆是指结构面的剪切滑移造成能量释放进而诱发的岩爆。滑移型岩爆主要发生在隧洞的两侧边墙以及隧洞顶部，结构面咬合紧密且强度较高，一般无充填 (硬性结构面)。开挖作用使得结构面一端被揭露出来，作用在结构面上的法向压力降低，导致其抗剪强度减小。开挖作用使作用在结构面上的原岩应力状态被打破，在隧洞周边产生很大的应力集中，作用在结构面上的剪应力增大。在前述的应力调整的过程中，结构面上的起伏结构内部逐渐积聚较多能量，在持续的应力积聚过程中，当剪应力超过结构面的剪切强度时，剪切破坏发生，起伏结构被剪断，释放出较大能量，这种起伏体的剪断本身可能就是一次岩爆，起伏体的剪断导致的震动作用也可能诱发隧洞表层围岩的弹射导致岩爆发生。滑移型岩爆发生时往往会形成 "V" 形爆坑，而结构面面壁作为爆坑一侧的边界。

2.3.2 剪切破裂型岩爆

剪切破裂型岩爆也是结构面发生剪切破坏引起的，区别于滑移型岩爆诱发剪切破裂型岩爆的结构面并没有完全揭露出来，在隧洞边界与结构面之间还有一定范围的完整岩石的存在，因此这种剪切破坏既涉及结构面本身的滑移剪切，也包括完整岩石的剪断破裂。根据 Ryder[69] 的研究，结构面发生剪切破坏时的应力降 (峰值强度与残余强度之差) 在 5~10MPa，而当完整岩石发生剪断破坏时应力降接近 20MPa，由于应力降与破坏时的能量释放直接相关，因此对于这种既含结构面剪切又包括完整岩石的剪断的岩体结构发生剪切破坏时，能量释放量介于纯结构面剪切和纯完整岩石剪断的能量释放量之间。Ortlepp 认为 1970 年发生在南非金矿的两次震级为 2.1 级和 3.4 级的地震事件引起的岩爆就是由于完整岩石发生大规模的剪切破裂导致的 [93]。

2.2 节中的岩爆案例 1，7，8，9，10 均与结构面的剪切滑移有关，都是 "剪切型" 岩爆，但至于属于滑移型还是剪切破裂型岩爆则很难判断，因为岩爆过后很可能再次岩爆，很难对爆坑做近距离细致的观察和分析，拍摄的照片也由于光照、清晰度等原因较难判别。对于剪切破裂型岩爆，由于涉及完整岩石的剪断破裂，因此剪切滑移造成的破裂面相较于滑移型岩爆破裂面更为新鲜。

2.3.3 板裂屈曲型岩爆

板裂屈曲型岩爆是指位于隧洞边界和结构面之间，被结构面阻隔的岩板在切向集中应力作用下，内部裂纹萌生，扩展形成更多、更薄的薄板状结构，最终在压应力作用下发生屈曲失稳和岩块弹射的动力冲击现象。容易诱发板裂屈曲型岩爆的结构面如图 2-16(b) 所示，岩板往往存在一临界厚度，当岩板大于此临界厚度时往往不会诱发岩爆，只有当其厚度小于临界厚度时，岩板才可能发生失稳破坏，该临界厚度值与岩石的强度参数 (压缩强度、拉伸强度) 及最大切应力有关。在切应力作用下，结构面会沿着面壁继续向两侧扩展，中间的岩板内部也会萌生更多的微裂隙将岩板切割成由更薄的岩板组成的结构，最终在持续的应力积聚或外界扰动作用下，岩板发生弯折屈曲破坏，岩块向隧洞内部弹射，岩块质量越小，弹射距离越远，弹射的碎块以薄板状和薄片状为主。与前两种结构面剪切破坏导致的岩爆相比，板裂屈曲型岩爆的破坏模式主要是压致拉裂 (拉伸破坏) 和压致失稳破坏，并且诱发该种岩爆的结构面不一定是硬性结构面，结构面之间可以是张开的，也可以有充填物，因为对这种岩爆起控制作用的并不是结构面的面壁特征，而是结构面所切割的岩板的结构特征。当结构面不位于边墙时，例如在拱顶位置，当主应力方向有利于结构面扩展和屈曲失稳时 (如与结构面方向平行)，也可能诱发板裂屈曲型岩爆。2.2 节中的岩爆案例 2，3，4 均可以归类为结构面导致的板裂屈曲型岩爆。

上述的结构面型岩爆大部分是基于某一条优势结构面的位置、产状和性质以及与大主应力的关系进行的分类，此时结构面往往作为爆坑的底部表面，主要起到了阻隔应力向深部转移的作用。实际深部岩体工程中，可能存在的结构面不止一条，尤其当结构面相交时，结构面除了起到阻隔应力的作用，还起到切割岩体的作用，如岩爆案例 6 和 7，这时结构面可能作为岩爆爆坑的多个边界。

2.4 结构面型岩爆发生机制

2.4.1 滑移型岩爆和剪切破裂型岩爆发生机制

虽然滑移型岩爆和剪切破裂型岩爆存在不同之处，但两种岩爆中都涉及结构面的剪切破坏，因此它们的发生机制存在一定的相似之处。为研究这种由于结构面剪切破坏诱发的动力冲击破坏的发生过程和机制，采用水泥砂浆制作了具有不同起伏高度的锯齿形结构面并开展直剪试验，对结构面在压剪荷载作用下的破坏机制进行了分析，本节将对试验过程和试验结果进行论述，并将试验结果用于解释现场的滑移型岩爆。

1. 试验准备

本次研究并非针对某一具体工程，而是从锦屏二级水电站深埋隧洞现场发现结构面与岩爆存在某种联系，因此采用室内试验研究该现象的具体机制，且由于现场采集原岩结构面难度较大，即使可采集到结构面也不能保证不同块体的结构面具有相同的形貌特征，不能保证结构面粗糙度这一变量的一致性，因此采用高强水泥、精细石英砂和水 (1 : 1 : 0.7) 制作了贯通的结构面试件，制作试件的模具如图 2-17 所示。结构面上下盘的高度分别为 7.5cm(图 2-18)，为研究不同的起伏度对岩爆的影响，设计了三种起伏高度的不规则锯齿状钢模，即每种钢模的锯齿波峰至波谷高度分别为 1mm，3mm 和 5mm，而锯齿的起伏角度是随机的。

试验在 RMT-150C 试验机上进行，本研究中设定了 50kN，100kN，200kN 和 300kN 四种法向压力，以 1kN/s 的剪切速率对三种含不同起伏高度的结构面试件剪切。试验过程为：试件安装完成后先以 10kN/s 的速率施加预定的法向压力，完成后以 1kN/s 剪切速率施加剪切推力。剪切过程中上剪切盒固定不动，下剪切盒在水平油缸的拉动下对结构面施加剪应力。

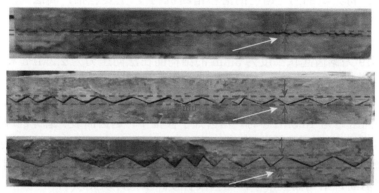

图 2-17　三种不同起伏高度的钢模板

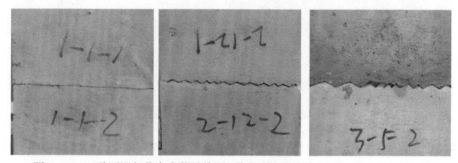

图 2-18　三种不同起伏高度的结构面 (从左到右依次为 1mm，3mm，5mm)

2. 试验结果

试验测得的该种配比的模型材料单轴压缩强度为 54MPa，劈裂拉伸强度为 2.5MPa，黏聚力和内摩擦角分别为 5.86MPa 和 45.9°。所以，四级法向压力分别为 $0.041\sigma_c$，$0.082\sigma_c$，$0.164\sigma_c$ 和 $0.246\sigma_c$(即 2.2MPa，4.4MPa，8.9MPa 和 13.3MPa)。

由于该部分研究的重点是结构面在不同工况条件下的破坏机制，因此其强度特征并不在此特别强调。通过对比分析试验后不同条件下结构面剪切破坏的形貌特征，将结构面的剪切破坏归结为三种机制，即锯齿的滑移错断机制、结构面上下盘的拉伸断裂机制和上盘前端下盘后端的冲击断裂机制，下面将对三种破坏机制进行详细描述。

1) 锯齿的滑移错断机制

在前人的研究中，将结构面的剪切破坏主要归结为两点，即低法向应力下的爬坡效应和高法向应力下的啃齿效应。同样在本研究中也设置了四级法向应力，研究了三种不同起伏高度的不规则锯齿形结构面分别在四级法向应力下的破坏规律和特点，将其归纳为"锯齿的滑移错断机制"，主要包括：高法向应力下的剪断错动和低法向应力下的剪切滑移，大起伏角度的剪断磨碎和小起伏角度的剪切磨损。

图 2-19 为锯齿起伏高度为 3mm 的结构面在法向压力为 2.2MPa 和 13.3MPa 下剪坏后的照片，可见当法向压力较低时，锯齿状结构面的波峰发生一定程度的磨损，但各个锯齿的位置依然可辨，锯齿还相对完整，遗留在面壁上的碎块也较少；当法向压力为 13.3MPa 时，锯齿几乎被推平，锯齿断裂、磨碎的碎块和粉末填充在沟槽中，锯齿的位置不再清晰可辨。同种结构面，随着法向压力的增加，结构面面壁的磨损程度逐渐增加，由低法向应力下锯齿波峰的少量磨损到锯齿完全磨损甚至剪断，结构面被推平，锯齿波谷被碎末或碎块充填。

(a) 2.2MPa　　　　　　　　　　　　(b) 13.3MPa

图 2-19　起伏高度为 3mm，法向压力为 2.2MPa 和 13.3MPa 的结构面剪切破坏形貌对比

图 2-20 为锯齿起伏高度 5mm 的结构面剪切前后的照片，各个锯齿起伏高度相同，但起伏角不同，两边的起伏角较小，因此锯齿较宽且平缓，中间的锯齿起伏角很大，锯齿较窄且锋利，从剪坏的照片可见，中间一部分锯齿几乎都被剪断磨平了，而两侧的小倾角平缓锯齿只在波峰处有一定程度的磨损，并没有完全发生破坏。可见结构面的强度和破坏形貌不仅与结构面面壁凸台 (本节抽象为锯齿) 的起伏高度有关，还与这些凸台的起伏角度有关。当凸台同时具有较大的起伏高度和起伏角度时，凸台更容易被剪断，凸台强度对结构面剪切强度的贡献包括凸台本身的黏结强度和剪断滑动时的摩擦强度；当凸台具有较大的起伏高度但较小的起伏倾角时，结构面更容易沿着凸台表面滑移，凸台很难被全完剪断，可能只在突起尖角处剪断，因此对强度的贡献值只有少量的黏结强度和部分滑动摩擦强度；当凸台具有相当的起伏角度但起伏高度较小时，如本节研究的起伏高度为 1mm 的情况，由于凸台的尺寸较小，强度较低，抵抗剪切破坏的能力有限，因此对强度的贡献值也较小，所以在本节的三种粗糙度里面该种结构面的强度是最低的。

图 2-20 5mm 起伏高度的结构面不同起伏角度的锯齿剪切前后形貌对比

2) 结构面上下盘的拉伸断裂机制

通过分析试验中的 30 多组结构面的破坏形态, 发现除了结构面面壁之间的滑移错断外, 绝大多数的试件上下盘有大的裂缝或小的裂纹出现, 这种裂纹有的出现在结构面的上盘, 有的出现在下盘, 有的上下盘都有, 而辮开这些断裂面发现其内部干净、新鲜、无粉末, 因此可断定这些断裂面为拉伸断裂形成, 称之为拉伸断裂机制。结构面典型的拉伸断裂破坏形态如图 2-21 所示 (上盘固定, 下盘沿箭头方向剪切)。

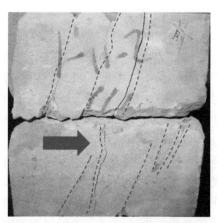

图 2-21 结构面发生拉伸断裂的裂纹照片

这些拉伸断裂面的共同特点是其倾向与水平剪切方向以锐角斜交, 绝大部分起裂于锯齿状结构面的波谷位置, 有的贯通至试件的顶面或底面, 有的延伸的长度较短。对于此种机制的发生过程可通过图 2-22 所示的剪切示意图表示: 当法向力施加完毕后, 结构面下盘开始承受水平推力作用, 水平推力由各个锯齿分担, 单个锯齿的受力如图 2-22 中放大部分所示, 水平推力可分解为平行于锯齿表面的切向力和垂直于锯齿表面的法向力, 而这两个分量对承受该力的锯齿均为拉伸作用，因此在锯齿的波谷位置容易产生集中的拉应力，使得裂纹在波谷处起裂。又因为上剪切盒是被限制不动的，在持续的水平推力作用下，裂纹逐渐朝向其承受的拉力方向扩展。

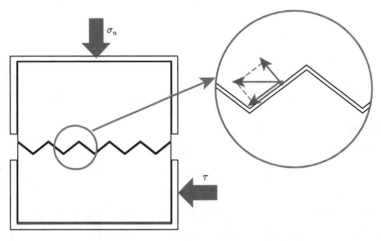

图 2-22　锯齿形结构面受力示意图

3) 上盘前端下盘后端的冲击断裂机制

试验中锯齿状结构面剪切破坏的所有试件上盘的前端和下盘的后端剪切面的位置沿整个宽度方向均有破坏发生，破坏的碎片分别遗留在下盘面壁的前端和后端，由于该种现象的产生与结构面开始滑动瞬间的冲击有关，因此称之为冲击断裂机制，其中一个试样的破坏形态如图 2-23 所示。由于试验中，上盘被限制固定不动，下盘沿着剪切方向向前滑动，因此当锯齿形结构面发生滑动前，结构面内在不断积聚能量，直至该能量足以克服结构面的抗剪强度，结构面发生滑动瞬间破坏，在这个短暂的过程中，因为上盘固定而下盘向前滑动，并且上下盘之间通过锯齿相互咬合，上盘的锯齿阻碍下盘前移，而破坏瞬间释放的能量是很大的，由于剪切盒在剪切面上下一定高度内并没有将结构面完全包住，结构面的上下盘在剪切面上下还暴露一定的高度，即该区域为不受限制的自由面 (如图 2-22 所示)，因此这种释放能量的瞬时滑动对阻碍其前行的上盘有摩擦力和冲击力，导致自由面的上盘前缘被冲断，同样下盘的后缘也是自由面，瞬时滑动时上盘与之咬合的锯齿阻碍下盘往前运动，破坏瞬间将下盘后缘冲断。对于完整试块的剪断试验，并未出现这种 "上前下后" 冲击断裂形式，而全是上节所描述的拉伸断裂机制，因此可断定这种冲击的断裂是这种凹凸不平的结构面特有的一种破坏形式。

这种冲击断裂的程度和规模，与锯齿的起伏高度 (锯齿的尺寸) 具有一定的相关性，例如，起伏高度为 1mm 的结构面，由于本身锯齿的尺寸比较小，冲击下的部分基本为一个齿的宽度，甚至 2.2MPa 和 4.4MPa 法向压力下并没有完全冲击下来，只是在潜在冲击破坏位置出现了一条沿宽度方向的断裂面。而起伏高度为 5mm 的结构面冲击破坏形成的碎片尺寸较大，冲断了一个齿甚至两个齿的宽度。

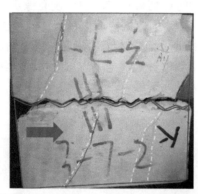

图 2-23　结构面上盘前端下盘后端发生冲击断裂破坏的照片

随着法向应力的增加，冲击断裂的规模和程度有逐渐增大的趋势，例如，对于起伏高度为 5mm 的锯齿，当在 2.2MPa 的法向压力下只有最前面的一个锯齿被冲断，在 13.3MPa 法向压力下，则冲断了前缘的两个锯齿，这与结构面滑动破坏时释放的能量大小有关。

3. 试验结论对滑移型岩爆的解释

正如在前文所述的，只有在高应力条件下，含有硬性结构面 (面壁起伏体强度高、无充填物、咬合性好) 的围岩且结构面产状和位置与隧洞的相对位置有利时才可能诱发滑移型和剪切破裂型岩爆。现场实际的结构面比试验中采用的锯齿形结构面复杂得多，起伏体随机分布在面壁上，且起伏体的数目、形状和大小均不相同。当起伏体位于结构面前端时 (图 2-24(a))，作用在结构面上的剪应力超过其综合抗剪强度，结构面发生剪切破坏，起伏体被剪断，这时释放的能量导致周围破碎的围岩产生振动，使岩块发生弹射；除此之外，起伏体被剪断时还可能发生类似于上述试验中的冲击断裂机制，位于结构面前端的起伏体就像试验中最外侧的一排锯齿，起伏体至隧洞边界的部分围岩被冲出，形成类似于图 2-24(b) 所示的较浅的爆坑。另外，该结构面剪切破坏时也可能发生拉伸断裂机制，即拉伸裂纹会在起伏体根部起裂并沿着与结构面作用面呈锐角方向扩展，被拉伸裂纹切割的岩块在破坏瞬时被冲击出去，该过程如图 2-24(c) 和 (d) 所示。当结构面的起伏体位于结构面中间、围岩内部某一位置时，可能发生两种机制的岩爆：当凸台较为尖锐时结构面的错动可能将起伏体直接剪断、磨碎，即发生滑移错断机制，瞬间的应力跌落导致能量释放使围岩产生振动效应，可能会导致轻微岩爆也可能不会诱发岩爆；当凸台具有一定的尺寸且不是特别尖锐锋利时，剪切滑移产生的推力作用在凸台上，使得凸台底部与结构面面壁相交位置处产生拉应力集中，而导致拉裂纹起裂，即拉伸断裂机制，起裂方向与剪切滑移方向呈锐角，即朝向临空面的方向，当结构面瞬时剪切破坏时，由于没有像实验室条件一样上剪切盒的限制作用，拉伸断裂面至临空面范围内的大量岩体被冲出，形成规模较大的爆坑，岩爆的发展过程如图 2-25 所示。由本节的研究结果可知，应力的集中程度、结构面面壁凸台的尺寸、强度和位置等决定了岩爆发生的等级、爆坑深度等。当滑移型或剪切破裂型岩爆发生时，可能只涉及三种机制中的一种或两种，也可能三种机制都发生。

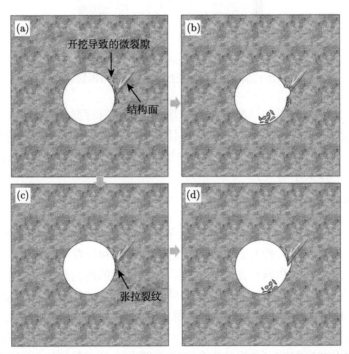

图 2-24　当起伏体位于结构面前端且上盘滑动时发生岩爆的演化过程

　　对于这种剪切型岩爆，虽然宏观上是结构面的剪切破坏所致，但在岩爆孕育演化过程中，既有剪切破坏，又有拉伸破坏。除了上文中所述的拉伸断裂之外，在结构面前端 (内侧) 还产生应力集中，结构面既可以沿着原作用面剪切扩展，也可以从尖端萌生翼裂纹，而翼裂纹也是在拉应力作用下产生的拉伸破坏。

　　从图 2-24 和图 2-25 中可知，上盘滑动还是下盘滑动将决定拉伸裂纹的位置，进而影响爆坑的深度和形状。决定哪部分滑动的主要因素是大主应力和小主应力的方向，对于图 2-24 中所示的结构面，当垂直主应力大于水平主应力时，上盘将向开挖空间内滑动，当水平应力大于垂直应力时，下盘将有向开挖空间滑动的趋势。

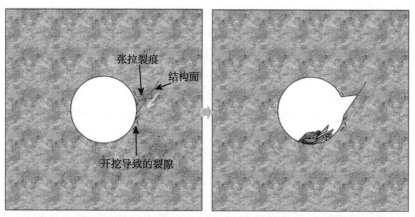

图 2-25 当起伏体位于结构面内部且下盘滑动时发生岩爆的演化过程

下面我们结合试验结果与上述的分析对 "11.28" 极强岩爆的孕育演化过程进行解释。随着 TBM 掘进机接近结构面，岩体开挖卸荷后作用在结构面上的法向压力降低，结构面的剪切强度也相应降低，而切向应力集中造成作用在结构面上的剪应力增大，在应力调整过程中结构面内部及起伏结构上积聚了大量的能量，并且由于结构面的存在，集中的切向应力被阻隔，无法向岩体深部转移，只能积聚在洞壁与结构面之间的岩体内。由于面壁上的起伏体不均匀分布的特征，起伏体的根部产生很强的拉应力集中，当集中的拉应力超过岩体的拉伸强度时，拉伸裂纹将起裂。当切向应力调整直至增大到结构面的剪切强度时，结构面发生剪切错动，部分起伏体被剪断，拉伸裂纹迅速以与壁面呈锐角的方向朝洞内延伸扩展，此过程中会伴随释放出之前积聚的大量能量，这些能量加上岩体本身的自重作用将结构面以下围岩抛向洞内，最终形成 "V" 形爆坑，结构面面壁作为爆坑的一侧边界，另一侧则是由于拉伸断裂形成，弹射的碎块呈板状和块状，岩爆的孕育演化过程示意图如图 2-26 所示。

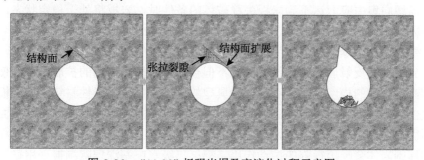

图 2-26 "11.28" 极强岩爆孕育演化过程示意图

2.4.2   结构面诱发的板裂屈曲型岩爆的力源分析

板裂屈曲型岩爆是指位于结构面以外的岩板在集中应力作用下发生劈裂破坏，使得岩板结构弱化、承载能力降低，最终发生屈曲弹射的现象，结构面在岩爆孕育演化过程中主要起了三个作用：其一，结构面的存在阻隔了应力向深部围岩传播的路径，使得应力调整过程只能在洞壁与结构面之间的岩板内进行，岩板在集中压应力作用下，内部产生损伤，裂纹起裂扩展，将岩板切割成更薄的岩板，更容易发生失稳破坏；其二，结构面的存在会放大外界扰动对岩板施加的外力，当进行隧洞开挖尤其当采用爆破开挖时，爆破应力波在结构面处反射，对岩板的作用由压缩变为拉伸作用，且存在多次反射，对岩板反复扰动；其三，结构面往往会作为岩爆的底部爆坑边界，岩爆很少会穿过结构面继续向围岩内部破坏。

由结构面诱发的板裂屈曲型岩爆区别于一般的应变型岩爆之处在于应变型岩爆一般发生在完整围岩中，而这里的板裂屈曲型岩爆则特别强调结构面在岩爆孕育过程中所起的控制作用。板裂屈曲型岩爆可能会有不同的力源触发，下面将分别说明。

1. 应力的自我调整和累积

开挖作用使得原岩应力状态被打破，作用在围岩上的径向应力降低至 0，而切向应力则不断升高，结构面的存在将围岩切割成板状结构，结构面离洞壁越远，岩板越厚，岩板处于双向受压状态直至切向应力调整至稳定状态。在这个应力调整过程中，如果外力超过了岩板的压缩强度 (压荷载穿过岩板的形心) 或拉伸强度 (压荷载是偏心荷载时)，岩板将发生屈曲失稳破坏，储存在岩板内的弹性应变能转换成岩块的动能释放出来。这种力源导致的岩爆无论发生的时间还是空间，都在应力调整的范围之内。

2. 开挖扰动

当切向集中应力达不到岩板失稳破坏的条件时，岩板将处于稳定状态，此时岩石内部积聚了一定的能量。无论采用钻爆法开挖或 TBM 机械开挖，都会对围岩产生扰动，钻爆法开挖产生的爆轰应力波通过空气和岩体传播至岩板内，岩板将受到应力波反射后的拉伸作用，这不但会加剧岩板向两侧的扩展，还会使岩板中部产生向外的挠度，而岩石是一种典型的抗压不抗拉的脆性材料，使岩板更容易发生弯折；当 TBM 刀盘破岩时，刀盘压缩掌子面岩体使其破碎，掌子面岩体经历循环的能量累积 (岩体受压) 和释放 (岩体破碎) 的过程，另外破岩过程中刀具和周围岩体会经历很强的振动作用。锦屏二级水电站深埋隧洞群采用钻爆法和 TBM 相结合的方法进行开挖，并且引水隧洞之间平行施工，相邻隧洞开挖过程中会相互干扰，开挖产生的扰动应力与处于临界稳定状态的应力相叠加，岩爆在动-静组合荷载作用下更容易发生失稳破坏。

3. 远处震源输入

这种类型的能量主要来自远处断层滑动或地震等释放的能量传播至潜在的岩爆位置，与切向的集中应力相互叠加，同样在动-静组合应力下，岩板发生失稳破坏。不同来源的应力波输入导致的结构面板裂屈曲型岩爆孕育演化过程如图 2-27 和图 2-28 所示。

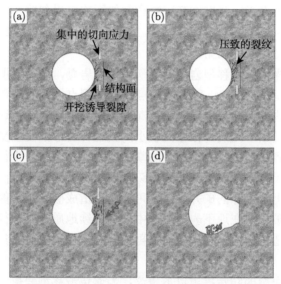

图 2-27　动-静组合作用下发生结构面板裂屈曲型岩爆孕育过程示意图

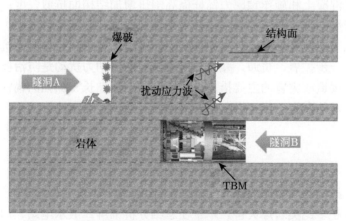

图 2-28　隧洞开挖时来自机械或爆破的扰动应力波示意图

2.5　讨　　论

地下工程围岩由结构面和被结构面切割的岩块组成，并不是所有的结构面都会诱发岩爆，结构面型岩爆的发生需要满足一定的条件。通过上述分析及现场实际情况发现，其中条件之一是高应力，只有高应力条件下咬合的起伏结构内才会积聚大量能量；另外结构面的力学性质和产状须满足一定条件，例如，对于可能诱发板裂屈曲型岩爆的垂直产状结构面，如果离隧洞边界距离很远，则不可能发生弯折，因为厚度太大，强度太高，结构面的影响可以忽略，本章主要论述了结构面型岩爆的发生机制和孕育演化过程，对于判定何种条件下结构面型岩爆可能会发生则需要建立相应的判据。

对于上文所提出的滑移型岩爆或剪切破裂型岩爆，与前人所研究的断层滑移型岩爆 (fault slip rockburst) 既有相同点又有不同点：两者都是由于不连续地质体的剪切破坏造成的，前者主要发生在深埋硬岩隧洞中，诱发这种岩爆的不连续面尺度相对较小，由于隧洞开挖空间较小，且这种岩爆的发生受开挖卸荷、应力集中等影响，更容易发生在人员集中的掌子面附近，一旦发生往往造成较大人员伤亡；而后者的尺度大 (不连续地质体多为大的断层)、影响范围广，更像小规模地震，多发生在上千米深的矿井中，既可能自己造成破坏也可能作为震源输出能量造成其他地方破坏。在地下岩体工程中，不连续地质体处往往存在由于过去构造运动产生的构造应力，这种构造应力再加上开挖导致的应力集中则会加剧岩爆的发生。

对结构面型岩爆的防治提出以下建议：为避免滑移型岩爆的发生，首先在采掘过程中应尽可能避开大断层区域或减少结构面的揭露面积，对于揭露出的结构面应及时喷混凝土和施作预应力锚杆提高围压增加结构面抗剪强度；对于防治剪切破裂型岩爆，首先通过打高强锚杆阻止结构面继续向完整岩体中扩展，另外需提高混凝土喷层厚度，必要时加钢拱架支撑围岩，以提高结构面的抗剪强度；防止裂纹的进一步扩展、贯通，减少开挖对结构面的动力扰动是防治板裂屈曲型岩爆或减小岩爆造成灾害的主要措施，通过及时施加加长、加强的锚杆将板裂岩体与深部完整岩体串为一体，提高围岩整体性，减小其碎胀性。

2.6　小　　结

当前对结构面型岩爆的研究还较少，而随着地下岩石工程埋深的逐年增加，将会遇到越来越多此类岩爆灾害。本章在总结分析锦屏二级水电站、川藏铁路等深埋隧洞典型的结构面型岩爆的基础上，对结构面型岩爆提出了一种分类方法，并分别分析了不同类型的结构面型岩爆的孕育演化过程和发生机制，主要得到如下结论。

(1) 根据作用机制，结构面型岩爆可分为滑移型岩爆、剪切破裂型岩爆和板裂屈曲型岩爆，前两种是由于结构面剪切破坏所致，而后一种为岩板结构在集中压应力或再叠加上外界扰动荷载作用下发生的屈曲失稳破坏。

(2) 对由结构面剪切破坏所致的两种岩爆，设计了模型试验对三种不同起伏高度的不规则锯齿形结构面进行直剪试验，揭示了三种结构面的剪切破坏机制，分别是：锯齿的滑移错断机制、上下盘的拉伸断裂机制和上盘前端下盘后端的冲击断裂机制，三种破坏机制可用于解释现场实际的滑移型岩爆和剪切破裂型岩爆。

(3) 结构面在板裂屈曲型岩爆中主要起到三个作用：结构面的存在阻隔了应力向深部围岩传播的路径，加剧了岩板内的应力集中；结构面的存在会放大外界扰动荷载对岩板施加的外力；结构面往往会作为岩爆的底部爆坑边界。造成板裂屈曲型岩爆的力源主要有三种，分别是自身的应力调整和积聚、机械开挖或钻爆法开挖产生的扰动荷载以及远处震源的能量输入。

(4) 为防治滑移型岩爆应尽可能少揭露大的结构面，揭露出的结构面应及时喷混凝土和施作预应力锚杆提高结构面抗剪强度；对于防治剪切破裂型岩爆可以通过打高强锚杆阻止结构面继续向完整岩体中扩展，以及提高混凝土喷层厚度、加钢拱架支撑围岩来提高结构面的抗剪强度；通过锚杆将板裂岩体与深部完整岩体串为一体，提高围岩整体性、防止裂纹的进一步扩展、贯通，并减小外界扰动是防治屈曲板裂型岩爆的主要措施。

第 3 章　硬岩脆性破坏特征与机制

3.1　引　　言

深埋硬岩地下岩体工程开挖过程中，围岩以发生脆性破坏为主，如剥落、片帮和岩爆等，例如，最大埋深达 2525m 的锦屏二级水电站洞室群开挖过程中就发生了多次剧烈的岩爆和随处可见的板裂化片帮。岩体发生脆性破坏需满足两个条件，即内因和外因。首先是应力条件，是外因，当应力相比于岩石的强度很小时，岩石在外荷载作用下的变形仍然在弹性范围内，因此岩石基本还是完整的，不会发生脆性破坏，相反，由于围岩本身强度较高，而地应力又很低，开挖后的洞室甚至不用支护，围岩自身会形成一个 "保护拱"；只有当应力超过了岩石极限强度的某一比例时，围岩才会发生脆性破坏，并且脆性破坏的强度随该比例的增大而变大，由板裂、片帮、剥落到轻微岩爆再到强烈岩爆。另一个条件则是岩性条件，是内因，即岩石要 "强、硬、脆"，如果岩石强度很低，岩体会随着外荷载的增加产生变形，应力将逐渐被消耗掉，只有当岩石具备一定强度时才会积聚应力，而只有岩体具备一定脆性，这种积聚的应力才不会以大变形 (晶粒滑移、裂隙面的摩擦滑动) 的形式消耗掉。

脆性是岩石的一种非常重要的性质，无论是从破岩角度还是从围岩破坏的控制角度考虑，了解岩石的脆性特征都具有重要意义。本章开展深部工程施工中常见的大理岩、花岗岩等岩石在单、三轴压缩试验，通过对比分析研究不同岩石在不同应力状态下的脆性破坏特征，探讨岩石的脆性破坏机制，为基于脆性破坏机制的岩石脆性评价方法的建立提供指导思想和思路。

3.2　试样准备及试验程序

3.2.1　试验岩石性质和试样制备

为对比研究不同岩石的脆性破坏特征,采用大理岩、花岗岩和砂浆材料三种岩石类材料开展相关试验。大理岩取自锦屏二级水电站深埋隧洞，花岗岩从建材市场上购得，两种岩石的标准岩样都是从一大块岩石上通过钻机钻取直径为 50mm 的圆柱形试样，然后在锯石机上锯成高度约为 100mm 的岩样，再通过磨平机磨平试样的两个端面，形成 Φ50mm × 100mm 的标准圆柱形试样。每个试样的加

工精度 (包括平行度、平直度和垂直度) 均控制在《水利水电工程岩石试验规程》(SL264—2001) 规定的范围之内。花岗岩的结构和组成成分更为均匀，大理岩略差。水泥砂浆试件是通过 0.75∶1(高强水泥∶精细石英砂) 比例配制而成。试验中采用的大理岩、花岗岩和砂浆的标准圆柱形试样如图 3-1 所示。

(a) 花岗岩试样

(b) 部分砂浆试样

(c) 部分大理岩试样

图 3-1 试验中采用的部分圆柱形标准试样

3.2.2 试验方案

除了对三种岩石进行单轴压缩外，还进行了一定围压下的三轴试验。由于砂浆材料强度相对较低，围压升高到一定程度后应力–应变曲线变为应变硬化特征，而本次研究的重点在于应变软化阶段的脆性特征，因此砂浆试件三轴试验的围压低于其他两种岩石，本次研究的试验方案如表 3-1 所示。

表 3-1 岩石室内试验方案

岩石类型	围压/MPa
大理岩	0，5，10，20，30，40
花岗岩	0，5，10，20，30，40
砂浆	0，5，10，15，20，25

3.2.3 试验设备及方法

岩石的单轴压缩测试在中国科学院武汉岩土力学研究所自行研制的 RMT-150C 岩石力学多功能试验系统上进行，该系统可进行岩石的单轴压缩、拉伸、三轴压缩和直接剪切等测试，由主机、液压系统、伺服控制系统、计算机控制及处理系统等组成。试验系统可采用位移控制方式和力控制方式加载，垂直方向的压力由垂直油缸施加，最大出力为 1000kN，剪切试验时的推力由水平油缸施加，最大出力为 500kN；垂直活塞量程和水平活塞量程为 50mm；三轴室最高围压可达到 50MPa。该试验系统如图 3-2 所示。

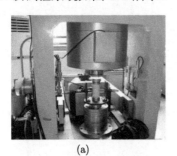

(a)   (b)

图 3-2   RMT-150C 岩石多功能试验系统

常规三轴试验在山东科技大学矿山灾害预防控制省部共建国家重点实验室培育基地的 MTS815.03 型压力试验机上进行，该试验机配有伺服控制的全自动三轴加压和测量系统，并拥有全数字化控制系统。该系统由加载部分、测试部分和控制部分三部分组成。试验框架整体刚度为 $11 \times 10^9 \text{N/m}$，最大轴向出力为 4600kN，垂直活塞行程为 100mm，可施加的最大围压为 140MPa，应变率适应范围为 $10^{-7} \sim 10^{-2} \text{s}^{-1}$。该试验系统可以精确测量试验过程中试验的轴向和环向变形。其中，轴向变形采用线性可变差动传感器 (LVDT)，环向变形采用由链条链接的伸长计进行测量。为避免围压作用下液压油浸入试件，试验前将试件用透明薄膜和胶带层层包裹紧密。试验机系统如图 3-3(a) 所示，安装好的试件如图 3-3(b) 所示。

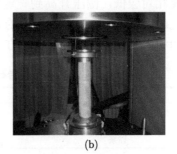

(a)   (b)

图 3-3   MTS815.03 压力试验机及安装好的试件

所有试样的单轴压缩和三轴压缩的轴向力都采用位移控制方式施加，加载速率为 0.002mm/s，进行三轴压缩试验时先以 0.1MPa/s 的速率施加围压至设定值，之后再以 0.002mm/s 的速率施加轴压直到试件破坏。

3.3 大理岩脆性破坏特征的试验研究

为方便对比分析，将三种不同岩石的破坏特征分别描述，从应力–应变特征、试验现象、试件破坏形态等方面进行对比分析。

3.3.1 不同围压下大理岩的应力–应变特征

图 3-4 为大理岩不同围压下压缩试验的应力–应变曲线，可见由于岩石存在一定的不均匀性，30MPa 和 40MPa 围压下的强度差别不大。从应力–应变曲线可知，单轴压缩条件下，几乎没有发生塑性变形，在应力达到岩石峰值强度后迅速跌落至 0；随着围压升高，大理岩应力–应变曲线在接近峰值强度时坡度变缓，并且到达峰值强度后应力并没有立刻降低，而是维持在峰值强度一段时间，形成一段"平台"，通常称之为屈服平台。如果不考虑围压为 30MPa 的岩样，随着围压增大，屈服平台的持续时间增长。

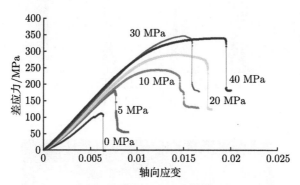

图 3-4 大理岩不同围压下压缩试验的应力–应变曲线

3.3.2 岩样破坏面形态及试验现象的详细描述

图 3-5 为大理岩单轴压缩时的破坏形态，可见其破坏过程非常剧烈，发生了较多岩块和岩片的飞溅、弹射，破坏后试样两侧的碎片主要呈薄片状，尖端较为锋利，中间的则呈块状，且存在一定的粉末。从碎片的形态和粉末分布看，大理岩单轴压缩时以劈裂破坏为主，试样中间也发生了一定程度的共轭剪切破坏。

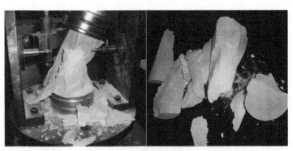

图 3-5   大理岩单轴压缩时的破坏形态

    图 3-6 为大理岩在围压作用下的破坏形态,可见所有岩样都发生了剪切破坏,一条倾斜的断层带贯穿试件。将这些破坏的试件沿着倾斜的断层面掰开之后,破裂面表面布满白色的粉末 (图 3-7),并且破裂面边界上比较薄的部分由试验前的非常坚硬变为试验后的异常松软,用手即可轻易地掰碎,并且可以碾为粉末 (随着围压升高这种现象尤为明显)。与之相比,大理岩经历单轴压缩破坏后的碎块则相当硬脆,很难用手掰断,即使特别薄的碎片可以掰断但也无法用手指碾碎。

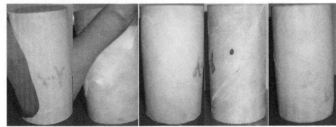

图 3-6   大理岩在围压作用下的破坏形态 (从左到右围压依次为 5MPa,10MPa,20MPa,
30MPa 和 40MPa)

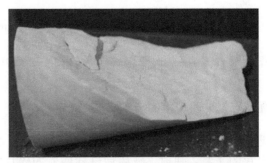

图 3-7   围压为 30MPa 的大理岩断层破坏面

    表 3-2 为试验过程中和试验后记录的试验现象。从破裂面的性质可知,所用的大理岩在组成上有一定的非匀质性,例如,5MPa 和 10MPa 围压时并不是单一

的大的倾斜破坏面，而是呈槽形，基本是沿着非匀质结构面的分界面发生剪切破坏，其中一半非常坚硬，像青石一般，而另一半则呈白色，比较松软。除此之外，即使在围压条件下几乎每个岩样破坏时都有响声发出，说明虽然发生了较大塑性变形，但还是释放出了一定的能量。

表 3-2 试验现象的详细描述

围压/MPa	是否有声响	破裂面形态	破裂面性质
0	较大声响	劈裂破坏为主，有一定共轭剪切破坏	绝大部分薄片上无粉末，倾斜共轭面上有白色粉末
5	有声响	槽形倾斜破坏面	破坏面为两种不同组成的分界面，一侧白色粉末状，一侧如青石般坚硬
10	无声响	倾斜破坏面	试验完用力掰开后粉碎成多块
20	有声响	槽形破坏面	两侧都布满粉末
30	有声响，但不大	大的倾斜破坏面	倾斜破坏面上布满粉末
40	有声响	大的倾斜破坏面	布满白色面粉状粉末

从上述分析可知，围压的增大使得大理岩的破坏发生了三种变化：① 破坏形态上，低围压时以劈裂破坏为主，而高围压时则以剪切破坏为主；② 应力–应变曲线上，低围压时的几乎无塑性变形到随围压增大峰值区附近塑性变形增大；③ 破坏碎块的内部结构上，低围压时的碎片硬脆到高围压时的碎片松软可掰断碾碎。其中，应力–应变曲线形态的变化与破坏碎块的内部结构的变化相对应，即峰值区附近的塑性变形使得岩块内部结构发生了很大变化，即使外观上还是完整的，但内部已经发生了严重的晶粒滑移、破碎、断裂等破坏。

3.4 花岗岩脆性破坏特征的试验研究

3.4.1 不同围压下花岗岩的应力–应变特征

试验中采用的花岗岩成分均匀，具有极好的匀质性。图 3-8 为不同围压下花岗岩的应力–应变曲线，由图可知：花岗岩的弹性模量随围压增大略有增大；无论单轴压缩还是高围压下，峰值前均没有明显的压密阶段和屈服平台出现，峰值前的应力–应变曲线基本上都表现为线弹性特征；峰值强度随围压增大近似呈线性增大，基本符合莫尔–库仑强度准则。从图 3-9 可知，随围压增加，峰值强度曲线和残余强度的曲线并未交于一点，随围压增大该花岗岩并未出现脆–延转换特性，在本次研究设定的围压范围内均表现出极强的脆性。因此，该花岗岩无论低围压下还是高围压下均表现出了与其他类型硬脆性岩石 (如大理岩等) 不同的脆性破坏特点。

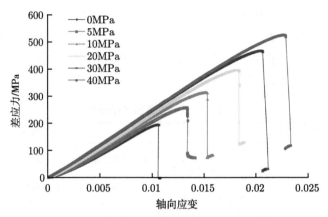

图 3-8　不同围压下花岗岩的应力–应变曲线

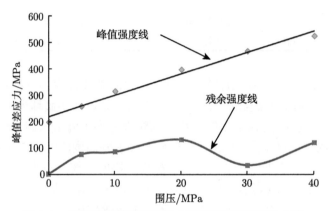

图 3-9　花岗岩峰值强度和残余强度随围压的变化曲线

3.4.2　岩样破坏面形态及试验现象的详细描述

图 3-10(a) 为花岗岩在单轴压缩条件下的破坏形态，可见除了四周的片状剥落破坏外，岩样中间呈锥形共轭剪切破坏；图 3-10(b) 为花岗岩在围压作用时典型的 "Y" 形破裂面，其中竖直的破裂面上较为干净无粉末分布，而两侧的倾斜破裂面上布满灰色粉末。图 3-11 为不同围压作用下花岗岩的破裂面外观形态，可见并不是所有的岩样都具有像大理岩那样的一条倾斜的断层带，大部分试件都呈 "Y" 形破裂形态，具体统计如表 3-3 所示，沿着 "Y" 形破裂面掰开后内部则如图 3-10(b) 所示。表 3-3 为每种加载条件下记录的试验现象，从表中可知，无论低围压下还是高围压下的压缩试验，花岗岩破裂时均发出较大声响，说明释放很大能量，在 20MPa 和 40MPa 围压下环向应变计甚至被崩坏。

(a) 单轴压缩花岗岩的破坏形态

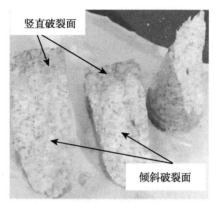

(b) 有围压作用时典型的"Y"形破裂面特征

图 3-10 花岗岩单轴压缩的破坏形态和围压作用时典型破裂形态对比

图 3-11 不同围压下花岗岩的破裂面外观形态 (围压从左到右依次为 5MPa, 10MPa, 20MPa, 30MPa, 40MPa)

表 3-3 试验现象的详细描述

围压/MPa	是否有声响	破裂面形态	破裂面性质
0	巨大声响	"X"形共轭状破裂面, 碎片较多	竖直薄片上无粉末, 倾斜共轭面上有白色粉末
5	嘭的响声	"V"形破裂面, 中间有水平的裂缝	内部没有完全破碎、没有形成完整的破裂面
10	清脆的巨响	"Y"形破裂面, 中间有一条水平裂缝	倾斜面上布满粉末, 竖直面上干净无粉末
20	清脆的响声, 环向应变计被崩坏	"Y"形破裂面, 中间有一条水平裂缝	倾斜面上布满粉末, 竖直面上干净无粉末
30	巨响, 响声大于前四个	大的倾斜破裂面	倾斜破裂面两侧布满粉末
40	巨响, 环向应变计被崩坏	"Y"形破裂面, 中间有一条水平裂缝	倾斜面上布满粉末, 竖直面上干净无粉末

3.4.3　花岗岩破裂面断口的电镜扫描

岩石是典型的非匀质介质，其破坏过程是一个微裂纹形成、发展和汇合的过程，该过程伴随不同类型裂纹的开裂损伤和演化，有穿晶、沿晶及二者耦合类型。因此，通过电镜扫描研究花岗岩破坏断口的微观结构、裂纹分布特征等信息可以帮助理解花岗岩脆性破坏的机制。由于 10MPa 和 40MPa 围压条件下均出现了"Y"形破坏，因此本次研究中选取了这两种围压下的破裂面断口进行电镜扫描，图像的放大倍数均为 800 倍。

10MPa 围压下的花岗岩破裂面呈"Y"形，图 3-12 为围压为 10MPa 时破裂断口的扫描图像，其中图 3-12(a) 取自竖直破裂面，图 3-12(b) 和 (c) 均取自倾斜破裂面。由图 3-12(a) 可知，断裂面比较干净，基本没有颗粒附着，可见明显的沿着解理面的裂纹，呈不规则台阶状，可以判定该破裂是由于拉伸机制所致；图 3-12(b) 中可见明显的薄层状结构，为花岗岩中的云母结构，并且可见少量颗粒附着；图 3-12(c) 为完整的块状结构，表面相对较为平滑，为花岗岩内的石英颗粒，扫描区域内未见明显破裂痕迹，晶粒表面同样可见少量颗粒附着，因此可以判定，图 3-12(b) 和 (c) 所示的形貌是由剪切滑移机制产生的。

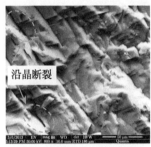  

(a) 沿着解理面的块状破裂　　　　(b) 薄层状结构　　　　(c) 完整的块状结构

图 3-12　围压 10MPa 的破裂断口扫描形态

40MPa 围压下花岗岩呈"Y"形破坏，图 3-13(a) 为取自倾斜的破坏面上，图 3-13(b) 和 (c) 为取自竖直的破坏面。图 3-13(a) 中可见连续性和平行性较差的薄片状结构和穿晶的断裂及较宽的裂纹；由图 3-13(b) 可看出不规则的台阶状，且其形貌与图 3-12(a) 中的较为相似，没有颗粒附着；图 3-13(c) 可见平行的层状、薄片状结构，与图 3-12(b) 中的类似，但在图 3-13(c) 中，基本没有颗粒附着，因此判定图 3-13(b)，(c) 所示的破坏主要由拉伸机制作用导致，这二者的差异主要是由于扫描的不同矿物颗粒成分所致。因此，根据宏观的破裂断口形貌和微观电镜扫描图像分析，可以判定花岗岩所出现的"Y"形破裂面断口是由拉伸和剪切共同作用，这与大理岩等其他岩石在有围压条件下基本是剪切破坏的情形具有较大差异。而且比较 10MPa 和 40MPa 围压下的微观图像发现，围压作用对微破裂的影响并不显著。

(a) 片状及块状结构   (b) 较短的不规则台阶状   (c) 平行的较长的薄片状结构

图 3-13   围压 40MPa 的断口扫描形态

3.5   水泥砂浆脆性破坏特征的试验研究

相比于前两种原岩岩石，水泥砂浆试件由水泥、石英砂和水按照一定比例配制而成，这种人工的类岩石材料没有经过复杂的构造运动和成岩作用，组成成分比较均匀，结构简单，因此在力学性质上与前述的两种硬岩有一定差别，砂浆试件可以看作一种匀质性较高的软岩，通过研究砂浆的力学特性有利于通过对比分析揭示硬岩的脆性破坏机制。

3.5.1   不同围压下砂浆的应力–应变特征

图 3-14 为砂浆在不同围压下的应力–应变曲线，可见其强度要比大理岩和花岗岩低很多，而且除了单轴压缩条件下应变软化比较显著外，其他试样在围压作

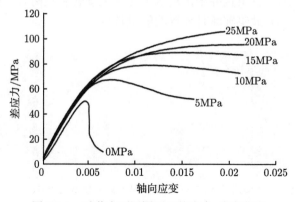

图 3-14   砂浆在不同围压下的应力–应变曲线

用下以塑性变形为主。而且围压在达到 15MPa 时砂浆的应力–应变曲线基本没有下降段，随轴向变形的增加，差应力几乎保持不变；围压超过 15MPa 后曲线呈应变硬化，差应力随轴向变形的增大一直增大，但增大速率减缓。图 3-15 为砂浆峰值强度和残余强度随围压的变化规律。从砂浆的应力–应变曲线可以定性地发现砂浆的脆性程度随围压增大而逐渐减弱，且脆–延转换压力在 15~20MPa，但至于具体的某个压力下对应的脆性程度是多大很难进行准确评价。

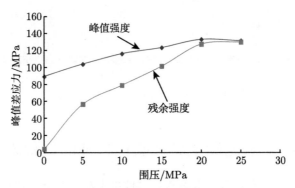

图 3-15　砂浆峰值强度和残余强度随围压的变化

3.5.2　岩样破坏面形态及试验现象的详细描述

图 3-16 为在不同围压下砂浆破坏面形态。可见单轴压缩下砂浆有明显破裂面，沿着最大主应力方向，试件以劈裂破坏为主；5MPa 围压下试件上有倾斜的破坏面，但试件并没有完全分离开，而是仍然很紧密地咬合在一起；10MPa 围压时除了试件上部有一定程度外鼓外，并没有宏观破裂面；当围压大于等于 15MPa 时，试件都没有发生宏观的破坏，仍然是完整的。表 3-4 为记录的试验现象，可见即使在单轴压缩条件下也并未出现像上文中大理岩和花岗岩一样的发出声响和岩块弹射现象，说明砂浆破坏时释放的能量较少。

图 3-16　不同围压下砂浆破坏面形态 (围压从左到右依次为 0MPa，5MPa，10MPa，
15MPa，20MPa)

表 3-4　试验现象的详细描述

围压/MPa	是否有声响	破裂面形态	破裂面性质
0	无声响	竖向的劈裂破坏面	碎片上干净无粉末
5	无声响	倾斜破坏面但并未完全分离	—
10	无声响	上部外鼓，其他没有明显破坏	—
15	无声响	无破裂面	—
20	无声响	无破裂面	—
25	无声响	无破裂面	—

3.6　硬岩脆性破坏机制分析

从花岗岩不同围压下的应力–应变曲线可知，无论低围压下还是高围压下，峰值前变形几乎全是线弹性变形，峰值后应力降以极快的速度跌落，脆性破坏极强，且脆性程度大小受围压影响不明显 (在本章的试验条件下)，这与硬脆性大理岩具有鲜明差异。单轴条件下，大理岩同样具有极高的脆性，但随围压增大，峰值前出现明显的屈服平台，具有脆–延转换特性，压坏的岩样与试验前相比变得较为松软，用手可以掰断、捏碎，这也表明压缩后的大理岩整体完整性虽较好，但内部结构已经发生很大变化，如晶粒间的塑性滑移、错动等。而花岗岩则不同，试验前、后的岩样各个部位硬度没有明显差异，说明花岗岩受压后除宏观断裂面附近发生断裂外，其他部位的结构没有发生明显变化，而上文对花岗岩不同围压条件下破裂断口的电镜扫描分析结果也显示破裂断口结构受围压影响也不大。由此可见峰值前有没有产生塑性变形，发生塑性屈服及发生塑性变形的范围和程度是决定岩石发生脆性破坏的主要原因，而岩石矿物成分的不同和结构差异则是发生这种原因的内在机制。不同的矿物成分具有不同的粒径、强度参数 (强度、弹模、泊松比、热胀系数等) 和性质 (如脆性程度)。矿物组成粒径的大小决定了微裂纹起裂前原始微缺陷的尺寸，矿物成分的强度性质和脆性特征决定了裂纹在晶粒内部起裂和穿过晶粒发生张拉断裂及剪切断裂所需的比表面能和剪切断裂能。矿物晶粒不同的结构决定了微裂纹是发生穿晶、沿晶还是沿解理面的断裂，这些因素决定了岩石是否发生脆性破坏及发生脆性破坏的强弱。本章所用的花岗岩主要由石英、长石和云母等矿物组成，石英颗粒强度大、脆性程度高，容易发生脆性断裂，云母强度相对较低，容易成为微裂纹的起裂位置。本次研究采用的砂浆材料，由于其为人工制作，属于多孔介质，结构简单，在峰值区附近发生了显著的塑性变形，因此其脆性程度较弱，砂浆的细观结构如图 3-17 所示，大理岩的细观结构如图 3-18 所示。

对比砂浆材料和两种硬岩单轴压缩下的应力–应变曲线及试验现象可知，砂浆的峰值区具有一定 "弧度"，即在峰值附近发生了一定的塑性变形，之后应力才开始降低。从峰值强度开始砂浆试件表面竖直方向出现了肉眼可辨识的裂纹，随着应力的缓慢降低，微裂纹逐渐变宽并向上、下端面延伸扩展，裂纹扩展的过程对应着峰后应力降低的过程，发展缓慢，并且整个过程中没有声响发出、无碎块弹射。花岗岩和大理岩应力达到峰值强度后试件发生雪崩式破坏，宏观裂纹迅速贯穿岩样侧面或端面，由于该过程瞬时发生，因此肉眼来不及辨识裂纹的发展过程试样就已经发生破坏，该过程中应力降低的速率极快，且降低的幅度很大，砂浆材料和大理岩单轴压缩条件下应力–应变曲线和对应的试件破坏过程如图 3-19所示。

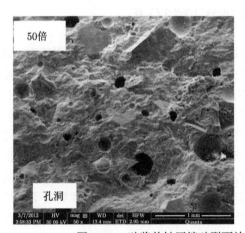

图 3-17　砂浆单轴压缩破裂面放大 50 倍和 800 倍的细观结构图

图 3-18　大理岩单轴压缩破裂面放大 50 倍和 800 倍的细观结构图

　　因此，通过上述分析可总结得到：峰值后应力降的大小和速度是岩石脆性破坏强弱的外在表现，而岩石破坏时宏观裂纹 (贯通于上、下表面或上表面与侧面，也可能是下表面与侧面) 的贯通速度决定了峰值后应力下降速率，而裂纹的萌生和扩展需要能量，因此，岩体内积聚的能量的多少是造成裂纹贯通速度快慢差异的内在因素。

宏观断裂面是否完全贯通是应力降大小的决定因素。通过砂浆、石膏、煤等这些破坏相对缓慢的材料的单轴压缩试验可知，峰前或峰后有时会出现多次小的应力跌落，当用声发射监测试样的破坏过程时发现，每次应力跌落都对应声发射能量率和撞击率的突增，说明每次小的应力跌落都对应着试件内一次小的破裂发生，由于破裂的尺度相对较小，还不至于影响试件整体的稳定性 (即还没有连通形成宏观的大断裂面)。大理岩和花岗岩则是在极短的时间内迅速形成了多条贯通的大断裂面，因此其应力降很大。图 3-19 中的砂浆应力从峰值强度缓慢下降到残余强度时，没有发生大的应力跌落，整个过程都是缓慢而平静地减小，这又是宏观裂纹的贯通速度造成的差异。

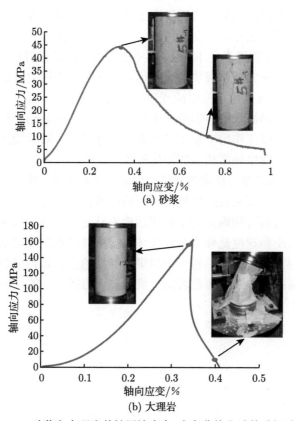

图 3-19 砂浆和大理岩单轴压缩应力–应变曲线和试件破坏过程

3.7 小   结

本章为了研究硬岩的脆性破坏特点和发生机制，选取了大理岩、花岗岩两种硬岩，作为主要研究对象，并采用砂浆制作的试件作为对比材料，开展了不同岩石脆性破坏的宏观、细观的分析，通过对三种岩石材料进行单轴、三轴试验，了解了各自的脆性破坏特点，并对部分试件的破裂断口进行电镜扫描了解其细观结构，最后讨论分析了硬岩的脆性破坏机制，主要得到如下结论。

(1) 大理岩、花岗岩在单轴压缩条件下都具有极强的脆性，试样破坏时伴随着巨大声响和颗粒弹射现象；而砂浆强度相对较低，峰值强度后应力缓慢降低，破坏过程中始终无声响、无弹射。

(2) 在围压作用下，大理岩应力–应变曲线出现"屈服平台"，且平台的持续时间随围压增大有增长的趋势，说明随围压增大，大理岩延性增强，并且破坏后的碎片可以用手掰断、碾碎，说明围压作用下大理岩内部结构发生了破坏，由坚硬变得松软；花岗岩在围压作用下应力–应变曲线的峰前阶段几乎全是线性的，没有塑性屈服，峰值后应力都以极快的速度迅速跌落，随围压的升高花岗岩并未出现脆–延转换特性，围压作用下除形成倾斜的剪切破坏面外，部分岩样还出现了"Y"形破裂面，电镜扫描显示围压增长并未对破裂面微观破裂结构和机制造成明显的影响。砂浆试件在围压作用下发生了显著的塑性变形，随着围压升高甚至没有出现宏观破裂，而是发生外鼓和应变硬化破坏。

(3) 通过对比大理岩、花岗岩和砂浆的破坏过程发现：峰值前是否产生塑性变形，以及发生塑性屈服及发生塑性变形的范围和程度，是决定硬岩发生脆性破坏的主要原因，而岩石矿物成分的不同和结构差异是发生这种原因的内在机制；峰值后应力降的大小和速度是硬岩脆性破坏强弱的外在表现，宏观裂纹的贯通速度决定了峰值后应力降的大小，岩体内积聚的能量的多少是造成裂纹贯通速度快慢差异的内在因素；宏观断裂面是否完全贯通是应力降大小的决定因素。

第 4 章 岩石脆性评价方法

4.1 引 言

脆性是岩石一种非常重要的性质，岩石的破坏过程与其脆性特征密切相关。例如，在页岩气的开采过程中，通过将高压流体混合物 (水和化学试剂等) 压入岩层中，使页岩储层产生裂缝 (水压致裂) 从而获得页岩气渗出的通道，裂缝越多，页岩气的产量越高，岩石脆性往往决定了岩石的破碎程度，进而影响页岩气的产量。在地下工程岩体开挖过程中，岩石的脆性程度与破岩效率密切相关，岩石越脆，在外部荷载 (机械开挖刀盘的压力或钻爆法开挖的爆轰应力波) 作用下岩石破碎得越充分，因此破岩效率越高，但由于缺乏标准的定义和测试方法，前人采用的脆性指标各异，得到的关于破岩效率与脆性相关性方面的结论也不尽相同，有的甚至是矛盾的。在地下工程围岩破坏的控制中，由于围岩的脆性破坏，尤其像岩爆这类强烈的脆性破坏，会严重影响地下工程的稳定性、威胁现场施工工人的生命安全和摧毁机械设备等，因此了解围岩的脆性破坏过程及程度并对其进行有效的支护控制则是关注的重点。

岩石力学就是研究岩石在何种条件下破坏的学科，而从以上分析可见，岩石力学的方方面面都与岩石的脆性息息相关，因此方便而准确地评价岩石的脆性特征是对其进行应用的前提。虽然前人提出了很多评价岩石脆性的指标，但他们的适用性如何、能否准确评价岩石的脆性还是未知的，当用不同的指标评价同种岩石脆性时结论是相互矛盾的。本章将首先总结国内外诸多的岩石脆性评价指标，并依据各自的测量方法和计算公式将其进行了分类，探讨了各个指标的适用性。依据第 3 章的硬岩脆性破坏特点和机制的研究成果，建立了一种新的基于岩石应力–应变曲线峰后特征的脆性评价方法，并进行了初步验证和应用。

4.2 对现有脆性指标的总结、分类和评价

根据脆性的定义和破坏的现象，国内外学者根据不同的研究目的，从不同角度提出多种表示岩石脆性的指标 (文献 [179] 对 80 多种脆性指标进行了详细的总结和比较)，常用的一些指标如表 1.1 所示。根据测试方法可将这些指标分为两大类：① 依据应力–应变曲线计算的脆性指标，如从应力–应变曲线得到的岩石的强度、应变和计算的能量等；② 通过其他物理和力学性质测试计算的脆性指标，如

硬度测试、贯入试验、点荷载试验等。下文将依次分析这些指标，并着重探讨其中一些指标的适用性和优缺点。

4.2.1　从岩石应力–应变曲线获得的脆性指标

1. 基于岩石强度

由于岩石的压缩试验简单、方便，且岩石的压拉强度是评价围岩的稳定性、建立各种强度准则必不可少的参数，因此人们利用岩石的抗压强度和劈裂拉伸强度组合建立了多种脆性指标。

岩石的压拉强度比 (B_1) 可能是应用最为广泛的脆性指标，普遍认为 B_1 值越大，岩石的脆性程度越高 [52,53,56,180,181]，由于岩爆受众多因素的影响，而 B_1 也被很多学者用来评价岩石的脆性对岩爆的贡献，认为当岩石的脆性程度 B_1 大于等于 15 时就具备发生岩爆的条件 [47]。然而当应用 B_1 评价岩石脆性时，有时会得到相矛盾的结论，例如，Nejati 和 Ghazvinian[64] 采用的是在峰值附近的塑性变形量评价三种岩石的脆性，认为条纹状大理岩、砂岩和软石灰岩脆性依次降低，但当采用压拉强度比 B_1 作为评价指标时，由于砂岩具有最大的压拉强度比，所以脆性是最强的；Goktan[182] 发现浸泡在水中三个月的砂岩的压拉强度比大于干燥砂岩的压拉强度比，如果用 B_1 作为砂岩的脆性指标，那么说明浸泡三个月的砂岩的脆性程度要大于干燥砂岩的脆性程度，这很明显有悖于常识。鉴于此有必要对岩石压拉强度比能否表示岩石脆性进行探讨。

Altindag[53] 和 Yagiz[57] 收集了众多岩石的抗压强度和劈裂拉伸强度数据，图 4-1 和图 4-2 为利用原文献中提供的数据重新整理的抗压强度–抗拉强度和抗压强度-B_1 的关系。从图 4-1 中可见,两组抗压强度–抗拉强度的关系基本呈线性分

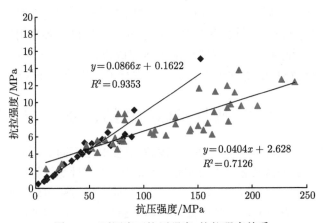

$$y = 0.0866x + 0.1622$$
$$R^2 = 0.9353$$

$$y = 0.0404x + 2.628$$
$$R^2 = 0.7126$$

图 4-1　不同岩石抗压强度–抗拉强度关系

布，从另一个意义上说，压拉强度之比变化范围很小，抗压强度大的岩石，抗拉强度也大，显然不同脆性的岩石可能有相同的压拉强度比。从图 4-2 中也可以看出，黑色数据 (方形表示) 压拉强度比多集中在 10～15 范围内，红色数据 (三角形表示) 集中在 8～22 范围内，这也进一步验证了不同岩石压拉强度比变化范围很小。因此，在如此小的范围内变化的压拉强度比很难准确反映不同岩石的脆性差异。另外从图 4-2 中的两组数据可以看出，B_1 有随抗压强度增大而增大的趋势，抗压强度越大，B_1 可能也越大，即 B_1 更大程度上反映的是岩石的强度特征，而不是脆性。综上分析，压拉强度比可以在一定程度上和定性规律上反映岩石的脆性特征，但并不是一个在定量上敏感的岩石脆性指标。另外，虽然 B_2 和 B_1 在形式上有所不同，但 B_2 可以用 B_1 表示，因此两者具有相同的局限性。

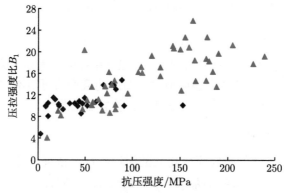

图 4-2　不同岩石抗压强度-B_1 关系

Altindag[53,55,183] 提出采用 B_3 和 B_4(压拉强度之积的一半或再开方) 表示岩石的脆性，并研究了岩石的可钻性与脆性的相关性，作者发现贯入速率、比能等参数与 B_3 和 B_4 均具有很好的相关性。虽然作者发现压拉强度之积与岩石可钻性具有相关性，但从上述所分析的岩石拉伸强度与压缩强度的关系 (压缩强度高的岩石拉伸强度也高) 可以推断岩石抗压强度高时压拉强度之积也高，因此压拉强度之积可能也不能反映岩石的脆性性质。图 4-3 为利用 Altindag[53] 和 Yagiz[57] 的数据分析了 B_3 与岩石抗压强度之间的关系，可见 B_3 可用二次函数很好地拟合，且随抗压强度的增大而增大，说明与 B_1 类似，B_3 同样反映的是岩石强度特征，而非脆性性质。由于 B_4 和 B_3 可以相互转化，因此也表示岩石的强度性质。所以，Altindag 的研究成果可能证实了岩石的可钻性与岩石的强度存在相关性，而非与脆性的相关性。

　　除了上述分析的局限性之外，因岩石的脆性程度与应力状态有关，高应力状态下岩石脆性程度可能会降低 (如第 3 章所研究的大理岩和砂浆)，而以单轴抗压和劈裂抗拉强度为基础建立的指标都不能评价复杂应力状态下岩石的脆性特性。

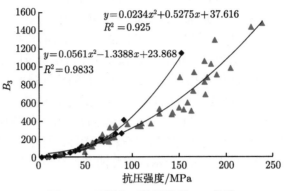

图 4-3　不同岩石抗压强度-B_3 关系

Bishop[184] 采用岩石压缩破坏的峰后强度的相对降低值 (峰值强度和残余强度之差比峰值强度，B_5) 表示岩石的脆性，但该指标无法考虑应力降低的路径，当岩石有相同的峰值强度和残余强度值时，对应的应变值可能不同，因此岩石的脆性也有很大不同，所以 B_5 也不能很好地评价岩石的脆性。

2. 基于岩石变形特征

B_6 是基于不可逆的轴向应变建立的脆性指标，依据其值岩石可划分为脆性 ($B_6 < 3\%$)、脆-延过渡 ($3\% < B_6 < 5\%$) 和延性 ($B_6 > 5\%$) 三种级别 [48,185]。当采用该指标对岩石脆性进行评价时，不可逆应变通过加卸载试验或者通过公式计算，$\varepsilon_{1i} = \varepsilon_{1t} - (\sigma_1 - \mu(\sigma_2 + \sigma_3))/E_{un}$，其中 ε_{1t} 为总应变，E_{un} 为卸载模量，当进行加卸载试验时卸载点往往很难确定，因为岩石常常存在很大的非匀质性，采用的不同岩块的强度具有一定的离散性，卸载点过大或过小都将对测量的不可逆变形产生影响；另外，当通过上述公式计算不可逆应变时，为方便起见卸载模量 E_{un} 通常用弹性模量 E 代替，这也会对计算结果造成误差。B_7 与 B_6 具有相似的物理意义，但强调的是不可逆应变占总应变的比例，在进行计算时存在与 B_6 相似的问题。计算 B_7 和 B_6 时需要的变量示意图如图 4-4 所示。

Hajiabdolmajid 等 [36] 认为低围压下岩石的脆性破坏是张拉裂纹扩展导致的，黏聚力随损伤 (张拉裂纹) 累计弱化和摩擦强度的强化并不是同时达到稳定值，摩擦强化过程要滞后于黏聚力弱化的过程，将摩擦强度活化与黏聚力弱化速率之差定义为岩石脆性程度 B_8，黏聚力丧失至残余值的塑性极限越小 (丧失速度越快)，摩擦强度活化至最大摩擦强度的塑性极限越大 (活化速度越慢)，岩石脆性越高。用脆性指标 B_8 计算的爆坑深度和范围与现场具有极好的一致性，数值分析发现此脆性指标与爆坑的深度和范围呈线性关系。该指标从岩石低围压下脆性破坏机

制 (张拉破坏) 出发，并很好地应用于深埋硬岩隧洞的设计中，预测爆坑的深度和范围。但是，由围岩开挖边界向深部围压逐渐增大，根据一般性的试验规律，岩石脆性程度应逐渐降低，因此，仅用一个指标值表示整个工程区域内不同应力状态的围岩脆性程度显然是值得商榷的。而且，研究表明[186]：由于围压效应的存在，计算脆性指标 B_8 的 ε_f^p 和 ε_c^p 在不同围压下并不是定值，换句话说，经典岩石塑性力学的内变量–塑性应变中，必须包含应力 (或围压) 因素的影响，这也影响了脆性指标 B_8 在不同围压下的可靠性。

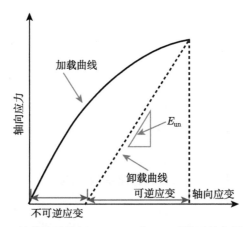

图 4-4 计算脆性指标 B_6，B_7 和 B_9 时需要的变量示意图

3. 基于能量积累和耗散

岩石的破坏过程是能量积累和消耗的过程，因此一些学者通过计算岩石峰前的能量积聚和峰后的能量耗散的相对关系来评价岩石的脆性。

B_9 是指岩石在破坏时可恢复的弹性应变能与总能量的比值，与脆性指标 B_7 类似。总能量和可恢复的弹性应变能可分别用图 4-4 中至破坏点的加载曲线和卸载曲线与横轴围成的图形的面积表示。由于同样需要进行卸载试验或估计卸载模量，因此应用 B_9 评价岩石脆性程度时与 B_6 和 B_7 具有相似的缺点。

Tarasov 等[62,63]指出岩石峰后的失稳可以作为岩石脆性的显现特征，他们从岩石压缩峰后的能量平衡角度评价岩石的脆性。因此，Tarasov 等提出了采用峰后破裂能 (或释放能量) 与弹性能之比作为岩石脆性指标的方法，即 B_{10}(或 B_{11})。他们在推导脆性指标时假设峰后不同卸载点的卸载模量相等并且都等于峰前的弹性模量，因此最终的公式仅与峰前弹性模量 E 和峰后模量 M 相关，这种简化意味着当不同岩石或处于不同应力状态的岩石的 E 和 M 相等时它们的脆性就相同。图 4-5 为几条概化的应力–应变曲线，它们都具有相同的 E 和 M，但很明显具有各自不同的脆性特征，因此 B_{10}(或 B_{11}) 无法准确评价当岩石具有相同的弹模 E 和峰后模量 M 的情况。

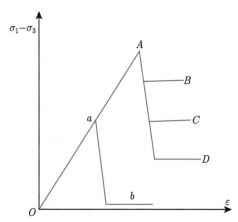

图 4-5　概化的应力–应变曲线 (四条应力–应变曲线分别为 Oab, OAB, OAC 和 OAD)

4.2.2　从额外物理和力学性质测试获得的脆性指标

1. 基于硬度测试

Quinn 等 [187] 根据单位体积的变形能与单位面积的断裂表面能之比，建立了 B_{12} 作为脆性指标评价陶瓷材料的脆性，并认为当材料具有较低的 B_{12} 时，更容易发生变形而非断裂，当具有较高的 B_{12} 时，则更容易断裂。Lawn 和 Marshall[188] 建立了 B_{13} 作为脆性指标并应用于陶瓷工程中，其中 H 为硬度，表示材料抵抗变形的能力，K_c 为断裂韧性，表示抵抗断裂的能力。由于这两种指标都是针对陶瓷材料提出的，并没有在岩石力学中进行相关应用，因此不好对它们的适用性进行评价。另外，由于测量硬度的方法较多，如努氏硬度、维氏硬度、布氏硬度、肖氏硬度等，因此不同测量方法可能得到不同的硬度值，并且裂纹的扩展过程也会受不同的压头影响。通过大尺寸的压头测得的宏观压入硬度与通过小尺寸的压头测得的微观压入硬度之差 (B_{14}) 也可以用来表示脆性 [52]。

2. 基于颗粒含量

有的研究认为岩石脆性越大，破坏后越破碎，因此可用小于某种粒径的成分含量的百分比表示岩石脆性程度。B_{15} 是指在 TBM 破岩效率预测的冲击试验中形成的小于 11.2mm 碎屑百分比 [48]；B_{16} 是指普氏冲击测试中获得的小于 0.6mm 碎屑百分比与岩石单轴抗压强度的乘积 [52]。

3. 基于贯入试验

Yagiz[57] 提出了一种采用贯入试验直接测量岩石脆性的方法 B_{17},当压头压入深度达到 6.5mm 时停止压入试验,记录试验过程中压入荷载和压入深度的曲线关系,脆性定义为荷载–贯入深度曲线的斜率。作者发现岩石的脆性与曲线的斜率和曲线的波动性存在正相关性,岩石的脆性程度越大,曲线波动性越强。由于贯入试验需要特定的试验设备和试样,因此一般试验条件下很难应用该指标评价岩石脆性。另外根据作者的研究发现,该指标与岩石的单轴压缩强度呈很强的正相关性,因此该指标也更能代表岩石的强度特性。

Copur 等 [189] 认为贯入力–贯入位移的曲线形态可能是岩石破坏特征的外在显现,而且受岩石的脆性影响,如果岩石很脆,那么破坏过程就很容易且曲线的波动性会很高。作者提出采用平均贯入力增量周期与平均贯入力减小周期 (单位是秒) 之比表示岩石脆性 B_{18},该值越低表示岩石越脆。在该指标的应用过程中,需要在贯入力–贯入位移曲线上找出应力降低和应力升高的点,并计算平均周期,由于贯入曲线的不规则性,增加了选取点的难度,而且手动取点也会增加人为因素造成的误差。

4. 基于点荷载试验

Reichmuth[190] 提出了一种采用点荷载试验评价岩石相对脆性的方法,即 B_{19}。在计算公式中,岩石的拉伸强度和相对脆性是材料常数,是未知量,因此可以通过几个试验数据点拟合线性关系式而得到,两个未知数分别对应拟合的线性关系的截距和斜率。但对于 K_b 为什么可以描述岩石的相对脆性缺乏足够的根据。

5. 基于矿物组成

基于矿物成分的脆性分析方法,指脆性矿物含量占总矿物含量的百分比,如 B_{20}。该方法在地下页岩气开采工程中获得了最广泛的应用。这种方法对于分析同一地区经历过相同地质作用的岩石可能是有效的。但该方法不能反映应力状态的变化对岩石脆性程度的影响,只能分析简单受力条件下岩石的脆性。其次,该方法忽略了成岩作用的影响,岩石是在漫长的地质历史中由不同矿物成分胶结而成,成岩过程中经历了不同的地质作用,存在压密程度、空隙等方面的差异,因此即使矿物成分完全相同,脆性程度也可能存在差异。该方法极少被应用于地下工程岩石脆性的评价。

Suorineni[180] 等提出了一个岩石韧性评级指标 (RTRI, B_{21}) 的概念来表示岩石抵抗应力导致的损伤的能力,该指标由矿物刚度系数、颗粒结构系数和页理系数的乘积组成,作者建立了该指标与 Hoek-Brown 强度准则脆性参数 s 的关系,可以更准确地预测特定岩石类型的隧道的破坏区深度。由于组成岩石的每种矿物的刚度都需要测定，并且平均颗粒粒径也需要通过岩相学的分析获得，而页理系数需要通过片状或棱柱状矿物所占的比例确定，因此该指标在应用上较为复杂。

6. 基于内摩擦角

此类指标是根据不同围压的三轴试验作出摩尔包络线，根据包络线确定当 $\sigma_n = 0$ 时的内摩擦角，以此作为评价岩石脆性的指标 [52]，如 B_{22}, B_{23}。Singh[51] 研究了三种煤的切割阻力随脆性 (内摩擦角) 的变化，发现内摩擦角越大，煤的切割阻力越大。除了 Singh 外，基于内摩擦角的脆性指标很少再被应用过，一方面可能由于该指标缺乏足够物理依据，另一方面可能由于内摩擦角不像岩石的其他参数一样容易测试。

以上这些指标都是研究者依据不同的研究目的而提出的，有些是从岩石破坏的表现出发 (如基于强度、变形和能量特征)，有些是从岩石本质特性出发 (如基于矿物成分、脆性破坏的内在机制、硬度、贯入试验等)。综上分析可知，有些指标不能准确反映岩石的脆性程度大小，有些指标无法全面评价岩石脆性程度差异，绝大部分指标不能考虑应力状态对岩石脆性程度的影响，而部分指标由于试验条件的限制不易通过试验确定。

4.3 节将以硬岩脆性破坏特征和机制的相关结论为指导思想，在 Bishop[184] 提出的岩石脆性指标的基础上，建立基于岩石应力–应变曲线峰后特征的岩石脆性定量化评价方法。

4.3 基于应力–应变曲线峰后行为的脆性评价方法

基于应力–应变曲线峰后行为的脆性评价方法，是指采用岩石单轴或三轴压缩试验的应力–应变曲线，在获得岩石不同应力状态下的强度和变形的同时，利用峰后应力–应变曲线特征定量求得岩石的脆性指标，该方法不用再额外进行试验测试，在测试岩石强度、变形的同时就可以得到岩石的脆性指标，可方便快捷地评价岩石的脆性。除此之外，该评价方法可考虑岩石在压力状态下的塑性屈服特征，可考虑应力状态对脆性的影响。

砂浆、石膏等脆性较弱的材料的应力达到峰值强度后缓慢地降低至残余强度，而大理岩和花岗岩等硬脆岩石的应力则以极快的速度跌落至残余强度值，岩石峰后行为的差异是岩石本身的矿物组成、内部结构、胶结材料的种类和含量等的不同所致，岩石的峰后行为是岩石脆性的外在显现，因此可以通过这种峰后的显现特征评价岩石的脆性。本节在考虑峰后应力降低的大小和速率的前提下，建立了基于应力–应变曲线峰后行为的脆性评价方法，该方法将岩石的脆性特征分为脆性程度大小 (B_d) 和脆性破坏强度 (B_f) 两个概念，两者具有相似的计算公式但不同的计算过程和物理意义，下面将分别阐述。

4.3.1 评价岩石脆性程度大小的指标及其初步验证

岩石的脆性程度大小 B_d 是以岩石峰后应力降的相对大小和速率进行衡量的，当应力–应变曲线峰后相对应力降较大，且应力以极快的速率降至残余强度时，认为岩石的脆性程度很大。因此在该指标中，不仅考虑了应力降低的大小，也考虑了峰后应力降低的路径。B_d 的计算公式为

$$B_d = B_{1d} \cdot B_{2d} = \frac{\tau_p - \tau_r}{\tau_p} \cdot \frac{\lg |k_{ac(AC)}|}{10} \tag{4.1}$$

其中，B_{1d} 是指相对应力降低的大小，B_{1d} 的变化范围为 0~1，当峰值强度等于残余强度时该值为 0，当残余强度为 0 时该值为 1；τ_p 和 τ_r 分别为压缩试验的峰值强度和残余强度；B_{2d} 为考虑塑性屈服的应力降低的速率；$k_{ac(AC)}$ 的几何意义为从初始屈服点 (点 A 或 a，图 4-6) 至残余强度起始点 (点 C 或 c) 连线的斜率，由于连线的斜率都是负值，因此这里采用绝对值的形式。k_{ac} 和 k_{AC} 的主要区别在于有的岩石在经过峰值强度后应力直接降低，如 Oac，大多数岩石在单轴压缩条件下都是呈这种形态，也有少数硬岩如第 3 章中的花岗岩在三轴压缩条件下曲线也呈这种形态。而有的岩石 (尤其在高围压条件下) 在达到峰值强度前后会出现明显的屈服平台，如 $OABC$，部分软岩在单轴压缩条件下和大部分岩石在三轴压缩条件下曲线都呈这种形态，屈服平台的出现意味着岩石产生塑性变形，脆性程度降低，因此应力降的速率从刚进入屈服点的 A 点开始算起。B_{2d} 取值范围为 0~1。取以 10 为底的对数并除以 10 的目的是将其转化为 0~1 变化范围的数值。由于 B_{1d} 和 B_{2d} 脆性程度的变化范围都是 0~1，因此，两个值越大，B_d 越大，岩石脆性程度越大。

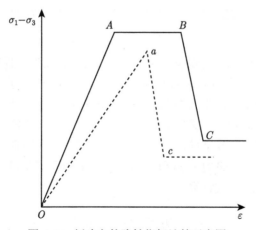

图 4-6　新建立的脆性指标计算示意图

1. 同种岩石不同应力状态的验证

为了验证新提出的脆性程度大小的指标的合理性，采用第 3 章中的砂浆和花岗岩的试验数据，由于试验中采用的大理岩成分具有一定的非匀质性，因此采用匀质性更好的 T_{2b} 大理岩[186]的数据进行验证，T_{2b} 大理岩的围压为 0MPa，5MPa，10MPa，20MPa，40MPa。三种岩石的三轴压缩试验数据如表 4.2 所示。

表 4-1   砂浆、T_{2b} 大理岩和花岗岩的三轴压缩试验数据

岩石类型	围压/MPa	τ_p/MPa	τ_r/MPa	c/MPa	ϕ/(°)	B_d	B_f/MPa
	0	50.2	9.8			0.3723	22.2991
	5	67.5	52			0.0737	5.1884
砂浆	10	79	73	14.88	32.04	0.0205	1.7180
	15	89.1	87			0.0046	0.5303
	20	95.9	95.6			—	—
	25	—	—			—	—
	0	97.16	19.66			0.4134	40.1676
	5	148.21	63.24			0.2579	41.3753
T_{2b} 大理岩	10	189.30	92.74	30.52	38.96	0.2180	43.3649
	20	209.60	120			0.1714	49.8986
	40	249.01	186.61			0.0872	24.5115
	0	196.5	0.1			0.6213	122.0924
	5	259.1	75			0.4861	125.9488
花岗岩	10	316.1	85	36.19	53.37	0.4624	146.1655
	20	398.3	131			0.4559	181.5938
	30	468.6	33			0.5507	258.0646
	40	526.4	119			0.4579	241.0851

注：c 为黏聚力；ϕ 为内摩擦角。

下面将以砂浆在单轴压缩条件下的应力–应变曲线为例说明具有类似于图 4-6 曲线 Oac 形态的曲线如何选取峰值强度点 (a) 和残余强度点 (c)，以及如何计算峰后应力降低的速率。由于大多数岩石在单轴压缩条件下及少数硬岩在三轴压缩条件下都是在应力达到峰值强度之后随轴向变形增大立刻降低，因此峰值强度和残余强度的取值点很容易从曲线上辨别，而峰值强度和残余强度对应的轴向应变也可以相应地获得，砂浆的 a 点和 c 点如图 4-7 所示。所以，相对应力降和应力降低的速率可分别用下式计算

$$B_{1d} = (\tau_a - \tau_c)/\tau_a \tag{4.2}$$

$$k_{ac} = (\tau_a - \tau_c)/(\varepsilon_a - \varepsilon_c) \tag{4.3}$$

将 k_{ac} 代入公式 (4.1)，计算 B_{2d}，最终可得到 B_d。

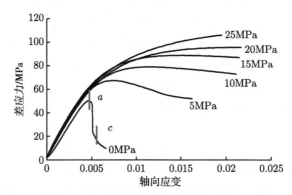

图 4-7 砂浆单轴压缩应力下峰值强度、残余强度取值点

由于在围压作用下岩石往往会发生塑性变形，应力–应变曲线上屈服平台的出现意味着脆性程度的降低，对于类似于图 4-6 中的曲线 $OABC$ 的应力–应变曲线的峰值强度和残余强度的取点以及应力降低速率的计算将以 T_{2b} 大理岩在 40MPa 围压下的曲线为例进行说明，T_{2b} 大理岩不同围压下的应力–应变曲线及点 A、B 和 C 如图 4-8 所示。

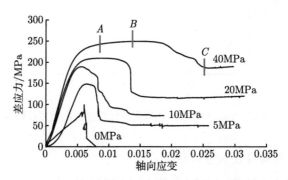

图 4-8 T_{2b} 大理岩不同围压下压缩应力–应变曲线及取点位置

相对应力降的大小由式 (4.4) 计算

$$B_{1d} = (\tau_B - \tau_C)/\tau_B \tag{4.4}$$

由于屈服平台意味着岩石脆性的减弱，因此应力降低的速率从初始屈服点 A 开始计算，而不再是从峰值强度点，所以应力降低的速率由式 (4.5) 计算

$$k_{AC} = (\tau_A - \tau_C)/(\varepsilon_A - \varepsilon_C) \tag{4.5}$$

将 k_{AC} 代入公式 (4.1)，计算 B_{2d}，最终可得到 B_d。

由以上方法计算的砂浆、T_{2b} 大理岩和花岗岩的脆性程度大小 (B_d) 随围压的变化规律如图 4-9 所示。由图可见，相同应力状态下，花岗岩、大理岩和砂浆的脆性程度依次降低；砂浆和大理岩的脆性程度随围压增大而减小，而花岗岩的脆性程度除 30MPa 围压外也具有随围压增大而减小的趋势，但除了单轴条件下脆性程度略大外，其他压力状态下的脆性程度差别不大，均在 0.5 左右，花岗岩在本次研究的压力范围内脆性程度的最低值也大于大理岩和砂浆脆性程度的最大值。通过该新提出的描述岩石脆性程度大小的指标得到的三种岩石的脆性程度的变化规律与通过试验现象、应力–应变曲线等途径定性获得的三种岩石的脆性程度变化基本一致：砂浆脆性最弱，且在 15~20MPa 围压时就达到脆–延转换特性；大理岩在单轴压缩条件下脆性最强，在 40MPa 围压时发生了非常显著的塑性屈服变形；花岗岩在整个研究的围压范围内脆性程度均很强，围压效应并没有显著减弱其脆性程度。

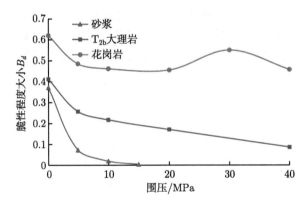

图 4-9　砂浆、T_{2b} 大理岩和花岗岩脆性程度大小随围压的变化规律

2. 不同岩石相同应力状态的验证

为了进一步验证该脆性指标在描述更多不同种类岩石的脆性特征时的适用性,选取了水泥砂浆 (X-1, X-2)、大理岩 (M-1)、花岗岩 (H-10)、砂岩 (A-1, A-2)、红砂岩 (E-1-1) 和灰岩 (C-1，C-2) 这 6 种不同的岩石类材料制成 $\Phi50\text{mm}\times100\text{mm}$ 的标准圆柱体试件在 RMT150C 上进行单轴压缩测试，不同岩石的试验数据如表 4-2 所示。

对于进行了两块岩石单轴压缩测试的岩石类型 (砂浆、砂岩和灰岩)，它们各自的应力–应变曲线、岩石强度以及计算的 B_d 都相似，因此只挑选一块岩样 (X-1，A-1，C-1，E-1-1，H-10，M-1) 来比较不同岩石类型的脆性程度，每种岩石的应力–应变曲线如图 4-10 所示。由于除砂浆外的五种致密硬岩都表现出强烈的脆性特征，峰值附近几乎没有明显的塑性变形产生，因此破坏时的轴向应变作为脆性指标来近似代替可恢复的弹性应变，表 4-2 中呈现了不同岩石的脆性程度大小和破坏时对应的轴向应变。

表 4-2　不同类型岩石单轴压缩试验数据

岩石类型	试样编号	τ_p/MPa	τ_r/MPa	B_d	$\varepsilon_{\text{peak}}$	B_f/MPa	峰值能率 E	$\lg E$
砂浆	X-1	44.82	10.67	0.3146	0.004274	14.10	300	2.4771
	X-2	53.91	10.28	0.3499	0.003855	18.86	371	2.5694
砂岩	A-1	179.66	0	0.5447	0.009074	97.85	29164	4.4648
	A-2	175.45	0	0.5360	0.009266	94.04	15916	4.2018
灰岩	C-1	202.33	0	0.6442	0.004499	130.34	70347	4.8472
	C-2	229.23	0	0.5343	0.004796	122.48	36537	4.5627
红砂岩	E-1-1	201.30	0	0.5309	0.007121	106.88	19742	4.2954
花岗岩	H-10	190.43	0	0.54096	0.005665	103.02	84826	4.9285
大理岩	M-1	168.27	0	0.5670	0.0056	95.42	—	—

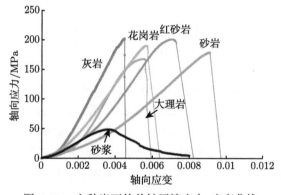

图 4-10　六种岩石的单轴压缩应力–应变曲线

首先通过定性分析可知，砂浆材料由于其多孔性和弱胶结性是所有六种岩石材料里面脆性最弱的，而从灰岩的应力–应变曲线可大致认为其脆性程度是最高的，因为峰值没有塑性变形，过峰值后几乎垂直跌落，且破坏时的轴向变形最低；花岗岩和大理岩的脆性程度应该差别不大，但都大于砂浆而小于灰岩的脆性程度。

通过表 4-2 可知，X-1 的 B_d 最小，之后依次是红砂岩 (E-1-1)，花岗岩 (H-10)，大理岩 (M-1) 和灰岩 (C-1)，而破坏时的峰值轴向应变则呈相反的趋势，由大到小依次是 C-1，M-1，H-10，E-1-1，说明当采用峰值轴向应变作为近似的脆性指标时，得到的四种硬岩的脆性程度变化与通过本节提出的方法计算的 B_d 的变化结果是一致的。所以，除了砂岩 (A-1) 之外本节提出的方法很好地评价了不同岩石的脆性差异，但同时也看到对于砂浆材料，破坏时虽然轴向应变是最低的，但脆性程度却不是最大的，因此当评价这种模型材料或软岩时，因峰值轴向应变中包含了较多的塑性变形，因此通过单一的绝对的轴向变形 (如 B_6) 无法准确评价其脆性程度。

4.3.2 评价岩石脆性破坏强度的指标的定义、公式和验证

脆性破坏强度 (B_f) 是描述岩石脆性破坏强烈等级的指标，通过考虑岩石压缩应力–应变曲线峰后应力降的绝对大小和速率而建立。B_f 的计算公式如下

$$B_f = B_{1f} \times B_{2f} = (\tau_p - \tau_r) \times \frac{\lg \left| k_{ac(BC)} \right|}{10} \tag{4.6}$$

其中，B_{1f} 是指峰值强度与残余强度之差，即峰后应力降；B_{2f} 是指峰后应力减小的速率，但与 B_d 中的 B_{2d} 计算方法上存在略微的差别。与脆性程度大小 B_d 不同，脆性破坏强度是一个绝对的指标，与强度具有相同的单位 (MPa)。k_{ac} 和 k_{BC} 用来区分图 4-6 所示的两种典型的应力–应变曲线，当曲线没有屈服平台时 (如曲线 Oac)，采用 k_{ac} 计算峰后应力减小的速率；当曲线含有屈服平台时，由于宏观的破裂是从 B 点开始的，因此采用 k_{BC} 表示峰后应力减小的速率。

从 B_f 的数学表达式以及 B_{1f} 和 B_{2f} 的物理意义可知，B_f 的物理意义是在考虑峰后应力降大小的基础上，以一个小于 1 的系数进行了折减，这个系数的意义是峰后应力下降的速率，即对岩石脆性破坏强度的表征，仅一个应力降大小是不够的，还需考虑应力降的速率。对于图 4-11 所示的情况，两种岩石具有相同的峰值强度和残余强度，但很明显岩石 a 脆性破坏的强度要大于岩石 b 的，岩石 b 的破坏过程很平静而缓慢，峰前储存的能量大部分被破裂面的摩擦滑动消耗掉，因此剩余的释放的能量则较少。因此，在评价岩石脆性破坏强度时要考虑峰后应力减小的路径。

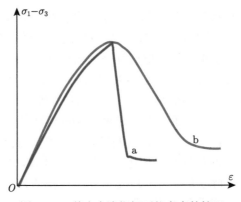

图 4-11 单应力降指标不能考虑的情况

1. 基于声发射测试的脆性破坏强度的验证

岩石破坏时释放的能量的多少可以反映岩石脆性破坏的强弱，岩石破坏的强度等级越大，释放出的能量就越多，而岩石破坏过程释放的能量则可通过声发射监测获得。声发射监测技术是指将声发射探头与岩石试件通过耦合剂耦合在一起，具有一定工作频率范围的探头可以接收到岩石内部破裂过程辐射出的弹性波，进而可以分析岩石受压过程中任意时刻的能量释放。

在 4.3.1 节 2. 小节的不同种类的岩石单轴压缩试验中也同步进行了声发射测试，采用美国物理声学公司 (PAC) 生产的 16 通道的声发射采集仪和 PICO 声发射探头，探头的共振频率和工作频率分别是 500kHz 和 200~750kHz，采样率为 1MSPS，前置放大器和系统的门槛值均为 40dB，测试的试件及 AE 传感器如图 4-12 所示。试验时将声发射探头的压电陶瓷与试件用耦合剂耦合，用橡皮筋捆在试件上，在声发射测试中，声发射探头检测的每个声发射信号的能量是指信号的波形图与时间轴围成的图形的面积，是一个相对概念，能量率则是单位时间内发出的能量。对于硬脆性岩石来说，绝大部分能量释放过程是在峰值破坏时完成的，其他阶段释放的能量只占总能量的极少部分，因此将试件破坏时的能量率，即峰值能量率作为重点关注对象，并将监测的峰值能量率与计算的 B_f 对比。

图 4-12　单轴压缩和声发射测试的岩样及过程

6 种岩石 8 块岩样的单轴压缩应力–应变曲线和 AE 能量率曲线如图 4-13 所示。

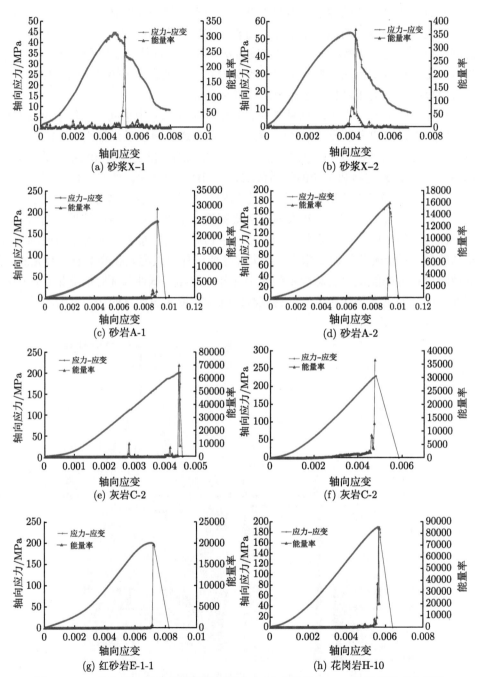

图 4-13 6 种岩石 8 块岩样的单轴压缩应力–应变曲线和 AE 能量率的变化规律

从表 4-2 分析可知，对水泥砂浆材料来说，无论其脆性程度大小还是脆性破坏的强度都是在所研究的岩石里面最低的，这也与常规的认识相符，因为砂浆材料空隙多、结构松软、强度低、塑性变形能力强，加载过程中积聚的能量少，又由于破坏过程中塑性变形和裂隙缓慢扩展不断消耗积聚的能量，最终释放出的能量很少。

对于同种岩石来说，通过公式 (4.6) 计算的水泥砂浆 X-2 的脆性破坏强度大于 X-1 的 B_f 值，通过声发射测试测得的应力峰值附近的声发射能量率峰值同样也是 X-2>X-1；计算的砂岩 A-1 的 B_f 值大于 A-2，测得的声发射能量率峰值也是 A-1>A-2；计算的灰岩 C-1 的脆性破坏强度大于 C-2，测得的能量率峰值同样也是 C-1>C-2。可见对于本次试验所研究的三种不同类型的岩石，对同种岩石而言，通过本节提出的计算脆性破坏强度的表达式计算的 B_f 值与通过声发射测试的能量率峰值具有很好的一致性，也就是说岩石破坏时释放的能量越大，岩石的脆性破坏强度越大，这一规律与试验前的预期是相符的，也证明了本节提出的定量评价岩石脆性破坏强度的指标的合理性。

为了比较方便，取能量率的对数 lg 为纵坐标，脆性破坏强度值为横坐标，做出表 4-2 中 6 个岩样 (图 4-14 中用红色 "▲" 样式标记) 的脆性破坏强度值随能量率峰值的变化规律，如图 4-14 所示 (E 表示能量率)，可见对不同种岩石来说，除试件 A-1 和 H-10 的脆性破坏强度和能量率峰值点略偏离了期望值外，其余 6 个试件 (图中用 "+" 样式标记) 都符合能量率峰值越大，脆性破坏越强的设想，而且能量率峰值与脆性破坏强度具有很好的线性关系 (图中位于拟合线性上侧的表达式为 8 个试样的拟合结果，下侧的表达式为剔除 A-1 和 H-10 后剩余的 6 个试件的拟合结果)，这进一步证明了本节提出的定量评价岩石脆性破坏强度的指标在评价不同岩石脆性破坏强度方面的合理性。对于试验中同为砂岩，A-2 符合预期规律但 A-1 却稍有偏移，可能是即使是同种岩石，也会存在内部结构、均匀性等方面的差异所造成的。

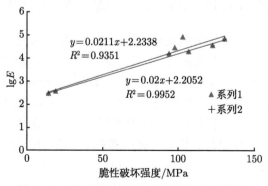

图 4-14 能量率与脆性破坏强度的关系曲线

2. 脆性破坏强度指标在三轴试验中的应用

砂浆、T_{2b} 大理岩和花岗岩的单、三轴试验数据也用来计算岩石的脆性破坏强度 B_f，三种岩石的 B_f 随围压的变化规律如图 4-15 所示，而计算的脆性破坏强度列于表 4-2 中。

由图 4-15 可知，砂浆的 B_f 随围压增大逐渐减小，通过其应力–应变曲线也可以看出，砂浆材料逐渐由低围压时的应变软化到高围压的应变硬化，破坏过程相比于硬岩发生得非常缓慢，且当围压达到 15MPa 作用时试件已经没有宏观破坏面，而是呈外鼓状；T_{2b} 大理岩的 B_f 随围压增大则是先增大后逐渐减小，20MPa 围压时取得最大值，40MPa 时取得最小值；而对于花岗岩而言，在单轴压缩条件下脆性破坏强度是最低的，随着围压增大至 30MPa，脆性破坏强度逐渐增强，到 40MPa 时略有减小。三种岩石比较而言，花岗岩脆性破坏的强度远大于其他两种岩石，这通过比较三种岩石破坏时的试验现象也可以定性地分析出来。

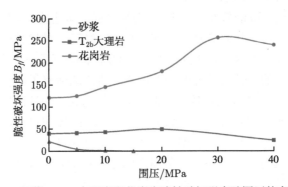

图 4-15　砂浆、T_{2b} 大理岩和花岗岩脆性破坏强度随围压的变化规律

4.4　岩石脆性程度大小和脆性破坏强度的关系

通常人们对岩石脆性特征的表述，往往更多关注岩石的"脆性程度"，笔者认为从研究岩石脆性破坏的角度而言，岩石的脆性特征应既包括脆性程度大小 (B_d)，又包括脆性破坏强度 (B_f)，两者既有联系又有区别。岩石的脆性程度大小，是一个相对的概念，而脆性破坏强度则是一个与能量释放有关的绝对的概念。随着越来越多的深部地下岩体工程在高应力的环境中施工，硬脆围岩的脆性破坏频繁发生，而本节提出的评价岩石脆性破坏强度的指标 (B_f) 可以结合其他方法综合评价围岩的脆性破坏，如岩爆的强度等级，可以改变当前只能定性评价岩石的脆性破坏强度的现状。

砂浆、T_{2b} 大理岩和花岗岩的脆性破坏强度 (B_f) 和脆性程度大小 (B_d) 的关系如图 4-16 所示。由于砂浆的 B_d 和 B_f 均随围压的增大而减小，所以其 B_d 和 B_f 呈单调增加的趋势，即脆性程度越大，脆性破坏强度也越大；本节研究的 T_{2b} 大理岩的 B_f 随 B_d 先增大后减小，而花岗岩的 B_d 和 B_f 变化规律较为复杂，无明显增减关系。

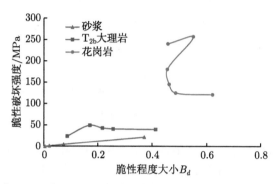

图 4-16　砂浆、T_{2b} 大理岩和花岗岩脆性破坏强度随脆性程度大小的变化规律

岩石的强度越高，岩石压缩破坏时外力做功越多，岩石内部储存的能量也越多，根据岩石破坏过程中的能量平衡，$U = U^d + U^e$，其中 U 为总输入应变能，即外力对试样做的总功，U^d 为耗散应变能，U^e 为可释放应变能[191]。在外力做功一定的前提下，耗散应变能和可释放应变能可相互转化，岩石材料的能量耗散主要体现在其内部微缺陷闭合摩擦、微裂纹扩展和破裂面相对错动等，并最终导致岩石的黏聚力丧失，因此能量耗散与岩石损伤和其强度丧失直接相关，反映了原始强度衰减程度；而岩石中储存的可释放弹性应变能是导致岩石突然破坏的内在原因，可释放应变能的数量决定了岩石破坏时释放出能量的多少，即决定了本节提出的脆性破坏强度 B_f 的大小。一般而言对于硬脆性岩石，在单轴压缩应力状态下，岩石的强度越高，脆性破坏强度也可能越高，如 4.3.2 节 1. 小节中的砂浆 (X-1, X-2)、砂岩 (A-1, A-2)，对同种岩石的两块岩样而言，单轴压缩强度越高，计算的脆性程度 B_d 越大、脆性破坏强度 B_f 越高；但对于灰岩而言，则是单轴压缩强度低的那块的 B_d 和 B_f 数值更大。三轴压缩条件下，岩石的脆性破坏强度也并非只是由压缩强度决定的，例如，T_{2b} 大理岩在 40MPa 围压时虽然具有最高的压缩强度，但其脆性破坏强度 (B_f) 却是在所有围压里面最低的。以上分析说明，岩石的脆性破坏强度虽然受其压缩强度影响，但并不完全由峰值强度确定，也与岩石本身的脆性程度大小有关，岩石的峰值压缩强度越高，外力对试件做功越多，试件内部积聚的总能量越多，而岩石的脆性程度大小则决定了这部分能量是通过什么方式消耗，如果岩石脆性程度很高，岩石将主要发生脆性断裂，如沿晶的、穿晶的，一部分能量用来形成新的自由面，剩余的能量则通过动

能的形式释放出来；当岩石的脆性程度很低时，如高围压条件下的大理岩，岩石内部发生很大的塑性变形，绝大部分能量通过颗粒破坏、错断、摩擦等塑性变形的形式消耗掉，因此只剩一小部分的能量可以最终释放出来。例如，对砂浆材料而言，围压为 15MPa 时的强度大于围压为 0MPa，5MPa，10MPa 时的强度，但由于在 15MPa 压力时试样内部产生了很大的塑性变形导致岩石的脆性程度很低，外力做功绝大部分通过颗粒摩擦、断裂面滑动摩擦等形式消耗掉了，剩余可供释放的能量很少，因此脆性破坏强度是最低的。

4.5 岩石脆性程度大小和脆性破坏强度在评价岩爆的支护效果的应用

岩爆已成为深部采矿、深埋隧道、水电引水隧洞等工程施工过程中遇到的最主要的地质灾害之一，由于岩爆具有瞬时性、突发性，且破坏的岩块往往携带大量能量，极易造成施工人员的伤亡、施工机械的损毁和工期的延误等，因此岩爆的有效防治是深部岩体工程安全施工的重要保证。

在具有岩爆倾向性的洞段往往采用及时喷射混凝土、挂钢筋网和进行锚杆支护等措施防治岩爆的发生，支护的一个重要作用是给隧洞围岩提供一定的表面支护压力，从前文中岩石的室内三轴试验可知，岩石的峰值强度随围压的增大近似线性增大，而现场的支护压力就是相当于给围岩提供了一种围压，因此围岩的强度得到了提升，根据岩爆发生的强度理论和能量理论，即当围岩系统的应力大于岩体介质强度且岩体内部积聚的能量已达到其内部储能的极限时，岩石将发生破坏，一大部分能量将以动能的形式释放，围岩的强度提高后岩爆发生的临界条件也将相应地提高，即在施加支护压力前如果恰好达到了岩爆发生的临界条件，那么支护压力施加之后原来的应力条件已经不能满足新的岩爆发生条件，因此岩爆将得到抑制。

但还存在另外一种情况，虽然围岩的强度在支护压力作用下得到了提高，但围岩中应力持续地集中导致作用在围岩内的应力和能量也在不断积聚，并最终超过了围岩的极限储能条件 (围岩承载力提高的同时，作用在围岩上的外荷载也在增加)，这时候围岩将发生破坏，此时由于岩石岩性条件与应力相互作用的响应不同，围岩将发生不同形式的破坏。对于这种支护压力作用下围岩的破坏响应可以通过本节提出的脆性评价方法评价。

图 4-17 为 T_{2b} 大理岩和花岗岩在围压为 0MPa 和 40MPa 时的应力–应变曲线，从图中可知，高围压下大理岩在峰值区附近经历了较大的塑性变形，且峰后应力很缓慢地降低并最终达到一定的残余强度，可见围压作用使大理岩的脆性程度得到降低，破坏强度也不再如单轴条件下那么剧烈，但对于花岗岩而言，围压

作用并没有使其脆性破坏强度得到降低,相反却变得更加剧烈。0MPa 和 40MPa 作用下大理岩的脆性程度大小和脆性破坏强度分别为 0.4134MPa,40.17MPa 和 0.0872MPa,24.51MPa;花岗岩的相应值分别为 0.6213MPa,122.09MPa 和 0.4579MPa,241.09MPa。对于控制岩爆来讲,理想的效果应该是使岩石的力学特性由曲线 a 变为曲线 b,即围压作用使岩石的脆性程度和脆性破坏强度都降低,破坏时释放的能量得到减弱。对于花岗岩这类岩石,围压使其强度得到提升,如果支护后外界应力低于岩石的强度值,那么岩爆将不会发生;但如果外界应力逐渐积聚到超过岩石支护后的强度时,岩爆将会发生并且发生的等级比没有支护前还要大,破坏力还要强。可见本节提出的两个脆性指标可以很好地应用于支护压力对岩爆的控制效果的评价中。

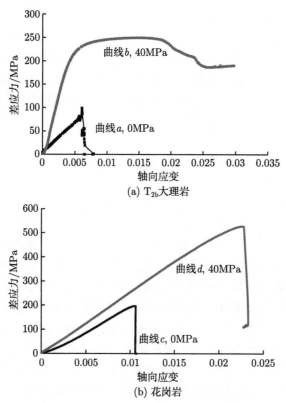

图 4-17　T_{2b} 大理岩和花岗岩在 0MPa 和 40MPa 围压下应力–应变曲线对比

　　虽然锚杆或喷射混凝土对岩爆的控制作用不仅仅局限在提供支护压力这一种作用,但上述分析说明对于容易发生脆-延转换的岩石,增大围压可以降低岩石的脆性破坏强度,减小破坏时的能量释放量,然而对于脆-延转换不明显且在极高应力下的岩石，如果支护措施无法抑制岩爆的发生，那么岩爆的破坏强度将会比支护前更高，释放更多的能量。此时具有吸能作用的锚杆、锚索等支护措施发挥的作用较大。岩爆发生时，通过锚杆、锚索自身的变形以及与围岩的相互作用耗能，从而降低岩块抛出的动能。

对于该指标的具体应用来说，通过对采集来自现场的岩样进行不同围压的三轴试验，计算不同围压下的 B_d 和 B_f 值，可以评估岩石在围压作用下的力学响应，如果脆性程度和脆性破坏强度得到降低，岩石随围压增大呈现脆-延转换的趋势，那说明提高支护压力一定程度上会减弱甚至抑制岩爆的发生，有可能将岩爆这种动力破坏转化成一般的静力缓慢的破坏方式；而如果岩石在围压作用下依然表现出极强的脆性，脆性程度大小尤其是脆性破坏强度并没有降低，隧洞又处于极高的应力状态下 (无论是原岩应力还是应力调整后可以达到极高的应力)，这种条件下靠增大围压作用的支护效果可能会不显著甚至造成更大等级的岩爆发生，对于这样的洞段可以额外采取一些措施，诸如超前钻孔卸压、降低开挖速率、注水软化围岩等，前两种措施是为了减小应力集中程度，降低岩爆发生的外部条件，而最后一种方法则是为了减弱岩爆发生的内部条件即降低岩石的储能条件，从而达到抑制岩爆的目的。另外在无法抑制岩爆发生时，可施加吸能的锚杆或锚索，吸收部分弹射岩块的能量，降低可能造成的损失。

4.6　讨　　论

脆性是岩石的一种非常重要的性质，从本质上讲岩石的脆性是由其本身的矿物成分、结构形式、胶结物质等决定的，而且受外部环境如压力、含水率、温度等因素的影响。虽然岩石的脆性对岩石的破坏具有极其重要的影响，但当前还缺乏对岩石脆性可以被广泛接受的定义，更没有标准的可以直接用来测量岩石脆性的方法。众多的国内外学者根据各自不同的研究目的提出了不同的脆性指标，这大大促进了人们对岩石脆性性质的理解和认识。本章从研究岩石的脆性破坏角度出发 (主要指岩爆)，提出了一种基于岩石应力-应变曲线特征的脆性评价方法，认为岩石的峰后行为是其脆性特征的外在显现，因此可以通过这种显现特征间接而方便地评价岩石的脆性。由于岩石的压缩应力-应变曲线受加载速率、试样尺寸等的影响，因此在应用该方法时应尽量保证这些外界因素的统一，测试结果才具有可比性。

由于外界因素如压力、温度等对岩石脆性的影响都体现在应力-应变曲线上，因此基于岩石压缩应力-应变曲线的脆性评价方法可以方便地将这些因素对脆性的影响考虑在内。另外 Wawersik 和 Fairhurst[24] 曾提出岩石的应力-应变曲线可以分为 I 型曲线和 II 型曲线，由于 II 型曲线是在特殊的控制方式下实现的 (侧向应变控制),而岩石的压缩试验最常用的是轴向力控制或轴向位移控制方式,这样基本不会出现 II 型曲线,因此 II 型曲线不在本章提出的指标考虑的范围之内,本章提出的两个脆性指标的适用范围如图 4-18 所示。至于 II 型应力–应变曲线产生的具体原因、影响因素以及能够应用于岩石脆性特征、岩爆倾向的评价将在第 5 章专门讨论。

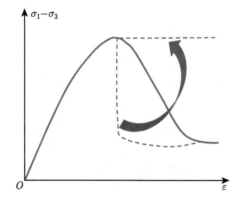

图 4-18　脆性指标的适用范围 (蓝色箭头表示的区域)

4.7　小　　结

本章首先分析、总结了现存的脆性指标在评价岩石脆性的适用性,然后在前人研究的基础上,并以第 3 章硬岩脆性破坏特征和机制的结论为理论依据和指导思想提出了一种考虑岩石峰后应力降大小和速率的新的脆性评价方法,并通过不同岩石的单、三轴试验进行了验证,最后将该方法初步用于评价岩爆的支护效果中,主要获得如下结论。

(1) 当前的脆性指标根据测试方法可分为基于岩石应力–应变曲线获得和基于额外物理力学性质测试获得两大类。分析发现应用最广泛的压拉强度比的脆性指标对不同岩石而言变化范围较小,且有随压缩强度增大而增大的趋势,因此它并不是一个敏感的参数来反映不同岩石之间压拉强度比的差异,而且该指标可能反映的是岩石的强度性质而非脆性;基于压拉强度之积的指标随岩石压缩强度增大而显著增大,因此它反映了岩石的强度而非脆性;基于加卸载试验的方法由于卸载点不好确定而影响测试的精度;其他测试方法存在测试较困难、考虑不全面、应用不广泛等缺点。

(2) 基于岩石应力–应变峰后曲线特征的岩石脆性评价方法,包括岩石的脆性程度大小和脆性破坏强度两个相互联系又相互区别的概念,两个指标都是在考虑峰后应力降低值及应力减小的路径的基础上建立的,可以考虑塑性屈服和应力状态对岩石脆性的影响。岩石的脆性程度考虑了峰后应力降的相对大小和应力降低的速率，变化范围为 0~1，该值越接近 1 表示脆性程度越大，具有不同强度的岩石可能具有相同的脆性程度大小，因此该指标为一相对概念；脆性破坏强度是将峰值、残余强度之差 (即应力降) 用一小于 1 的系数进行折减，该系数表示应力减小的速率，因此该指标是一个绝对的量值，与岩石强度具有相同的单位，与岩石破坏过程中的能量释放量密切相关。

(3) 通过将该指标应用于砂浆、T$_{2b}$ 大理岩和花岗岩的单、三轴试验中，发现砂浆、大理岩的脆性程度大小随围压增大而减小，相同应力状态下，花岗岩、大理岩和砂浆的脆性程度依次降低，而花岗岩的脆性程度除 30MPa 围压外，也具有随围压增大而减小的趋势，但除了单轴条件下脆性程度略大外，其他压力状态下的脆性程度差别不大；砂浆的 B_f 随围压增大逐渐降低，大理岩的 B_f 随围压则是先增大后逐渐减小，花岗岩在单轴压缩条件下 B_f 是最低的，随着围压增大至 30MPa，脆性破坏强度逐渐增强，到 40MPa 时略有减小。通过这种定性方法获得的三种岩石的脆性特征与通过应力–应变曲线和试验现象等定性方法感知到的岩石脆性变化相符。

(4) 对于岩爆支护而言，一味地通过喷层、锚杆等手段提高支护围压对岩爆的支护效果可能并不理想，从本章的研究可知，对于某些岩石而言，围压可以使岩石发生脆–延转换，从而显著降低岩石的脆性程度大小和脆性破坏的强度，这样大部分积聚的能量就通过内部的塑性变形、摩擦滑动等形式消耗掉，剩余的转化成动能的能量就变少，岩石的破坏强度降低，从而降低岩爆的发生等级甚至使围岩以静力形式破坏；而对于某些在压力作用下脆–延转换不明显的岩石，围压不仅没有降低岩石的脆性程度大小和 B_f，反而使破坏强度显著增加，此时如果岩爆发生，那么将具有更强的破坏力。

第 5 章　岩石 II 型应力−应变曲线特征、机制与应用

5.1　引　　言

　　岩石抗压强度是岩石结构设计和稳定性分析的重要参数之一，如第 4 章采用的试验方法，通常采用单轴和三轴压缩试验来测量。其他参数如弹性模量、内摩擦角、黏聚力等可由应力−应变曲线得到。国际岩石力学与岩石工程学会 (ISRM) 给出了确定岩石的单轴和三轴抗压强度及变形能力的详细测试方法 [192,193]。在这些早期提出的方法中，轴向力主要以荷载控制方式施加，对于中、高脆性岩石在达到峰值强度后，应力会突然下降到一个较低的值 [192]，因此无法获取这些岩石完整的峰后应力−应变曲线。

　　岩石破坏全过程的应力−应变曲线对于了解和解释岩石破坏过程及损伤演化规律具有重要作用，除此之外，应力−应变曲线特征对于预测开挖损伤区范围、岩爆的倾向和脆−延性转变等同样具有重要意义。因此，几十年来岩石力学界为了获得岩样的完整应力−应变曲线尝试了多种方法。Wawersik 和 Fairhurst[24] 通过峰后循环加卸载单轴压缩试验获得了 6 种不同岩石类型的完整应力−应变曲线。他们首次将岩石的应力−应变曲线分为 I 型和 II 型，分别对应于负和正的峰后模量。ISRM 建议了获得两种类型应力−应变曲线的详细方法 [194]。轴向应变控制试验一般足以获得表现为 I 型行为试样 (软、延性岩石) 的完整应力−应变曲线。而对于中脆性和高脆性岩石，在轴向应变控制模式下，当达到峰值强度时，会发生突发性的破坏。因此，建议使用环向应变控制模式加载，以获得完整的应力−应变曲线。Wawersik 和 Fairhurst[24] 的理论提出后，人们提出了更多的获得 II 型应力−应变曲线的方法。例如，采用环向应变 [194]、膨胀体积应变 [195]、荷载和位移的组合 [196] 和声发射率 [197] 作为反馈信号来控制轴向应力的施加。在上述方法中，环向应变控制是最常用的方法 [63,194,198−202]，这也是 ISRM 建议获得脆性岩石完整应力−应变曲线的方法。基于上述方法获得的不同类型脆性岩石 II 型应力−应变曲线主要应用于以下研究领域。

　　(1) 研究脆性岩石在不同应力水平下的特别是峰后阶段的裂纹形核和裂隙发育 [28,197,203−205]。与 I 型应力−应变曲线相比，II 型应力−应变曲线的破坏过程相对稳定、缓慢、可控，可以定量分析峰后阶段裂纹的分布和取向。

　　(2) 获得岩石脆性指数。岩石的 II 型行为被认为是一种自我维持的特性 [63]，

这被作为岩石脆性的一种表现，因此研究人员基于 II 型应力–应变曲线的峰前或峰后阶段的能量平衡提出了几个表征岩石的脆性指数 [63,199−201]。

(3) 评价硬岩的岩爆倾向性。通过考虑压缩试验中 II 类应力–应变曲线计算出的能量积累和释放，判断围岩的岩爆倾向性 [198,206]。

由于岩石的 II 型应力–应变曲线具有上述的应用价值，一些学者研究了轴向加载速率 [207]、岩石类型 [191] 和试样几何形状 [208] 对岩石 II 型应力–应变曲线特性的影响。这些研究发现：岩石高径比 <1 的斜长岩试样，以及低强度、低弹性模量且长时间浸水的砂岩试样，即使在环向应变控制模式下加载，也表现出 I 型行为。Labuz 和 Biolzi[209] 的理论和试验分析也表明，II 型行为是一种结构响应，而不是材料的固有属性，这与试件的尺寸和几何形状有关。

上述研究有助于理解 II 型岩石的变形行为。ISRM 建议采用轴向应变控制加载和环向应变控制加载，以获得完整的 I 型和 II 型应力–应变曲线。然而，在岩石力学领域，人们更倾向于采用轴向应变控制加载下的压缩试验来确定强度参数，即使研究对象是非常坚硬的岩石。与轴向应变控制试验相比，环向应变控制试验过程较慢、烦琐。另外由于国内外岩石力学界对 II 型应力–应变曲线研究较少，人们对 II 型应力–应变曲线是如何发生的、受哪些因素影响，以及 II 型应力–应变曲线有何用处，都缺乏足够的认知，这些阻碍了 II 型应力–应变曲线的广泛应用。虽然加载控制模式已经被认为会影响峰后力学行为，但两种不同的加载控制模式对其他关键岩石力学性质 (如强度、变形、破坏模式等) 的影响几乎没人研究。

从第 3 章和第 4 章采用轴向变形控制方式对硬岩开展单、三轴试验的结果可以看出，对于脆性极强的岩石，他们峰后破坏的行为都极其相似，应力–应变曲线上峰值后应力几乎都是垂直跌落 (图 3-8 和图 4-10)，因此对于此种类型的岩石，采用传统的轴向变形控制加载方式获得岩石的 I 型应力–应变曲线，进而区分和评估岩石的力学特性，如脆性、岩爆倾向性等可能存在区分不明显的问题。因此本章中，选用花岗岩和砂岩两种硬岩及相对软岩开展单、三轴试验，试验中分别采用轴向应变控制和环向应变控制两种不同加载控制方式，对比和分析两种岩石在两种不同控制方式下加载破坏全过程的应力–应变曲线、抗压强度、破坏模式和声发射特性，并且探讨 II 型应力–应变曲线的发生机制和影响因素。

5.2　试样、试验系统和方法

5.2.1　岩石试样制备

在本研究中，花岗岩岩芯 (直径 84mm) 取自香港岛西北部的钻孔，根据 ISRM 建议方法制备标准圆柱体试样 ($\Phi = 50\text{mm} \times 100\text{mm}$)。砂岩取自中国四川省内江市。岩石薄片的细观分析表明，花岗岩为中粒花岗岩 (平均粒径 0.92mm)，含

54%石英、23%钾长石、14%斜长石、9%黑云母。X 射线衍射分析表明，砂岩主要由石英 (45.9%)、钾长石 (13%)、斜长石 (6.6%)、钙长石 (22.4%) 和其他矿物 (12%) 组成。

5.2.2 试验设备

测试设备包括 MTS815 岩石测试系统和美国物理声学公司 (PAC) 生产的 PCI-II 声发射 (AE) 监测系统。可施加的最大轴向荷载为 4600kN,围压为 140MPa。PCI-II 声发射系统包括 8 个检测通道。采样速率设置为每秒 100 万次。声发射传感器的中心频率为 300kHz。由于声发射传感器不能承受高压，因此在三轴腔体外表面安装了 8 个声发射传感器 (试样上端和下端各安装 4 个，如图 5-1 所示)。前置放大器增益为 40dB，声发射门槛值设置为 30dB。

图 5-1　MTS815 岩石试验系统

5.2.3 试验方案和方法

考虑到花岗岩单轴压缩试验破坏过程剧烈，测量变形的引伸计很容易被弹射的碎片损坏，因此本次试验中花岗岩和砂岩的围压设置为最小的 1MPa，以提供少量的横向约束力。由第 3 章的试验可知，在高围压下，轴向应变控制加载的试验花岗岩的破坏过程仍然非常剧烈，因此试验中花岗岩和砂岩的围压上限分别为 40MPa 和 60MPa。本研究中花岗岩所施加的围压为 1MPa、10MPa、20MPa、30MPa 和 40MPa,砂岩所施加的围压为 1MPa、10MPa、20MPa、30MPa、40MPa 和 60MPa。

在加载试验中，岩石试样的轴向变形可以通过三种方法测量：两个安装在试样上的轴向引伸计、安装在三轴室外的 LVDT 传感器以及试验机轴向活塞行程

(图 5-1)。环向变形由安装在试样中间高度位置处的环向链条引伸计 (−2.5 ~ 8mm) 测量 (图 5-1)。在轴向应变控制试验中，整个试验过程中采用的轴向加载速率为 0.001mm/s。为获得岩石的 Ⅱ 型应力–应变曲线，与 Fairhurst 和 Hudson[194] 的研究类似，先采用轴向位移速率为 0.001mm/s 加载试样，当差应力达到峰值强度的 50% 左右时 (峰值强度由环向应变控制试验之前进行的相同围压下的轴向应变控制试验的结果估计) 调整为 0.04mm/min(即 0.00067mm/s)。

5.3　结果和分析

5.3.1　三种测量轴向应变方法的比较

图 5-2 为围压为 1MPa 和 30MPa 时花岗岩轴向应变控制加载试验的应力–应变曲线。试样的轴向应变由轴向引伸计 (左侧绿色和红色曲线)、LVDT 传感器 (中间的黑色曲线) 和活塞压板位移 (右侧的蓝色曲线) 的测量值计算得到。结果表明，引伸计测得的轴向应变远小于外接 LVDT 传感器和压板位移。此外，由压板位移测得的轴向应变略大于 LVDT 传感器测得的应变，二者变化趋势非常相似。这些发现与 Munoz 等 [201] 通过轴向应变计、LVDT 传感器、压板位移和三维数字图像相关测量砂岩试件在单轴压缩试验中的轴向变形结果一致。

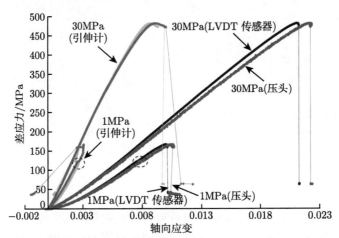

图 5-2　花岗岩轴向应变控制加载试验在 1MPa 和 30MPa 围压下的应力–应变曲线

通过 LVDT 传感器和压板位移测得的轴向变形包括岩石自身变形、端板误差和设备变形、压板间隙等 [201]。相比之下，由于轴向引伸计安装在岩石表面，因此直接测试岩石的变形，所测结果最能代表岩石在外荷载作用下的真实变形。然而，引伸计测量的应变值取决于伸长计覆盖的长度范围或应变计的长度，只有当引伸计覆盖试样的整个长度时，才能准确地获得试样的轴向变形。

图 5-2 还表明，从两个引伸计得到的应变值并不完全一致。在 1MPa 围压下当差应力达到 122MPa 时，会出现小的应力波动 (如图 5-2 中的圆圈所示)，此时两个引伸计测得的轴向应变开始相互偏离。这种由引伸计测得的轴向应变的跳跃、不规则甚至失效在试验中时有发生，特别是在峰值强度附近。由于引伸计跟试样直接接触，当试样发生局部破裂或整体断裂时，引伸计的固定将受到很大影响，进而导致测量的数据出现跳跃波动。鉴于此，本研究中将采用轴向 LVDT 传感器测量的轴向应变来绘制应力–应变曲线。

5.3.2 应力–应变曲线特征

花岗岩和砂岩在轴向和环向应变控制模式下，不同围压下的应力–轴向应变曲线和应力–体积应变曲线如图 5-3∼ 图 5-6 所示。在图 5-3(a) 中，花岗岩在轴向应变控制加载下表现出很强的弹脆性特征，所获得的应力–应变曲线与第 3 章中花岗岩的应力–应变曲线类似。差应力随峰值强度的增加呈线性增加，之后应力突然下降至残余强度值，在峰值强度附近几乎没有产生塑性变形。试验中应力降发生时往往发出非常大的脆响。

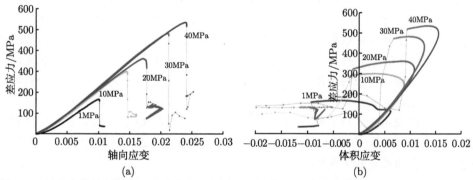

图 5-3 轴向应变控制加载下花岗岩在不同围压下的应力–轴向应变曲线 (a) 和应力–体积应变曲线 (b)

图 5-4(a) 为花岗岩受环向应变控制加载时的应力–应变曲线，其曲线特征与轴向应变控制加载获得的结果存在显著不同，尤其峰后阶段。与轴向应变控制试验相似，在峰值强度前，差应力几乎随轴向应变的增加线性增加。在峰后，差应力和轴向应变均减小，表现出 II 型应力–应变曲线特征。试样在 1MPa 围压下，当差应力开始减小时，加载停止，因此峰后应力曲线不完整。在整个加载和破坏过程中，所有试样的差应力都以非常缓慢而稳定的方式下降，几乎听不到任何声音。

图 5-3(b) 和图 5-4(b) 为两种加载控制模式下花岗岩的差应力–体积应变曲线，曲线形态相似。轴向应变控制方式得到的体积应变曲线 (图 5-3(b)) 在峰后阶

段由于应力突然下降而呈现突跳状。相比之下，环向应变控制模式下的体积应变曲线更加平滑，试样的膨胀程度更高 (图 5-4(b))。

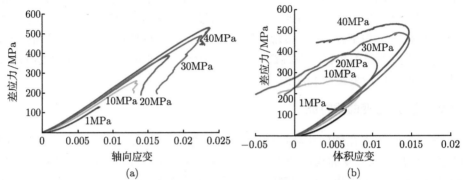

图 5-4　环向应变控制加载下花岗岩在不同围压下的应力–轴应变曲线 (a) 和应力–体积应变曲线 (b)

　　两种加载控制模式下的砂岩应力–应变曲线如图 5-5 和图 5-6 所示。砂岩在两种加载控制模式的高围压下均表现出较高的延性变形，而花岗岩在峰值应力前则表现出明显的弹–脆性特征。当砂岩处于轴向应变控制模式时，所有围压情况下峰后应力迅速下降到残余值，但在 30MPa、40MPa 和 60MPa 围压下发生显著的塑性变形 (图 5-5(a))。在应力下降的瞬间，可以听到一小破裂声。在环向应变控制加载下，砂岩试样在峰值附近也产生较大的屈服平台，峰值之后轴向应变随轴向应力的降低逐渐减小，产生负的应力降斜率 (即 Ⅱ 型应力–应变曲线)。对比花岗岩试样的结果可知，砂岩峰后应力–应变曲线的斜率要比图 5-4(a) 中的花岗岩大得多。在图 5-5(b) 和图 5-6(b) 中可以观察到体积应变之后出现平台，与花岗岩的体积应变曲线有较大区别。

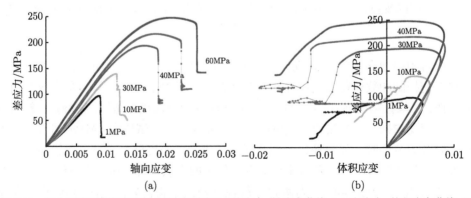

图 5-5　轴向应变控制加载下砂岩在不同围压下的应力–轴应变曲线 (a) 和应力–体积应变曲线 (b)

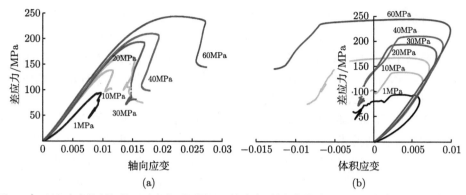

图 5-6　环向应变控制加载下砂岩在不同围压下的应力–轴应变曲线 (a) 和应力–体积应变曲线 (b)

5.3.3　强度特性

　　在本节中，首先从应力–应变曲线中计算出峰值强度、弹性模量和裂纹损伤应力等定量力学参数，然后研究并比较加载控制方式对花岗岩和砂岩强度参数的影响。弹性模量由峰前阶段应力–应变曲线线性段部分的斜率计算得到。在体积应变曲线转折处得到裂纹损伤应力，该点对应体积膨胀的开始，表明裂纹开始不稳定扩展[22,37]。计算得到的强度数据汇总在表 5-1 中，并绘制在图 5-7 和图 5-8 中。

表 5-1　两种加载控制模式下花岗岩和砂岩在不同围压下的强度参数和断裂角度

岩石类型	围压/MPa	峰值强度/MPa		残余强度/MPa		裂纹损伤应力/MPa		弹性模量/GPa		破裂角/(°)	
		轴向	环向	轴向	环向	轴向	环向	轴向	环向	轴向	环向
砂岩	1	97.5	94.4	17.8	59.3	83.5	82.1	12.8	12.4	5	11
	10	139.7	138.8	60.7	101.8	120.2	121.4	14.5	14.9	24	14
	20	—	167.7	—	75.2	—	147.5	—	15.6	—	23
	30	194.6	194.2	83.5	82.2	173.9	173.2	15.8	15.9	26	22
	40	217.7	210.7	109.8	99.1	193.1	192.7	16.3	16.0	30	25
	60	248.6	244.5	142.9	144.9	217.9	222.6	16.6	16.4	34	32
花岗岩	1	167.4	128.9	39.5	—	114.2	120.1	21.4	21.1	0	0
	10	300.2	261.2	40.3	201.2	247.4	217	23.9	22.8	14	10.5
	20	361.4	388.7	78.4	322	321.5	333.1	22.9	23.9	17	13
	30	482.4	491.5	63.6	198.6	429.5	454.9	25.3	23.9	20	15.5
	40	535.3	532.6	176.7	442.9	499.4	494	25	24	22	20

　　注：第二行中的 "轴向" 和 "环向" 分别表示轴向应变控制和环向应变控制。

　　图 5-7(a) 是两种加载控制模式下花岗岩峰值强度和残余强度的汇总图，表明当围压为 1MPa、10MPa 和 40MPa 时，轴向应变控制的峰值强度高于环向应变

控制的峰值强度。而环向应变控制模式下的残余强度要远远高于轴向应变控制模式下的残余强度。对于砂岩,如图 5-8(a) 所示,在不同围压下轴向应变控制的峰值强度略高于环向应变控制的峰值强度。此外,环向应变控制模式下,围压较低 (1MPa 和 10MPa) 时的残余强度较高。当围压达到较大的 30MPa、40MPa 和 60MPa 时,两种模式的差值逐渐减小。

图 5-7(b) 和图 5-8(b) 为弹性模量和裂纹损伤应力随围压的变化情况。两种岩石轴向应变控制模式下的弹性模量相对较高。由表 5-1 可知,花岗岩和砂岩两种加载控制方式得到的弹性模量最大差分别为 1.4GPa 和 0.4GPa。两种岩石裂纹损伤应力均随围压的增大而增大,与加载控制方式相关性不大。加载控制方式对砂岩裂纹损伤应力的影响更小。值得注意的是,由于转折点周围的体积应变值变化非常微小,而差应力继续增加,因此很难非常准确地确定裂纹损伤应力。

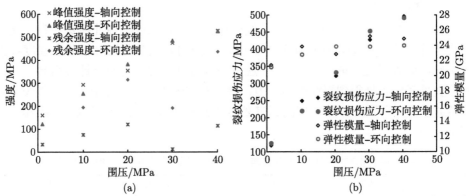

图 5-7   两种加载模式下不同围压下花岗岩的峰值强度和残余强度 (a) 及裂纹损伤应力和弹性模量 (b)

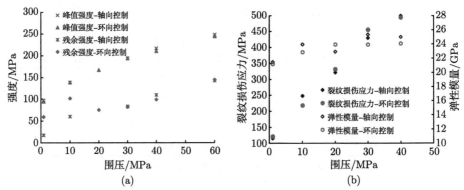

图 5-8   两种加载模式下不同围压下砂岩的峰值强度和残余强度 (a) 及裂纹损伤应力和弹性模量 (b)

5.3.4　破坏模式

图 5-9(a) 为花岗岩试件破坏后的照片，其破坏模式较为复杂。在轴向应变控制模式下，花岗岩在 1MPa 围压下发生剧烈破坏，试样表面发育了多条垂直张拉裂缝，如试样上的蓝线所示。当围压为 10MPa 时，花岗岩的裂纹数量减少，同时出现拉伸破坏和剪切破坏。前表面有一条近乎垂直的拉伸裂纹，而后表面有两条 “V” 形剪切裂纹 (如图 5-9(a) 红线所示)。当压力增大至 20MPa 时，剪切破坏占主导地位。当围压为 20MPa、30MPa 和 40MPa 时，岩石试样上可观察到穿切剪切裂缝。随着围压的增大，花岗岩的破坏模式由拉伸破坏转变为拉剪混合破坏，最终转变为剪切破坏。

(a) 花岗岩试件破坏后的照片(试件蓝线为拉伸破坏，红线为剪切破坏)

(b) 砂岩试件破坏后的照片

图 5-9　花岗岩和砂岩试验破坏图

在环向应变控制试验中，花岗岩中的剪切破裂未发育完全 (图 5-9(a))，部分裂纹没有完全贯通, 甚至不需要橡皮筋来箍住试样 (用手无法掰开试样)。在 1MPa 的围压下, 试样表面只能观察到一条短的垂直裂纹 (图 5-9(a))。与轴向控制试验相比, 试样沿着破裂面的滑动痕迹也不明显。通过对 20MPa、30MPa 和 40MPa 围压下破碎试样的对比, 发现轴向应变控制试验的剪切带比环向应变控制试验的剪切带更宽, 破碎程度更大, 主要是由于轴向应变控制下试样被瞬时剪断, 发生剧烈、粉碎的破坏。这些分析表明, 在环向应变控制试验中, 破坏过程更缓慢、更稳定, 甚至破坏面还没有完全发育。

在砂岩的轴向应变控制试验中, 当围压为 1MPa 时, 砂岩中出现了多条几乎与轴向应力平行的裂缝 (图 5-9(b))。然而, 在相同围压下的环向应变控制试验中, 出现的裂缝要少得多 (图 5-9(b)), 只能在试件的表面观察到一条微小的裂缝。在围压为 10~60MPa 的其他压缩试验中, 更易发生剪切裂隙, 而不是张拉裂隙。在环向应变控制试验中, 在 10MPa 围压下未充分破坏。随着围压的增加, 试件的破坏模式与轴向应变控制模式相似。

分别计算了两种加载控制模式下花岗岩和砂岩在不同围压下的破裂角度 (破裂面与纵轴之间的角度)(表 5-1) 并绘图 (图 5-10)。对于含有两种剪切裂隙的试样, 如 "V" 形裂隙, 破裂角度由两个破裂角度的平均值决定。结果表明: 无论采用何种加载控制方法, 砂岩的破裂角一般比花岗岩大。随着围压的增加, 破裂角有增大的趋势。加载控制方式对两种不同类型岩石的断裂角度影响较大。相同围压下轴向应变控制试验的破裂角大于环向应变控制试验。

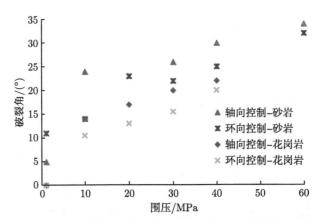

图 5-10　两种加载控制模式下花岗岩和砂岩在不同围压下的破裂角

5.3.5　声发射特征

轴向应变和环向应变控制试验在 40MPa 围压下花岗岩的声发射撞击率和能量率分别为图 5-11 和图 5-12。在轴向应变控制试验中撞击率随时间逐渐增加 (特别是在 1000s 后)(图 5-11)。同时，能量率从 2300s(在突然破坏前不久) 开始迅速增加，然后在剧烈应力下降点达到峰值 (图 5-11(b))。另一方面，在环向应变控制试验中，声发射撞击率比在轴向应变控制试验中更加活跃，特别是在改变加载控制模式后 (图 5-12(a))。AE 的总撞击次数是 $9.7 \times 10^4 \sim 12 \times 10^4$，比轴向应变控制试验多 ($3.2 \times 10^4 \sim 3.7 \times 10^4$，表示四个传感器累计撞击次数的最小值和最大值)。环向应变控制试验的峰值能量率不是在峰值强度处得到的，而是在差应力减小时得到的 (图 5-12(b))，比轴向应变试验中获得的峰值能量率低一个数量级。这说明两种加载控制模式试验中裂隙成核和扩展过程是不同的。轴向应变控制试验中的断裂过程是瞬间发生的，断裂过程释放出大量的弹性能。相比之下，在环向应变控制试验中，断裂过程和能量释放是渐进的，峰值能量率不一定在峰值强度处取得，而可能在断裂面扩展过程中的某一时刻取得。

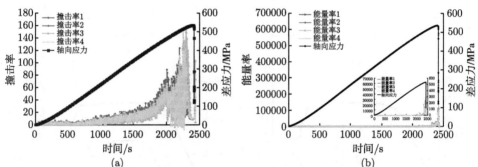

图 5-11 轴向应变控制试验在围压 40 MPa 下花岗岩的声发射撞击率 (a) 和能量率 (b) 的变化
图 (b) 中小插图删除几个峰值，更好地显示增加趋势

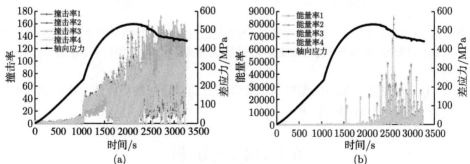

图 5-12 环向应变控制试验在围压 40 MPa 下花岗岩的声发射撞击率 (a) 和能量率 (b) 的变化
在大约 1000s 的转折是由于加载模式的改变

砂岩 60MPa 围压下在轴向应变和环向应变控制试验中的声发射撞击率和能量率分别如图 5-13 所示。花岗岩 AE 比砂岩更活跃，记录到的声发射次数更多，花岗岩在加载过程中释放的能量也越大，这是花岗岩中较脆的矿物颗粒发生断裂

和滑动引起的。对于砂岩，在轴向应变控制试验中，其峰值撞击率和能量率均在峰后应力下降时取得，在此之前和之后 AE 均不活跃 (图 5-13(a) 和 (b))。在环向应变控制试验中，1500~4500s 轴向应力几乎保持不变，声发射信号非常微弱，在轴向应力下降前 AE 开始显著升高 (图 5-13(c) 和 (d))。峰值撞击率和能量率都小于轴向应变控制试验。然而，环向应变控制试验的累积 AE 撞击数 (3639~5726) 远高于轴向应变控制试验 (1039~1730)。

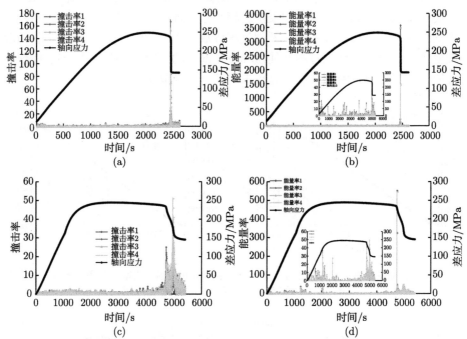

图 5-13　60MPa 围压下砂岩试样在轴向应变控制加载条件下的声发射撞击率 (a) 和能量率 (b) 的变化，环向应变控制加载条件下的声发射撞击率 (c) 和能量率 (d) 的变化

以上分析表明，轴向应变控制试验破坏点的能量释放更剧烈，而环向应变控制试验的累积声发射撞击数更多。

5.4　机　理　分　析

5.4.1　II 型应力–应变曲线发生机制

为了更好地理解 II 型应力–应变曲线的发生过程,在两种加载控制模式下,40MPa 围压下花岗岩的差应力、轴向和环向应变、应力率和应变率随时间的变化如图 5-14 和图 5-15 所示。从图 5-14(a) 可以看出，轴向应变远大于环向应变。差应力的增加速率先增加后在 500~1500s 几乎保持不变，然后逐渐减小 (图 5-14(b))。在试验中，轴向应变速率保持恒定 $(0.001(\text{mm/s})/100\text{mm}=0.00001\text{s}^{-1} = 10^{-5}\text{s}^{-1})$，而环向应变率在 2200s 之前随时间逐渐增大 (从 10^{-7}s^{-1} 增加到 10^{-5}s^{-1})，之后随着差应力接近峰值应力而急剧增加。

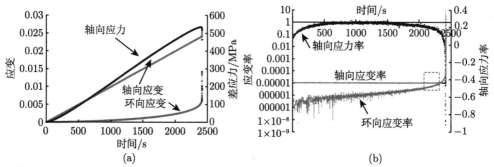

图 5-14　在轴向应变控制试验中，花岗岩在 40MPa 围压下轴向应力、轴向和环向应变 (a) 和轴应力率、轴向和环向应变率 (b) 随时间的变化

在相同围压下，受环向应变控制加载时，花岗岩的应力、应变及其变化速率表现出不同的特征 (图 5-15(a) 和 (b))。时间–差应力曲线可分为 4 个阶段 (如图 5-15(a) 中的三条实线所示)。曲线中的第一个转折是由于加载控制方式的改变，在此之后差应力和应变随时间非线性增加 (向上凸)。在达到峰值应力后，差应力和应变同时非线性减小，说明由于轴向力和位移方向相反，试样不再发生压缩变形而是向上膨胀，这一阶段压力机对试样没有做功。相反，岩样对上部加载系统做功。在最后阶段，轴向应变再次开始增大 (发生向下的压缩变形)，但差应力继续减小。这一现象表明，加载系统对岩石试样做额外的功以维持破裂过程。差应力没有像轴向应变一样增大，而是继续减小，这是因为试件在峰值强度后，由于微裂纹和剪切带的发展，承载能力已经降低。

改变加载控制方式时，图 5-15(b) 中的应力和应变率急剧增加。环向应变率趋于恒定 $(4.2 \times 10^{-6}\text{s}^{-1})$，但高于改变前。差应力率和轴向应变率逐渐减小，均远低于改变前的值。比较图 5-14(b) 和图 5-15(b) 中的应变率表明，当应力接近峰值强度时，环向应变控制试验的环向应变率远小于轴向应变控制试验的环向变形率 $(4.2\times10^{-6}\text{s}^{-1}$ 比 $10^{-5} \sim 10^{-4}\text{s}^{-1})$。在轴向应变控制试验中，岩石试样在压缩过程中达到裂纹损伤应力后，裂纹在试样中迅速发展和扩展 [37]，这导致了试样快速的膨胀。在环向应变控制试验中，将环向应变率设定为一个恒定的较小值，使得膨胀 (即裂纹的扩展和合并) 缓慢、可控、稳定。这就是为什么 II 型应力–应变曲线在压缩试验中发展缓慢而稳定，即使对硬脆花岗岩也是如此。另一方面，在轴向应变控制试验中，在达到峰值强度之前，环向应变和应变速率都急剧增加，这意味着岩石试样的破坏过程是瞬时的，不可控的。

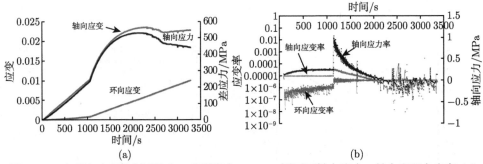

图 5-15　在环向应变控制试验中，花岗岩在 40MPa 围压下轴向应力、轴向和环向应变 (a) 和轴应力率、轴向和环向应变率 (b) 随时间的变化

　　作为比较，图 5-16 为 60MPa 围压下砂岩轴向应力、应变 (或速率) 随时间的变化情况。在轴向应变控制试验中，轴向应力的增加速率随时间的增加而减小 (特别是 600s 到试验结束，图 5-16(b))，与花岗岩试验不同 (图 5-14(b))。由图 5-14(b) 和图 5-16(b) 中两个虚线框中的曲线可以看出，砂岩环向应变速率曲线与红线 (即轴向应变速率线) 相交所需时间比花岗岩少，说明砂岩的环向变形增长速率更大。砂岩的环向变形也比花岗岩大得多，破裂时砂岩的最大环向应变比花岗岩大 3 倍，表明砂岩在高围压下具有更强的延性特征。

　　环向应变控制试验中，根据力、变形和时间的曲线可以分为 5 个阶段 (图 5-16(c))，第三阶段轴向应力较长时间保持不变，比轴向应变控制试验 (图 5-16(a)) 中长得多。在图 5-5 和图 5-6 的应力–应变曲线中无法观察到这个差异。此外，在轴向应力近乎恒定的时间内，轴向应变随时间线性增加。改变加载控制方式后环向应变率低于轴向应变控制试验的环向变形速率，导致裂纹以一种缓慢且可控的方式扩展及合并。轴向应力在转折点之后开始减小，同时轴向应变减小 (第四阶段)，导致应力–应变曲线的峰后模量为正 (图 5-6(a))。轴向应变在小幅下降后又开始增加 (第五阶段)，而轴向应力在这一阶段的下降速度要慢得多，表明需要额外的功来保持环向应变的增加。

　　以上分析表明，荷载控制方式对花岗岩和砂岩的应力–应变特性及应力–应变率有显著影响。随着应力接近峰值强度，环向应变控制试验的轴向应变率和环向应变率均小于轴向应变控制试验。在轴向应变控制试验中，当应力高于裂纹损伤应力时，裂纹扩展迅速 [37]，并且发生不稳定扩展，导致试样体积急剧膨胀。在较低速率的环向应变控制试验中，当施加轴向荷载时，试样中的裂纹扩展变得可控和稳定。

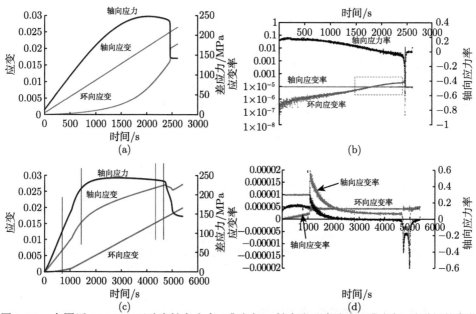

图 5-16 在围压 60 MPa 下砂岩轴向应力 (或速率)、轴向和环向应变 (或速率) 随时间的变化
(a) 轴向应变控制试验应力、应变；(b) 轴向应变控制试验应力、应变率；(c) 环向应变控制试验应力、应变和
(d) 环向应变控制试验应力、应变率

II 型应力–应变曲线峰后模量正是峰值强度后轴向变形减小导致，峰前阶段试样在外力作用下缩短，轴向变形逐渐增大，峰后阶段试样伸长，变形减小。产生这种变化的原因可以通过以下两方面解释：第一是由于高围压的作用，轴向的长度会由于泊松效应而延长，如图 5-17(a) 所示 (侧向压力大于轴向压力)；第二是由于差应力的卸载，在差应力减小的过程中，轴向的部分压缩产生的变形将得到恢复，使试件拉长 (即轴向应变减小)。由于试验中环向应变呈单调增加趋势 (图 5-15(a))，且侧向应变呈膨胀而非压缩，故可以排除第一种原因。因此，峰后阶段轴向应变的减小与轴向卸载有关。图 5-17(b) 和 (c) 为加载过程中轴向变形变化示意图。当差应力逐渐增大时，试样被压缩，轴向压缩变形为 Δh_1。在达到峰值抗压强度后，裂纹沿最大剪切应力方向发展、汇合，形成剪切带，剪切带内岩石破坏较为严重、损伤程度高，因此剪切带范围内的压缩变形具有不可逆性。另一方面，剪切带下方和上方的岩石内虽然也有一些损伤，但相对较轻，这部分岩石内部的压缩变形由可逆的弹性变形和不可逆的损伤变形组成，当峰值强度后差应力减小时，可逆弹性变形将恢复 (图 5-17(c) 中的 Δh_2)。

岩石的峰后 II 型应力–应变行为与岩石峰值前轴向应力卸荷试验的应力–应变曲线在形式和性质上相似。唯一不同的是，在 II 型行为中，当峰后轴向应变减小时，环向应变仍然增加，表明裂纹在持续地扩展、贯通，试样中积累的能量足以维持侧向变形的延伸。而在峰值前卸载时，轴向荷载去除后，侧向应变不再增加。

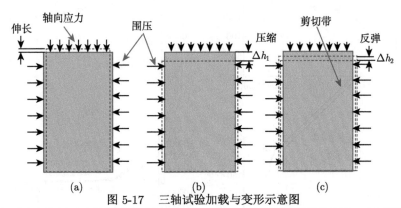

图 5-17　三轴试验加载与变形示意图

黑色实线、蓝色虚线和红色虚线分别代表试样原始形态、峰值强度前形态和峰值强度后形态。(a) 围压大于轴向
应力时；(b) 围压小于轴向应力时，峰值强度前；(c) 出现峰后剪切带，出现回弹

5.4.2　Ⅱ 型应力–应变曲线影响因素

Vogler 和 Stacey[208] 研究表明，在环向应变控制模式下 (产生 Ⅱ 型应力–应变曲线，示意图如图 5-18 所示)，斜长岩的单轴抗压强度、峰后模量和破裂角随着高径比的增加而减小。作者还发现，高径比 <1 的试样即使受到环向应变控制的加载，也可能表现出 Ⅰ 型行为。说明岩石的 Ⅱ 型应力–应变曲线并不是岩石材料的固有特征，而是受试样形状、加载条件等的影响。

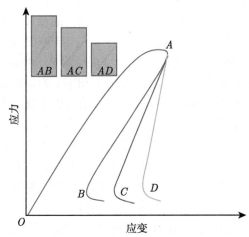

图 5-18　岩石试样不同几何形状的 Ⅱ 型应力–应变曲线示意图 (由 Vogler 和 Stacey
修改 [208])

对标准圆柱体试样 (Φ50mm×100mm) 进行环向应变控制试验时 (外部条件如试验系统刚度、加载方式、加载速率保持不变),不同岩石类型也可能表现出不同的应力–应变曲线特征。而 II 型曲线的峰后模量 (斜率) 以及峰后应力下降段应力终点受什么影响呢?如图 5-19 所示为三种典型的 II 型应力–应变曲线 (曲线 OAB,OAC,OAD) 的示意图。围压为 20MPa 和 30 MPa 时,花岗岩的应力下降幅度较大 (与 OAB 曲线和 OAC 曲线相似),而对于砂岩等脆性较低的岩石,其峰后斜率远大于花岗岩 (类似于曲线 OAD)。

如前所述,轴向应变的减小 (峰后正模量) 是差应力减小时岩石卸载和回弹引起的。曲线 OAB 的峰后模量小于曲线 OAD 的峰后模量,表明在应力减小过程中,曲线 OAB 比曲线 OAD 恢复了更多的弹性变形。以 OAB 曲线为特征的岩石在峰后阶段比以 OAD 曲线为特征的岩石释放出更多的弹性能。考虑到两种岩石在峰前阶段能量积累和消耗相似 (应力–应变曲线相似),且试验系统在峰值强度后不再对试件做功,与曲线 AB 相比,曲线 AD 以塑性变形或新裂纹的萌生和扩展的形式消耗了更多的弹性能,从而导致轴向变形恢复的可逆变形较小。

OAB 曲线和 OAC 曲线 (图 5-19) 具有相似的峰后模量,但应力反转处 (B、C 点) 对应的应变不同。对于曲线 OAC,轴向应变到达 B 点后继续回弹,直到 C 点。B 点和 C 点处轴向应变发生逆转,表明加载系统再次开始对岩样做功。对于同一岩石类型,峰值应力前试样中弹性能所占比例越高,轴向应变恢复越明显 (如曲线 OAC)。而峰值强度前的塑性变形所消耗的能量比例较高,则峰后模量较高,差应力和差应变的减小幅度较小。相反,如果峰后阶段以塑性变形或新裂纹萌生扩展形式消耗的能量较少,则差应力和轴向应变的减小幅度较大。

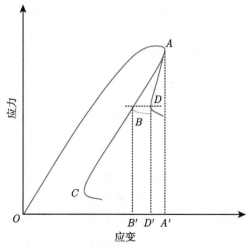

图 5-19 峰后模量和反转应变不同的 II 型应力–应变曲线示意图

以上分析表明，Ⅱ 型应力–应变曲线峰后阶段的形状 (峰后模量，轴向应变逆转的大小和差应力的减小程度) 与峰前阶段的弹性能与耗散能的比例和峰后阶段的塑性变形或新裂纹萌生扩展所消耗的能量的比例密切相关。在试验系统刚度、试样几何形状、加载方式和加载速率等外部条件不变的情况下，这些能量关系取决于岩石本身的性质。

5.4.3 加载控制方式对岩石特性的影响

两种加载控制方式开展试验主要有两点不同。首先，采用环向应变作为反馈信号控制轴向荷载的施加，避免了接近破坏时侧向变形的突然急剧增加。其次，环向应变控制模式比轴向应变控制模式的变形速率要低得多。从图 5-15 可知，环向应变控制试验的轴向和环向应变速率均比轴向应变控制试验低一个数量级。

因为试样破坏时都伴随裂纹的快速增长、扩展贯通，造成体积的膨胀。较低且恒定的环向变形速率是导致花岗岩/砂岩在轴向和环向应变控制下力学行为不同的主要因素。众所周知，应变率对岩石的力学性质有很大的影响 [210-214]，大量试验研究还表明，岩石的单轴抗压强度和弹性模量随应变率的增加而增加 [212,213]，这与本研究的发现一致。

基于摩尔–库仑强度准则，当发生破坏时 σ_1 和 σ_3 应该满足公式 (5.1) 或 (5.2)

$$\sigma_1 = \sigma_3 \frac{1 + \sin\varphi}{1 - \sin\varphi} + 2c\sqrt{\frac{1 + \sin\varphi}{1 - \sin\varphi}} \tag{5.1}$$

$$\sigma_1 = \sigma_3 \tan^2\left(45° + \frac{\varphi}{2}\right) + 2c \cdot \tan\left(45° + \frac{\varphi}{2}\right) \tag{5.2}$$

其中 σ_1 和 σ_3 是最大和最小主应力，c 和 φ 分别是黏聚力和内摩擦角。根据莫尔圆的几何关系，$2\alpha_f = 90° + \varphi$，则 $\alpha_f = 45° + (\varphi/2)$。$\alpha_f$ 是裂隙面和 σ_3 方向之间的角度。因此，式 (5.2) 可改写为

$$\sigma_1 = \sigma_3 \tan^2\alpha_f + 2c \cdot \tan\alpha_f \tag{5.3}$$

公式 (5.3) 表明，在给定围压下且黏聚力保持不变时，岩石的抗压强度会随着 α_f 的增加而增大。目前的研究中，三轴压缩试验中花岗岩的 α_f 在 $68° \sim 80°$ 变化 (注意 α_f 与本章试验中定义的破裂角互余)，轴向应变控制试验中试样的破裂角度大于环向应变控制试验中试样的破裂角度，所以 α_f 在轴向应变控制试验中更小。因此，在相同围压下，如果两个试验的黏聚力 c 相同，则由式 (5.3) 可知，轴向应变控制加载下的岩石抗压强度低于环向应变控制加载下的岩石抗压强度。而根据试验结果，在相同围压下，轴向应变控制试验的抗压强度较高，预测的抗压强度与实测结果不一致。分析认为两种加载控制方法下岩石不同程度的

黏聚力弱化，是造成轴向应变控制加载下更高的抗压强度和更小的 α_f 的主要原因。

根据 Martin 和 Chandler[37] 的研究，加载过程中岩石的黏聚力逐渐减小，一旦产生断裂面，岩石断裂发生滑动，随后摩擦强度开始发挥作用，黏聚力对岩石抗压强度贡献不大。在环向应变控制试验中，变形率比轴向应变控制试验低，加载过程中产生更高的声发射撞击率，说明岩石试样中出现了更多的裂纹和损伤。微裂纹的产生导致岩石内较大程度的黏聚力弱化。另一方面，轴向应变控制试验中在最终破裂前由于变形率较高，微裂纹不太发育，因此峰强前黏聚力的下降并不明显。由此，在环向应变控制试验中 α_f 更大但 c 更小，根据公式 (5.3) 会导致较低的岩石抗压强度。

5.5　讨　　论

环向应变控制方法在单轴和三轴压缩试验中被广泛用来获得脆性岩石的完整应力–应变曲线 (II 型曲线)。即使是脆性花岗岩，采用较低的恒定环向应变率也可以获得完整的应力–应变曲线 (特别是峰后阶段)。此外，试样在峰值强度前积累的弹性能，由于不受限制的轴向变形而在峰后阶段自行释放，导致轴向应变减小 (即弹性变形恢复和回弹)。

与相同围压下的轴向应变控制试验相比，环向应变控制试验裂纹发生的速度更慢、更稳定，而损伤在试件内部更为发育，这可以从声发射的撞击率数来推断。在轴向应变控制试验中，当达到峰值强度后，裂纹迅速合并，形成剪切带，并伴随峰值后剧烈应力降。

根据前述的分析，研究不同岩石的 II 型应力–应变曲线特征和规律对深部地下岩体工程岩爆等动力灾害的评价具有重要意义。岩爆的发生与围岩在荷载作用下的能量积聚和释放密切相关 [111,146,215,216]。当测试系统、试样几何形状和测试方法一定时，II 型应力–应变曲线峰后阶段的形状与岩石的固有特性有关。在达到峰值强度之前，由于试验系统所做的功，弹性能量在试样中积累。同时，在峰值强度前，部分功被塑性变形、裂纹萌生和扩展所消耗。在峰后阶段，由于试验系统不再额外做功，只使用峰值强度前储存的弹性能来维持试样的破坏，相反，试样需要对试验机做功，该过程中试样内部储存的弹性能会得到释放。如果在峰值强度前试样中积累更多的弹性能，而峰后阶段消耗的能量较少，则峰后模量较小，恢复应变较大 (图 5-19 中曲线 OAC)。因此，II 型应力–应变曲线的形状与峰前阶段弹性能量积累和耗散的方式 (塑性变形和裂纹萌生和扩展)、峰后阶段能量释放和消耗 (裂纹合并和剪切带的形成) 有关。如果在峰值强度前试样中积累的弹性能比例较高，峰后阶段消耗的能量较少 (峰后模量较小，恢复轴向应变较大)，脆性岩体由于释放大量的弹性能，其破坏过程十分剧烈。因此，可以根据 II 型应力–应变曲线能量的积累和释放评价特定岩石的岩爆倾向性。

由于轴向应变或轴向力加载控制方法试验过程更简单，试验结果更直观，在压缩试验中通常采用该方法获得岩石的 I 型应力–应变曲线。I 型应力–应变曲线的峰后行为经常被用来定性评价岩爆的倾向性。如果在试验室压缩试验中，峰值强度跌落到较小值，并且发生岩石碎块的抛射，则在深埋隧道开挖过程中就可能发生岩爆。Meng 等 [217] 基于 I 型应力–应变曲线提出了定量指标，以评估岩爆的可能性。对于大理石、花岗岩、玄武岩、石英岩等非常硬脆的岩石，当破坏发生时，其峰值强度急剧下降至低值甚至降为零。峰后应力–应变曲线形状相似，使得不同岩石的岩爆倾向性难以定量评价和区分。另一方面，不同岩石类型具有不同的 II 型应力–应变特征，其峰后模量、恢复应变量和差应力减小幅度均不同。由此，可以通过获得岩石的 II 型应力–应变曲线对硬脆岩石的岩爆倾向性进行更精确的区分、定量评价和比较。

5.6　小　　结

本章对花岗岩和砂岩进行了三轴压缩试验，研究比较了加载控制模式 (轴向应变控制和环向应变控制) 对抗压强度、弹性模量、破坏模式和声发射特性的影响。探讨了 II 型应力–应变曲线的发生机制和影响因素，以及讨论了 II 型应力–应变曲线在硬岩脆性破坏评价中的作用。本研究得出的主要结论如下。

(1) 花岗岩在轴向应变控制试验中发生剧烈的脆性破坏，砂岩的剧烈程度相对较轻；而在环向应变控制试验中即使硬脆花岗岩的破坏过程也非常缓慢、稳定，主要是由于环向应变控制中所施加的较低的环向应变控制速率使得裂纹的扩展、贯通过程平稳可控。

(2) 在相同围压下，轴向应变控制试验的峰值强度、弹性模量和破裂角均高于环向应变控制试验。峰值强度和弹性模量两个强度参数较大主要由于在轴向应变控制试验中加载速率更高，而较大的破裂角则与岩体内部具有更大的损伤且黏聚力减小有关，这可以根据环向应变控制试验中监测的更多的声发射撞击率推断出。

(3) II 型应力–应变曲线的发生是由于峰后阶段储存的弹性能量释放过程中的弹性轴向应变恢复导致应变减小。II 型应力–应变曲线的形状取决于峰前阶段弹性能与耗散能的比例，以及峰后阶段塑性变形或新裂纹萌生和扩展所消耗的能量。当加载条件、试样几何形状等一致时，上述行为由岩石自身的性质决定。

(4) 实验室获得的岩石试样 II 型应力–应变曲线可以帮助区分不同硬脆性岩

石的能量积累和消耗；在轴向应变控制试验中，硬脆岩石通常发生急剧的应力降低，峰后应力–应变曲线相似，而通过环向应变控制的加载试验获得的岩石 Ⅱ 型曲线则更能区分这些岩石的峰后特性，从而可以更准确、有效地用于评价某一特定岩石类型的岩爆 (尤其应变型岩爆) 倾向性。

第 6 章　硬岩结构面剪切力学特性

6.1　引　　言

岩体是由结构面和被结构面切割而成的完整岩石块体组成的复杂地质体，根据结构面的规模可将其划分为 I~V 级。岩块沿结构面 (断层、节理、层理、裂隙等) 的剪切破坏是工程岩体最主要的破坏方式之一，结构面的存在很大程度上决定了岩体的力学特性、渗透特性和热力学特性。在地面岩石工程或浅埋地下岩体工程中，由于作用在结构面上的应力水平较低，因此主要发生这种结构控制的静力破坏，如坝基滑移、隧洞围岩沿结构面的掉块塌方等；在深埋地下岩体工程中，岩体赋存在高应力环境中，开挖卸荷作用打破了原有的应力平衡状态，且在隧洞周边形成很高的应力集中作用，高应力条件下结构岩体内部积聚了大量的能量，而由于这种卸荷 (开挖致法向卸荷)、加荷 (切向应力增加) 作用，结构面可能发生动力剪切破坏。深埋地下岩体工程中，围岩中存在数目众多的原生或次生的结构面，并不是所有的结构面都会诱发结构面型岩爆，相反，一些结构面的切割作用有时会减弱隧洞周边的应力集中程度从而不利于岩爆的发生。因此，判定何种类型的结构面可能诱发岩爆对于提前采取预防措施从而减小岩爆造成的损失，对保证地下工程的安全施工是极其重要的。当前关于结构面剪切力学特性的研究所施加的法向应力一般较低 (绝大多数的研究低于 10MPa)，低应力和高应力下不同岩性的结构面剪切力学特性有何异同、对结构面滑移导致的岩爆灾害有何影响、剪切破坏过程中声发射有何规律等都需要开展深入研究。本章采用花岗岩、大理岩两种硬岩制作了具有不规则形貌的、上下壁面完全咬合的结构面 (模拟硬性结构面) 试样开展不同法向应力下的剪切试验，并且与砂浆材料制作的结构面 (模拟软岩结构面) 的剪切试验结果进行对比，分析不同岩性结构面的剪切力学特性和声发射规律，重点关注在高法向应力下，硬岩结构面的剪切力学行为。

6.2　试样制备及试验方案

为比较不同岩石类型结构面的剪切破坏特点，本次研究中选取砂浆材料、大理岩和花岗岩作为研究对象。其中砂浆材料为高强水泥、精细石英砂和水的混合物，三者质量比为 1:1:0.5，将拌和均匀的混合物缓慢倒入长宽高尺寸分别为 50cm，40cm，12cm 的钢模具中，分层捣实，一天后拆模，自然条件下养护一个月，然后切割、打磨成边长为 10cm 的标准正方体试件；花岗岩为建筑用石材，10cm 的标准正方体试件是从宽和高分别为 15cm 的长条状岩石上切割、打磨加工而成，由于砂浆材料和花岗岩一样，都是从一大块试件上切割加工而成，因此试块彼此之间的差异性较小。大理岩为锦屏大理岩，是从数块较大岩石上切割打磨而成，因此试件之间的差异性要大于砂浆和花岗岩。三种岩石类材料的照片如图 6-1 所示。

图 6-1　三种不同的岩石试件照片 (均为边长为 10cm 的正方体，依次为花岗岩、大理岩和砂浆)

从工程现场实际的结构面发现，上下面壁彼此完全咬合的结构面剪切破坏时更容易诱发岩爆，因为当上下面壁上的起伏体都彼此咬合时，结构面上下盘尤其起伏结构内会积聚较多的能量，假如上下面壁只有部分点相接触，这些接触点上将会产生很大的应力集中，接触点的强度较低很容易被剪断。因此，为了制作这种上下面壁完全吻合的结构面，制作了如图 6-2 所示的模具，模具包括边长 10cm 的上下两块压板和两根长度为 10cm 的合金条，压板中间开有一条 45° 的槽，合金条正好可以放入，劈裂试块是两根合金条对试件顶面和底面的中间位置施加一线荷载 (类似于巴西圆盘劈裂)，从而形成上下壁面完全咬合的人工劈裂的结构面。

图 6-2   劈裂试件的模具及砂浆试件劈裂过程

高应力是岩爆发生的条件之一，由于前人的研究重点都集中在结构面等不连续地质构造的静力破坏上，且很多采用石膏等强度很低的材料，因此施加的法向压力普遍偏低，高、低应力状态下结构岩体的破坏模式具有很大差异，因此研究结构面在较高应力下的力学行为对于探索应力状态对结构面诱发的剪切型岩爆的影响以及高低应力岩体工程中结构岩体的岩爆的风险评估和预测具有重要的科研价值和实用意义。参考三种岩石类材料的单轴压缩强度及试验系统的最大水平加载能力，对砂浆试件施加的法向压力范围为 0.5~25MPa，对大理岩施加的压力范围为 1~45MPa，对花岗岩施加的法向压力为 1~50MPa，如果忽略打磨试件时造成的微小的尺寸误差，将试件看作边长为 10cm 的标准正方体试样，将作用在试件上的压力值换算成应力值分别为：砂浆 0.5~25MPa，大理岩 1~45MPa，花岗岩 1~50MPa，具体压力值参见表 6-1。

表 6-1   各种岩石试件直剪试验时的法向压力值

岩性	σ_c/MPa	E/GPa	μ	法向压力/MPa
砂浆	46.39	7.28	0.077	0.5, 1, 2, 3, 4, 5, 7, 10, 14, 20, 25
花岗岩	191.24	20.74	0.132	1, 3, 5, 7, 10, 20, 30, 40, 45, 50
大理岩	95.27	17.56	0.074	1, 3, 5, 7, 10, 15, 20, 30, 40, 45

声发射 (AE) 监测作为一种无损监测技术已被广泛应用于岩体结构、桥梁混凝土结构、锅炉管道等的安全监测中。由于岩石是一种脆性材料，其破坏过程是内部微裂纹起裂、扩展和贯通的过程，而裂纹形成和扩展过程中有声发射信号产生，因此可以通过分析声发射信号的变化规律了解岩石内部的损伤演化过程，声发射监测技术在岩石压缩试验中得到了广泛应用，但在节理岩体的剪切破坏中应用还较少，由于声发射可以对岩体结构进行实时、长期的监测，并且可以通过合理布置传感器位置对岩石破裂位置和程度进行定位分析，因此声发射监测技术无论在

监测岩体沿着弱面发生的静力剪切破坏还是本节研究的这种动力冲击型破坏都具有极其广阔的应用前景,因此在结构面直剪过程中,辅以声发射监测,获得结构面剪切破坏过程中的声发射参数变化规律,以期为声发射监测更好地应用于结构岩体的剪切破坏 (静力、动力) 的监测、预测提供借鉴。试验中采用的声发射设备、参数及声发射探头与前描述的相同,区别在于本次试验采用了四个声发射传感器,传感器布置在结构面试件的下盘四周,四个传感器在同一平面上,离结构面上表面 0.5cm 左右,传感器的谐振频率为 500kHz,工作频率范围为 200~750kHz,采样速率为每秒 100 万个采样量。前置放大器的放大倍数为 40dB,系统的门槛值为 40dB。传感器的相对位置如图 6-3(a) 所示,其中箭头所指方向为剪切方向。

剪切试验在中国科学院武汉岩土力学研究所自行研制的 RMT150C 上进行 (图 6-3(b)),该试验系统的参数第 3 章中已有介绍,这里不再赘述。试验过程中先以 1kN/s 的速度施加法向压力至预定值,之后以位移控制方式以 0.005mm/s 的速度施加剪切推力直至试件破坏。

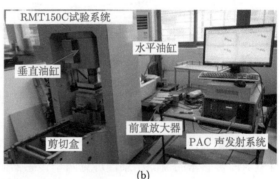

(a)　　　　　　　　　　　　　　(b)

图 6-3　直剪试验过程

(a) 声发射传感器的布置;(b)RMT150C 试验系统

6.3　不同岩性结构面剪切力学特性

6.3.1　砂浆结构面剪切力学特性

如果将法向压力较低时的剪应力–剪切位移曲线与法向压力较高时的曲线置于同一坐标系内,低法向压力下的曲线特征可能会被掩盖,因此为了更清晰地观察法向压力较低时的剪应力–剪切位移曲线特点,将低应力和高应力下的剪应力曲线分开呈现。图 6-4(a) 为法向压力为 0.5~5MPa 的剪应力-剪切位移曲线,图 6-4(b) 为 7~25MPa 时的曲线。总体来看,砂浆结构面的剪切曲线变化比较平稳 (4MPa 法向压力下曲线除外,将在第 7 章作为特例单独讨论),并且试验过程中也基本上没有发出声响。尤其当法向压力低于 7MPa 时，剪应力曲线较为光滑、平坦，说明整个剪切过程中很少发生局部的破裂事件，而当法向压力高于 10MPa 时，剪应力曲线，尤其峰后阶段不再光滑，而是出现局部的应力降，说明剪切过程中粗糙的结构面表面发生了局部的断裂，产生应力降低。

当法向应力达到 25MPa 时，结构面的峰值剪切强度反而低于 20MPa 法向压力时，主要由于所施加的法向压力过高 (砂浆材料的单轴压缩强度 46MPa)，导致试样在压缩阶段就发生了一定程度的损伤，并且剪切过程中在高压力、剪切推力作用下试样更容易向四周膨胀产生更多损伤，因此峰值剪切强度出现降低。

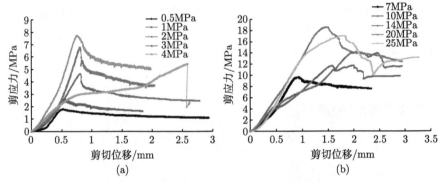

图 6-4　不同法向压力下砂浆结构面剪应力–剪切位移曲线 (0.5~25MPa)

图 6-5 为法向压力为 1MPa 时 AE 撞击率随时间的变化，四幅图分别表示四个 AE 传感器的监测结果，可见四个传感器监测的 AE 撞击率的变化趋势非常一致，即随着剪应力增大，AE 开始活跃，撞击率也逐渐增大，在剪应力峰值附近，撞击率也达到峰值，之后随着剪切的继续进行，剪应力逐渐减小，出现位移弱化，AE 活跃程度也逐渐减弱，在接近到达剪应力残余强度阶段时，撞击率逐渐趋于稳定，维持在非常低的水平上。由于四个传感器分别安装在试件的不同位置上，因此具体的每个传感器监测到的撞击个数略有差别。

图 6-6(a) 为法向压力为 1MPa 时 AE 能量率 (energy rate) 随时间的变化规律，由于四个传感器监测的 AE 参数的变化规律一致，因此将四个传感器的监测结果叠加到一幅图中。分析能量率的变化曲线可知，能量率随时间的变化趋势与撞击率随时间的变化趋势类似，均与剪应力的增减相对应，区别在于能量率峰值与前后增减阶段的量值差别较大，峰值能量率的数量级为 10^2。图 6-6(b) 为采用布置于结构面下盘同一平面内近面壁的四个传感器定位到的 AE 事件率 (AE event rate) 随时间的变化情况，比较撞击率与事件率的变化可见，两者具有完全一致的变化规律，只是事件数要小于撞击数目，可见如果无法进行 AE 定位测试，

而只通过一个或两个 AE 传感器监测撞击率的变化也可以推测出 AE 事件随剪切过程的变化趋势，但如果需要获得声发射源的位置，则必须通过合理布置多个探头进行定位监测。

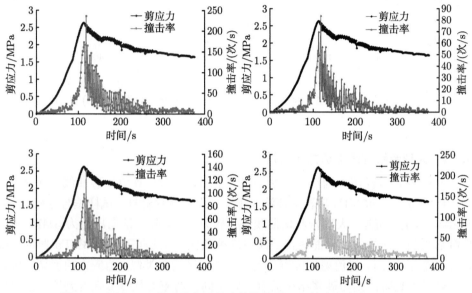

图 6-5　四个 AE 传感器监测的砂浆结构面 AE 撞击率变化 (1MPa)

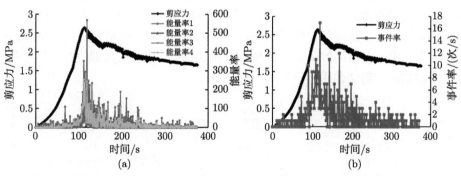

图 6-6　法向压力 1MPa 获得的能量率 (a) 和事件率 (b) 随事时间的变化规律

图 6-7 为法向压力为 10MPa 时砂浆结构面的撞击率和能量率随时间的变化曲线，对比前述的 1MPa 法向压力下的结果可知，AE 特征变得更加复杂，不再是随剪切时间单调增加或者减少。由于 10MPa 压力下剪应力发生多次应力降，尤其在 430s 处，一次大的应力降对应着 AE 能量率和撞击率的突增，说明结构面表面处发生大的断裂事件。

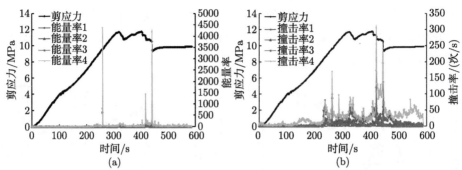

图 6-7   法向压力 10MPa 砂浆结构面剪切获得的能量率 (a) 和撞击率 (b) 随事时间的变化规律

6.3.2   大理岩结构面剪切力学特性

同样将大理岩在不同法向压力下的结构面剪应力–剪切位移曲线置于图 6-8 中。45MPa-1 和 45MPa-5 表示该法向压力下做了两块试样，试样编号分别为 d-1 和 d-5。从图中可见，大理岩剪切曲线整体较为平稳，除了法向压力为 3MPa 时出现峰后强烈跌落外，其他曲线都是缓慢连续变化的 (法向压力为 3MPa 时的情况将在第 7 章详述)。峰值剪切强度之前，与砂浆结构面类似，剪应力随剪切时间增长，峰后剪切阶段则与砂浆结构面有一定不同。剪应力从峰值强度到残余强度的降低量很小，只是发生了微小的剪切位移弱化效应。并且在高法向压力下，也没有出现砂浆结构面那种多次的应力降低，整个残余剪切阶段剪应力变化非常平缓，维持在相对稳定的状态。45MPa 压力下，结构面的剪切强度低于 40MPa 压力下的剪切强度，造成这种结果的原因与砂浆结构面 25MPa 的剪切强度低于 20MPa 类似，主要由于在极高的压力下试样没有侧限保护，压缩阶段即产生一定的损伤，在之后的挤压、剪切作用下承载力下降。

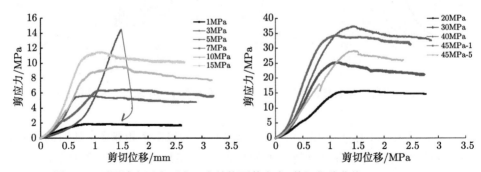

图 6-8   不同法向压力下大理岩结构面剪应力–剪切位移曲线 (1~45 MPa)

图 6-9 和图 6-10 比较了大理岩结构面在 1MPa 和 40MPa 法向压力下的声

发射特性，同样与砂浆结构面的 AE 规律具有较大差异。1MPa 法向压力时，AE
撞击率随剪应力升高而增大，但能量率峰值并不是在剪应力峰值处取得，而是在
峰值之前，并且剪应力峰值之后的残余剪切阶段，AE 撞击变得非常平静，仅仅维
持在非常低的水平；AE 能量率在整个剪切过程中都非常低，远低于砂浆结构面，
仅仅在几个时间点发生突增，在 15s 和 400s 附近两个能量的阶跃可能是由某个
位置的小破裂引起，因为对应的撞击率并不是最大值。如果将 400s 附近取得的最
大能量率值删除 (图 6-9(b) 小图中所示)，可以更清楚地看到 AE 能量率在剪应
力的峰值前阶段更加活跃，并且基本与撞击率的变化相对应。

　　图 6-10 为大理岩结构面在 40MPa 压力的 AE 规律，能量率和撞击率数值上
要远大于 1MPa 压力下的结果，说明高应力下结构面之间的起伏体被更多的剪切
破坏，能量率和撞击率在剪应力峰值附近达到最大值。在 400s 之后的残余摩擦滑
移阶段，由于主要起伏体已经被剪断，一些粉末填充在结构面之间，因此仅仅释
放微弱的 AE 信号。

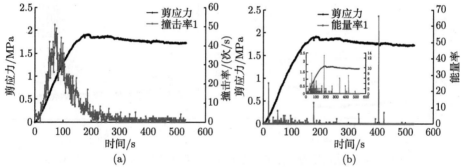

图 6-9　法向压力 1MPa 大理岩结构面剪切获得的撞击率 (a) 和能量率 (b) 随事时间的变
化规律

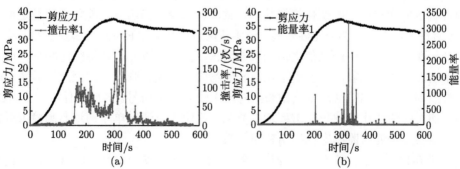

图 6-10　法向压力 40MPa 大理岩结构面剪切获得的撞击率 (a) 和能量率 (b) 随事时间的变
化规律

6.3.3 花岗岩结构面剪切力学特性

图 6-11 为花岗岩结构面在不同法向压力下的剪应力–剪切位移曲线，可见花岗岩的剪应力曲线最为特殊，与前述的砂浆和大理岩有显著的区别，花岗岩的剪切破坏主要有两大特点：剪应力到达峰值之后，发生类似于单轴压缩过程的强应力跌落，之后剪应力再次随着剪切位移而升高，类似一个重新开始的加载过程；残余摩擦阶段剪应力并不是维持在一个稳定的数值，而是从法向压力为 10MPa 开始，花岗岩出现了黏滑现象 (即剪应力出现周期性振荡，剪应力先随剪切位移增大到某一极大值，之后发生迅速的应力跌落，每一次黏滑现象都类似于一次加载过程)，黏滑曲线上每次剪应力的降低都伴随着很大的声响发出，说明该过程中伴随着较大能量释放。50MPa 法向压力下结构面剪切强度略低于 45MPa 压力下，分析认为这与砂浆结构面和大理岩结构面在最高法向压力下剪切强度偏低的原因一致，都是由于压力过高使得试样压缩阶段岩体内部产生一定的损伤。

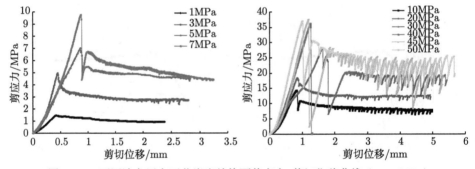

图 6-11   不同法向压力下花岗岩结构面剪应力–剪切位移曲线 (1~50MPa)

图 6-12 和图 6-13 为法向压力 1MPa 时，结构面剪切过程中 AE 参数的变化规律，对比上文中砂浆结构面在相同法向压力下 AE 参数的变化情况可知，两种岩石 AE 随剪应力的变化规律基本一致，但无论是撞击率、能量率还是定位的 AE 事件率，花岗岩都要比砂浆多，说明花岗岩剪切时 AE 更加活跃。另外，花岗岩结构面剪切过程中的峰值之后的残余阶段，AE 参数并不是持续地减小，而是在个别点有突增现象，主要由于花岗岩矿物成分坚硬、强度大，因此峰后残余摩擦阶段局部位置颗粒磨碎或滚动摩擦时产生较多 AE 信号。AE 事件率 (图 6-13) 随剪切时间的变化规律与撞击率基本类似，说明可以通过单个通道监测撞击近似代表需要多个通道监测定位的 AE 事件数。

图 6-14 和图 6-15 分别为花岗岩结构面在法向压力 10MPa 时 4# 传感器监测到的 AE 撞击率和能量率随时间的变化规律，由于在峰后出现黏滑现象，峰后阶段的声发射活动依然很强，甚至高于 1MPa 压力下峰值能量率和峰值撞击率。

峰值后产生很大应力降，从能量率曲线可知应力跌落处能量率发生突增，说明有特别大的能量释放发生，而且在峰后剪应力的位移弱化阶段，由于周期性的应力跌落发生，每次应力跌落都会释放数量巨大的能量，法向压力为 10MPa 时监测的 AE 能量率在 $10^4 \sim 10^5$，法向压力为 1MPa 时监测到的 AE 能量率在 $10^3 \sim 10^4$，

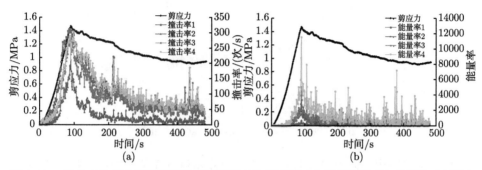

图 6-12　四个 AE 探头监测的花岗岩结构面 AE 撞击率 (a) 和能量率 (b) 的变化 (1MPa)

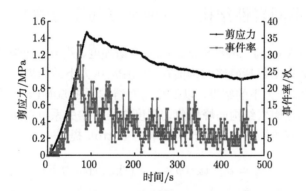

图 6-13　定位的 AE 事件率随时间的变化规律 (1MPa)

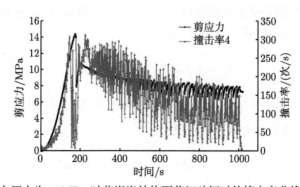

图 6-14　法向压力为 10MPa 时花岗岩结构面剪切破坏时的撞击率曲线 (4# 传感器)

并且除了 4# 传感器峰值能量率刚刚达到 10^4 外，其余传感器或其他阶段的能量率基本在 10^3 数量级上，说明法向压力为 10MPa 时释放的能量远高于 1MPa 条件下。

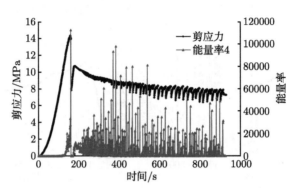

图 6-15　法向压力为 10MPa 时花岗岩结构面剪切破坏时的能量率曲线 (4# 传感器)

6.4　不同岩性结构面抗剪强度随压力的变化规律

图 6-16~图 6-18 为三种结构面的峰值剪切强度、残余剪切强度随法向压力的变化，图中的数据不包括砂浆结构面在 25MPa 压力下的结果，大理岩结构面在 3MPa 和 45MPa 压力下的结果，以及花岗岩结构面在 50MPa 压力下的结果。可见砂浆结构面和花岗岩结构面峰值剪切强度与压力的关系可以用双线性强度包络线很好地拟合，双线性抗剪强度准则最早由 Patton 提出

$$\tau_p = \sigma_n \cdot \tan(\phi + i) \quad （低法向压力下） \tag{6.1}$$

$$\tau_p = \sigma_n \cdot \tan\phi + c \quad （高法向压力下） \tag{6.2}$$

$\tau_p, \sigma_n, \phi, i$ 和 c 分别是峰值剪切强度、法向压力、内摩擦角、剪胀角和表观黏聚力。

砂浆结构面的峰值强度可用下式拟合

$$\tau_p = 1.962\sigma_n, \quad \sigma_n \leqslant 3\text{MPa} \tag{6.3}$$

$$\tau_p = 0.686\sigma_n + 4.545, \quad 3\text{MPa} < \sigma_n \leqslant 20\text{MPa} \tag{6.4}$$

花岗岩结构面的峰值强度可用下式拟合

$$\tau_p = 1.422\sigma_n, \quad \sigma_n \leqslant 10\text{MPa} \tag{6.5}$$

$$\tau_p = 0.715\sigma_n + 5.634, \quad 10\text{MPa} < \sigma_n \leqslant 45\text{MPa} \tag{6.6}$$

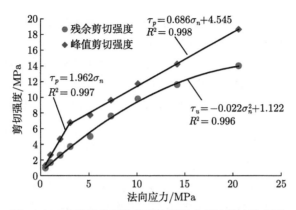

图 6-16 砂浆结构面抗剪强度随法向压力的变化规律

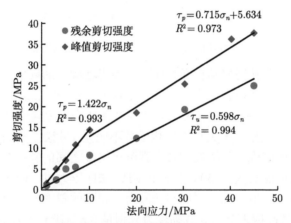

图 6-17 花岗岩结构面抗剪强度随法向压力的变化规律

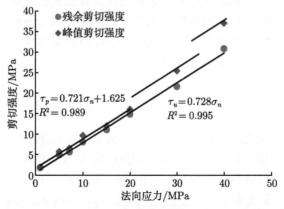

图 6-18 大理岩结构面抗剪强度随法向压力的变化规律

结构面峰值剪切强度之所以呈双线性是因为破坏模式的改变，低应力下结构面的起伏体不能被完全剪断，而是发生爬坡效应，产生很大的剪胀量 (两条直线倾角的差值即为剪胀角 i)，而在高应力下结构面起伏体被剪断，剪胀效应减弱。砂浆结构面和花岗岩结构面破坏模式的转换压力分别大约为 3MPa 和 10MPa，说明砂浆结构面起伏体被剪断破坏所需的剪切力小于花岗岩结构面的起伏体被剪断破坏所需的剪切力。

砂浆结构面的残余剪切强度随法向压力非线性增加，并且增加速率 (曲线斜率) 逐渐减小 (公式 (6.7))。由于砂浆是一种人造材料，内部含有较多孔隙，随着压力升高孔隙结构发生破坏。花岗岩结构面的残余强度则随法向压力呈线性增加 (公式 (6.8))，与砂浆表现出较大的不同，主要由于花岗岩组成成分强度高、硬度大，残余摩擦阶段剪应力和压力呈线性关系。

$$\tau_u = -0.022\sigma_n^2 + 1.122\sigma_n, \quad 0\text{MPa} < \sigma_n \leqslant 20\text{MPa} \tag{6.7}$$

$$\tau_u = 0.598\sigma_n, \quad 0\text{MPa} < \sigma_n \leqslant 45\text{MPa} \tag{6.8}$$

与砂浆结构面和花岗岩结构面相比，大理岩结构面的峰值强度包络线很难用一条或者双线性的直线拟合。当压力低于 20MPa 时，峰值强度随压力线性增大，表观黏聚力为 1.625MPa，并且对比峰值强度和残余强度包络线，两者的斜率几乎相同，说明剪胀现象对于大理岩结构面并不明显 (砂浆结构面和花岗岩结构面低应力下的峰值剪切强度包络线和残余强度包络线之间的斜率具有较大差距，主要与低应力下的剪胀有关)。30MPa、40MPa 法向压力时，峰值剪切强度高于低应力下包络线的预测值，如果采用与低应力下相同的斜率作通过峰值强度点的直线，可以得到两种高应力下的表观黏聚力分别是 3.56MPa 和 7.88MPa。试验用的结构面的粗糙度相似，因此高的剪切强度并非由粗糙度引起。根据 Barton[218] 的研究，高应力作用下，组成大理岩的矿物更容易发生屈服，导致结构面上的起伏体更加相互嵌入，结构面可能压缩而发生过度闭合效应 (over-closure effect)，从而造成高应力下剪切强度升高。剪切试验之后花岗岩结构面上下部分成为一个整体、很难用手掰开也能证明上述推断。

6.5 小　　结

本章对砂浆、大理岩和花岗岩结构面开展了从 1~50MPa 法向压力下的剪切试验，研究了每种结构面在低法向压力和高法向压力下的剪应力–剪切位移曲线、峰值剪切强度、剪切破坏过程中的声发射规律等，主要获得如下主要结论。

(1) 砂浆结构面基本全部发生缓慢的准静力剪切破坏，剪应力曲线上一般有明显的峰值，之后随剪切位移增大缓慢下降；当法向压力高于 10MPa 时，剪应力曲线出现局部的应力跌落，主要由结构面破坏局部断裂引起；砂浆结构面剪切破坏过程中声发射与剪应力同增、同减，变化规律非常一致。而在较高应力下，当结构面出现局部破裂时，剪应力发生应力降，并伴随能量释放。

(2) 对大理岩结构面而言，几乎全部发生静力剪切破坏，即使法向压力下达到45MPa，剪应力变化非常平缓、位移弱化现象不明显，整个剪切过程中声发射信号较为微弱；花岗岩结构面的破坏模式最为特别，低应力下以准静力剪切破坏为主，高应力下则发生峰值后的强应力降和黏滑失稳，声发射信号最为活跃，尤其发生应力降时。

(3) 砂浆结构面和花岗岩结构面的峰值强度包络线呈双线性，与低应力下起伏体的爬坡效应和高应力下起伏体的剪断效应密切相关；而大理岩结构面在高应力下则发生过度闭合效应，导致剪切强度高于预计值。

第 7 章 结构面剪切诱发动力灾害影响因素

7.1 引 言

从第 2 章中呈现的与结构面有关的岩爆案例可知，一些结构面的剪切破坏会导致滑移型岩爆和剪切破裂型岩爆，然而也并不是所有结构面的剪切滑移破坏都会造成岩爆这种动力灾害，有的剪切破坏会以缓慢的蠕滑破坏的形式发生。因此，确定结构面剪切破坏诱发剪切型岩爆的影响因素，对于深部工程岩爆灾害的风险评判和识别、防灾减灾具有重要的意义。本章主要从结构面的剪切力学性质出发，结合第 6 章的剪切试验内容和结果，并辅以声发射监测，获得结构面剪切破坏发生过程中的声发射参数，分析结构面剪切破坏的声发射前兆信息。通过研究结构面在不同试验条件下 (不同岩性、应力水平、结构面粗糙度、充填物、剪切变形历史) 的力学特性，研究哪些因素会导致结构面发生动力冲击型剪切破坏，从而为深部地下岩体工程结构面诱发的剪切型岩爆的防治提供指导。

7.2 结构面剪切诱发岩爆的因素分析

第 6 章三种不同岩石类材料通过人工劈裂制成的结构面的直剪试验结果表明，不同岩石类型的结构面剪切时力学特性具有很大差别，即使相同岩石类型的结构面剪切时，法向压力不同，结构面的剪切力学特性也有很大不同，结构面力学特性的差别将会对结构面剪切诱发的岩爆产生不同的影响，有的结构面剪切可能不会造成岩爆这种动力剪切破坏，而有的结构面剪切则可能造成非常严重的剪切型岩爆，因此下面将结合第 6 章的试验结果分析不同因素对结构面剪切破坏导致的岩爆的控制作用。

7.2.1 岩性

通过对比分析砂浆、大理岩和花岗岩三种不同岩石类型结构面的剪切力学性质发现，花岗岩在法向应力作用下剪应力达到峰值强度后很容易发生应力跌落，即当压力达到某一值后，剪切初期剪应力随剪切位移增大而增长，到达峰值强度后剪应力以极快的速度迅速降低到较小的值。花岗岩结构面从法向应力 5MPa 开始，都有这种峰后应力跌落发生，从图 6-17 可知，应力跌落发生时常常会伴随巨大的能量释放过程，结构面剪切过程中能量率峰值基本上是在峰值后第一次大的应力跌落处取得。因此，当花岗岩结构面剪切破坏具有这种形态的剪应力–剪切位移曲线时 (峰后有应力跌落)，这本身就可能是一次岩爆，剪切破坏时释放的巨大能量将上盘或下盘的岩体弹射、抛出；当结构面或者断层面离开挖面较远距离时，结构面的这种剪切破坏本身可能并没有发生岩爆，但由于剪切破坏释放的巨大能量在岩体中传播，给离结构面较近的松散围岩输入能量，从而诱发岩爆，这时结构面的破坏相当于释放能量的震源，震源位置与岩爆位置并不重合。花岗岩结构面除了在第一次峰值后的应力跌落中因释放较大能量而导致岩爆发生外，当法向压力满足一定条件时，在之后的剪切滑动中会发生黏滑，而通过图 6-17 可知，在每个循环的黏滑中，滑的过程是以非稳定的应力跌落形式进行的，而不是像低应力下 (图 6-14) 的缓慢滑移。每次应力跌落都伴随极强的能量释放 (虽然不及峰值后的第一次应力跌落时的能量释放多)，数量级在 $10^4 \sim 10^5$，而且通过试验过程中的现象可知，黏滑过程中应力跌落发生时，剪切盒内传出持续不断的巨大的响声，因此每次黏滑都可能是一次岩爆或者作为震源诱发结构面周围岩体发生岩爆。由于这种黏滑失稳破坏的特征 (周期性振荡)，花岗岩结构面、断层面剪切时可能导致某一位置或某一段区域持续发生岩爆。

相比于花岗岩这种峰值后强烈的应力跌落或随后的剪切阶段的黏滑失稳破坏，砂浆结构面和大理岩结构面的剪切破坏要平静、缓慢得多。除了 4MPa 的砂浆结构面和 3MPa 的大理岩结构面出现了峰后应力跌落破坏外，其他试样都没有发生峰后的应力跌落，更没有剪切阶段的黏滑，剪切破坏过程缓慢平稳，而且通过声发射监测可知，当砂浆结构面和大理岩结构面破坏时，能量率峰值一般在 $10^2 \sim 10^3$，很少可以达到 10^4，可见这两种结构面剪切破坏时释放的能量很低，直接诱发岩爆的可能性较小。但需要注意的是，当结构面发生剪切破坏，结构面上盘或下盘向临空面滑动时，会对周围岩体产生挤压作用，虽然结构面剪切破坏本身释放的能量较少可能不足以引起岩爆，但这种挤压作用会导致围岩压缩，岩体内部发生应力集中和能量积聚，当这种挤压作用和集中应力达到一定程度时，对于硬脆性围岩来说，岩爆可能就会发生。综上分析可见，花岗岩结构面剪切破坏时更容易诱发岩爆，包括结构面本身即为岩爆位置或结构面本身作为释放能量的震源诱发附近围岩的岩爆两种可能；而大理岩结构面和砂浆结构面剪切破坏时诱发岩爆的可能性相对较低 (当结构面面壁粗糙度满足一定特点时，剪切破坏也可能诱发岩爆，该点将在下文中讨论)，但存在结构面剪切导致围岩受压应力集中而发生岩爆的可能。

岩性的差别主要源自组成岩石的矿物成分和细观结构的差异，花岗岩主要包含石英、长石和云母等矿物类型，前两种均为强度和脆性极强的矿物，在满足一定应力条件时结构面很容易发生非稳定滑动。大理岩主要矿物类型为方解石和石灰石，强度、硬度等性质均低于石英和长石，在高应力下很容易发生延性变形，很难积聚大量的能量；砂浆材料的性质类似软岩，主要特点是孔隙大、强度低，更难积聚能量。

7.2.2　法向压力

应力状态对岩石的破坏往往具有决定性的影响，对于结构面岩体来说，低应力下剪切时滑动一侧的岩体常常需要爬越对面上的起伏结构 (即 "爬坡效应")，发生剪胀作用，结构面破坏过程比较缓慢，应力状态较高时，不平坦的起伏结构可能会被直接剪断，从而发生剧烈的破坏，第 6 章砂浆和花岗岩双线性的剪切强度准则就是这种破坏模式的转变引起的。

花岗岩结构面的剪切破坏受法向压力影响最大，花岗岩结构面剪切破坏时力学行为随法向压力的变化可分为三类：第一类是当法向压力为 1~3MPa 时，花岗岩的破坏相对较为平缓，剪应力达到峰值后缓慢降低，最终达到残余强度；第二类从 5~7MPa，当法向压力大于 5MPa 时，出现峰值后的应力跌落，随着法向压力的增大，应力跌落值 (峰值强度与跌落终点强度之差) 有逐渐变大的趋势，应力跌落值随法向压力的变化如图 7-1 所示；第三类从法向压力为 10MPa 开始，结构面剪切时开始出现黏滑，并且这种黏滑的幅度随法向压力增大逐渐变强。所以对花岗岩结构面而言，法向压力较低时因剪切破坏诱发岩爆的可能性较小，结构面仍然以缓慢的静力破坏为主，而随着法向压力增大，发生剪切型岩爆的概率逐渐变大，且发生岩爆的等级也会逐渐增大。

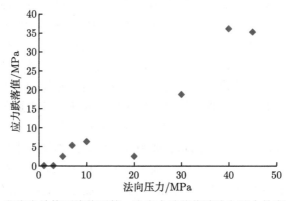

图 7-1　花岗岩结构面峰值后第一次应力跌落值随法向压力的变化规律图

法向压力的大小对花岗岩结构面试件的破坏形态和模式也有很大影响。当法向压力较低时，剪切破坏后的试件还比较完整，只是在上盘前缘 (相对剪切方向) 有很窄的一片由于冲击断裂机制与母体分离，面壁之间发生一定程度的磨损。法向压力 1MPa 时，结构面剪切破坏后下盘照片及试件整体形态如图 7-2 所示。

(a)　　　　　　　　　　　　　　　　(b)

图 7-2　法向压力为 1MPa 时花岗岩结构面剪切破坏的形态下盘 (a) 和整体外观 (b)

随着法向压力升高，结构面上下盘的破裂程度逐渐加剧，除了有面壁的滑移、错断和上盘的冲击断裂外，在上盘或下盘或者上下盘上出现图 7-3 所示的拉伸断裂，可见随着压力升高，花岗岩结构面破坏模式与第 2 章中锯齿形结构面的破坏模式相似，都涉及三种破坏机制。

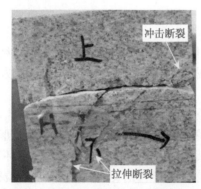

图 7-3　40MPa 法向压力下剪切破坏后花岗岩结构面整体外观形态 (箭头所指剪切方向)

对于砂浆结构面而言，虽然其剪切破坏基本都属于静力破坏，法向压力对其破坏模式也有较大影响，低法向压力下试件剪切破坏后还相当完整，随着压力升高，会出现上盘前缘的冲击断裂，当压力继续升高时，上下盘发生多处断裂，开始出现与剪切方向呈锐角的拉伸断裂破坏模式。综合花岗岩和砂浆结构面的剪切破坏形态可知，试件的破坏机制和模式与法向压力密切相关。

对于大理岩而言，逐渐增大的法向压力也使其破坏模式发生了变化，法向压力较低时试件很完整，仅仅是面壁上的微小起伏体发生了剪切破坏，随着法向压力升高, 出现冲击断裂模式和拉伸断裂模式的破坏, 如图 7-4 为法向压力为 40MPa 时的大理岩结构面下盘破坏照片, 可见该结构面表面较为平整, 但因为法向压力较大, 出现了倾斜的拉伸断裂, 而且在前端还有由于上盘冲击断裂遗留的碎块。虽然本次试验中大理岩大部分都以静力剪切破坏为主, 但结构面破坏的模式与动力破坏时应该是完全类似的, 区别在于动力破坏时释放的能量较多, 这些能量可能将冲击断裂形成的碎块和拉断形成的板状岩块冲击出围岩, 弹射至隧洞内, 能量转换为岩块的动能。

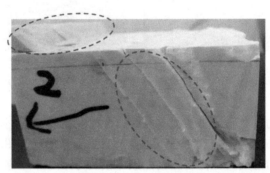

图 7-4　40MPa 法向压力下剪切破坏后大理岩结构面下盘破坏形态 (箭头所指剪切方向)

7.2.3　结构面表面形貌

对于某一无充填的上下盘完全咬合的结构面而言, 结构面的表面形貌也是影响其力学特性的重要因素, 进而也会影响剪切型岩爆的发生, 下面通过两个例子说明。

砂浆结构面在法向压力为 4MPa 时, 其剪应力-剪切位移曲线与其他压力下的结构面剪应力曲线显著不同, 其峰前经历了较大的变形才达到峰值强度, 并且峰值后出现应力跌落, 其他压力下的砂浆结构面剪切破坏很少出现应力跌落现象。图 7-5 为该结构面剪切前后的照片对比, 可见该结构面表面非常不平整, 下盘侧面上的水平槽为试样制作时预想的劈裂面的位置, 实际的劈裂面与预想的劈裂面位置有一定偏差, 导致表面极为不平整。除了结构面表面微小起伏体被剪断、发生滑动摩擦外, 上下盘均出现拉伸断裂, 起裂点位于表面起伏结构下凹的位置。对于其他砂浆结构面, 从法向压力为 10MPa 开始, 才普遍出现上下盘的拉伸断裂模式, 而该结构面由于面壁的极不平整, 且不平整的面壁上有凹凸不平的起伏体, 使得拉应力容易在突起体的边界集中, 从而提前出现了拉伸断裂模式。

图 7-6 为该结构面剪切过程中 1#AE 传感器监测的 AE 撞击率和能量率随时间的变化, 可见在经历长时间的变形后 AE 能量率和撞击率伴随剪应力峰后的应力跌落而出现突增, 能量率甚至达到了 10^4 的量级, 说明该试件破坏时释放出

极大的能量。该例子说明即使对于砂浆这种结构面并且在法向压力不是很高的情况下，当结构面表面很不平整时，结构面起伏体或者上下盘发生大尺度的断裂破坏，导致岩爆这种动力型失稳破坏发生。

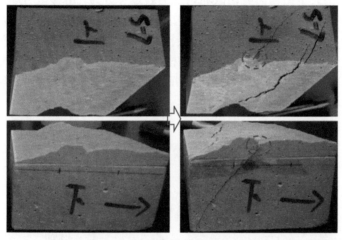

图 7-5   4MPa 法向压力下砂浆结构面剪切前后对比 (左边两图为剪切前)

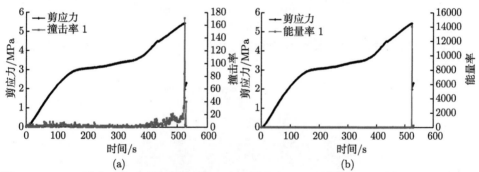

(a)   (b)

图 7-6   4MPa 法向压力下砂浆结构面剪切 AE 撞击率 (a) 和能量率 (b) 的变化曲线 (1#AE 传感器)

图 7-7 为大理岩结构面法向压力为 3MPa 的剪应力和 AE 能量率曲线，该试件与其他试样具有显著不同的特征。图 7-8 为该法向压力下大理岩结构面试件剪切前的照片，其中红色虚线表示劈裂面的位置 (试样准备时，劈裂发生了较大偏差，导致结构面异常不规则)，绿色点画线为实际剪切破坏面的位置，箭头指向为剪切方向。由于该试件劈裂时实际的劈裂面与预想位置出现了较大偏差，实际劈裂面高于预想的劈裂面，剪切时并没有完全沿着预制的劈裂面剪切，绝大部分是在完整岩石内发生了剪切 (绿色点画线)，仅在左侧沿着预制结构面剪切，因此形

成了新的剪切破裂面。该剪切实际上相当于发生在完整岩块的剪断试验中，造成该试件的剪应力–剪切位移曲线峰后产生极强的应力跌落，剪坏时释放出极大能量，因此这种结构面的剪切破坏将可能会诱发岩爆。另外该试样的剪切试验也证明在第 2 章中关于结构面剪切破坏诱发的岩爆可分为“滑移型岩爆”和“剪切破裂型岩爆”的分类方法是正确的。剪切破裂型岩爆既包括弱面的剪切又涉及完整岩体的剪断，将释放更大的能量，该结构面剪切过程中的剪应力和声发射能量率随时间的变化如图 7-7 所示 (注意这里横坐标是时间，而图 6-8 中的剪应力曲线对应的横坐标为剪切位移，因此两图有所不同)，可见能量率峰值在剪应力峰值后应力跌落时取得，且最大值大于 10^4。

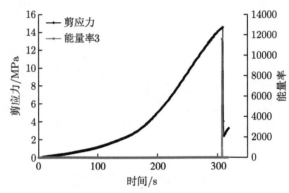

图 7-7　3MPa 法向压力下大理岩结构面剪应力和 AE 能量率变化曲线 (3#AE 传感器)

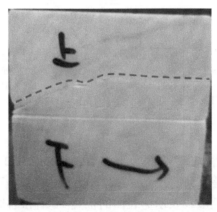

图 7-8　法向压力为 3MPa 大理岩结构面试件剪切前的照片

对于花岗岩而言，法向压力对其力学特性的影响要大于结构面表面形貌，因为即使非常平坦的结构面当法向压力大到一定程度时，也会发生很大的应力跌落和黏滑现象，从而诱发岩爆。

7.2.4 充填物

地下工程围岩的结构面岩体中，面壁之间可能有充填物存在，当充填物厚度较大时，结构面剪切介质主要是中间软弱夹层的剪切，因此夹层的性质控制了结构面的剪切力学特性。在深部岩体工程中的原岩结构面面壁之间可能含有少量的充填物，如岩石碎屑、黏土质矿物等。这种含少量充填物质的充填节理的力学行为还不完全清楚，少量充填物的存在会对剪切型岩爆有何影响也有待研究。因此，在砂浆结构面的剪切试验中，选取了干土、湿土和砂浆碎屑作为充填物质，进行了法向压力同为 3MPa 的剪切试验，三种充填物质如图 7-9(a) 所示，三种不同充填物的体积是一样的，均是一矿泉水瓶盖的量，试验中选用的三块试样表面都相对较为平坦。图 7-9(b) 为含有三种充填物的结构面剪切后的照片，可见对于由干土充填的结构面，土颗粒被进一步压碎，而且面壁上散布着一些白色区域，这些白色区域是由于上下面壁之间的粗糙起伏结构穿透干土的覆盖后相互剪切摩擦形成的，说明对于含少量干土覆盖的结构面而言，剪切的介质是干土颗粒以及部分突起的起伏体；对于湿土充填的节理而言，湿土被碾压成了层状的泥皮，而且泥皮随着上下盘的相对运动也在运动，另外结构面壁上也有少量位置有白色区域；对于颗粒充填的结构面，由于施加的法向压力相对较小，有的颗粒并没有完全碾碎。如图 7-10 所示为无充填结构面和三种充填结构面在相同压力 (3MPa) 下的

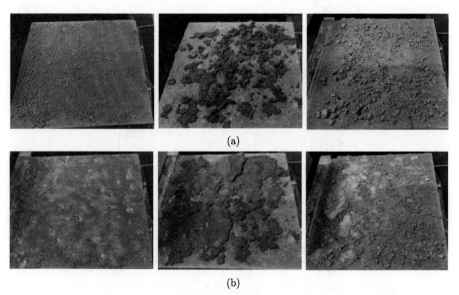

(a)

(b)

图 7-9 三种不同充填物的砂浆结构面剪切前 (a) 和剪切后 (b) 的照片

剪应力–剪切位移曲线,可见充填结构面的剪切强度较无充填时显著降低,且峰值后不再具有为位移弱化特征,而是表现出随剪切位移增大,剪应力近似恒定的状态,四种结构面的强度关系为:无充填 > 干土充填 > 砂浆颗粒充填 > 湿土充填。由于结构面被充填后不再发生应力跌落,因此其剪切破坏时的能量释放会大大降低,图 7-11 表明,3MPa 压力下无充填砂浆结构面的能量率峰值是干土充填条件下的 100 倍,因此当结构面被充填物 (如黏土、湿土或一般的岩石碎屑物) 填充时,结构面剪切破坏导致岩爆发生的概率非常低。

但通过地震学家的研究来看,当地壳断层的断层泥中含有硅酸盐矿物时,断层可能会发生黏滑而诱发地震 [219],因此当深部围岩中结构面之间含有石英矿物、硅酸盐矿物等时是否也会产生非稳定滑动 (如黏滑) 还需要深入研究,因为深埋岩体工程虽然处于较高的应力状态,但相比于离地表数十千米到上百千米的地壳中的应力状态来说,仍然处于 “低” 应力水平。

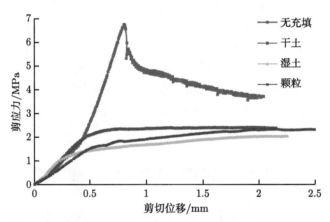

图 7-10　无充填和含三种不同充填物的剪应力–剪切位移曲线

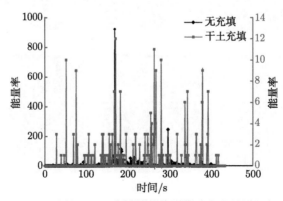

图 7-11　无充填和干土充填的结构面剪切声发射能量率对比

7.2.5 剪切变形历史

结构面在爆破扰动等动载作用下可能经历多次剪切作用，为研究剪切变形历史对结构面力学特性的影响，对部分结构面试件进行了三次剪切，下面选取砂浆结构面 (1MPa 法向压力) 和花岗岩结构面 (7MPa 法向压力) 的剪切试验结果进行论述。

图 7-12 为砂浆结构面三次剪切的剪应力–剪切位移曲线，可见随剪切次数增加，结构面峰值剪应力显著减小，并且第一次剪切的剪应力曲线形态与随后的剪切曲线形状发生较大变化，结构面第一次剪切时经历了峰前稳定增长和峰后缓慢减小阶段，剪应力有尖锐的峰值，但第二次和第三次剪切时剪应力一直缓慢上升直到达到稳定状态，不存在位移弱化现象，第二次剪切强度略大于第三次的剪切强度但两者整体差别不大，并且都非常接近第一次剪切的残余强度。

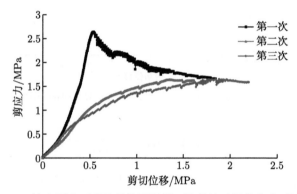

图 7-12 1MPa 法向压力下砂浆结构面经历三次剪切时的剪应力–剪切位移曲线

图 7-13 为花岗岩结构面经历三次剪切时的剪应力–剪切位移曲线，随剪切次数的变化花岗岩与砂浆结构面具有很相似的剪应力变化规律，第一次剪切时花岗岩发生了峰后强烈的应力跌落，而之后的第二次和第三次剪切时其剪应力变化非常平缓，剪应力达到峰值后也不存在位移弱化。

通过分析砂浆结构面和花岗岩结构面经历多次剪切后的剪应力曲线可知，第一次剪切时，剪应力都会先后有位移强化和位移弱化 (剪应力先随剪切位移升高又随剪切位移降低) 现象，这是因为结构面上下盘起伏结构相互咬合，结构面滑动需要克服这些咬合的起伏结构的阻力，当剪应力升高到一定程度，达到上下起伏体之间的摩擦强度或剪切强度时，起伏体发生破坏，对下盘滑动的阻力会降低，因此剪应力变为位移弱化，随着剪切位移的继续增加，结构面面壁在该法向压力下的损伤已经达到极限程度，因此只靠上下面壁之间的滑动摩擦阻力继续阻碍下盘的滑动，即达到剪切的残余强度阶段。在第二次和第三次剪切中，由于法向压力并没有升高，并且阻碍滑动的起伏结构已经发生了破坏，因此结构面表面基本不会再发生更进一步的损伤，因此剪应力不再发生位移弱化行为，且最终的残余强度与第一次剪切的残余强度非常接近，都是结构面的滑动摩擦阻力。

可见经历多次剪切的结构面剪切强度降低，第一次剪切时已经把主要的阻碍结构面滑动的起伏体破坏，释放了很大一部分能量，在之后的剪切过程能量释放会大大减小，因此发生岩爆的概率也大大降低。

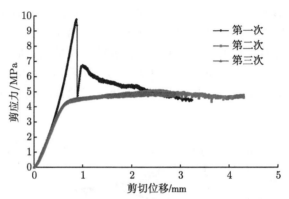

图 7-13　7MPa 法向压力下花岗岩结构面经历三次剪切时的剪应力–剪切位移曲线

7.3　小　　结

为了解原岩结构面在不同条件下的剪切力学特性，进而研究结构面剪切诱发岩爆的影响因素，通过人工劈裂的方法制作了砂浆、大理岩和花岗岩三种不同岩石类型的结构面并开展了直剪试验，辅以声发射监测结构面剪切破坏过程中的声发射规律，了解不同条件下结构面剪坏过程中声发射参数的演化规律，尤其是能量释放特征。本章主要研究了岩性、法向压力、结构面表面形貌、充填物和剪切历史对结构面剪切型岩爆的影响，主要得到如下结论。

(1) 相比于砂浆结构面和大理岩结构面，花岗岩结构面剪切时更容易导致岩爆发生，结构面本身既可能是岩爆的位置，也可能作为辐射能量的震源造成结构面周围岩体发生岩爆，花岗岩结构面剪切破坏时释放的能量可能来自峰值后的第一次强应力跌落，也可能来自随后剪切过程中黏滑阶段的应力跌落，当有黏滑发生时结构面可能会导致连续岩爆。

(2) 砂浆结构面和大理岩结构面在所研究的整个压力范围内以静力剪切破坏为主，因此对于实际工程中经常遇到的大理岩结构面 (或节理、层理、断层等) 诱发剪切型岩爆的概率远小于花岗岩结构面。但这并不代表大理岩结构面不会发生剪切型岩爆，当结构面发生静力剪切滑移时会造成周围岩体发生挤压，岩体内应力集中程度增大，当超过岩体的承载极限时，硬脆性大理岩也可能发生岩爆。除此之外，当节理表面凹凸不平高差相对较大时，结构面可能因起伏结构的剪断或上下盘拉断而发生强烈的应力跌落式破坏从而释放极大能量导致岩爆发生。

(3) 花岗岩结构面对法向压力的敏感性要大于砂浆和大理岩结构面，随着法向压力升高，花岗岩结构面由缓慢破坏到峰后出现应力跌落再到出现黏滑，因此随法向压力增大花岗岩结构面发生剪切型岩爆的概率增大；砂浆和大理岩结构面虽然很少出现峰后应力跌落式的破坏，但随法向压力增大，其破坏模式也在发生变化，低法向压力下试件剪坏后还相当完整，只是面壁有磨损，而高法向压力下逐渐出现拉伸断裂破坏和冲击断裂破坏模式。

(4) 砂浆结构面含充填物的剪切试验表明，充填物使结构面的剪切曲线"钝化"，即无充填节理剪切时剪应力先后具有位移强化和位移弱化特征，如果位移弱化是以应力跌落的方式发生的那可能会诱发岩爆；节理充填后剪应力强度显著降低并且只有峰值前的位移强化阶段，之后剪应力随剪切位移增大几乎保持不变，能量释放显著降低，发生岩爆的概率也降低。

(5) 剪切历史对结构面剪切力学特性的影响与充填物的影响类似，经历多次剪切的结构面剪切强度逐渐降低，并且第二、三次剪切稳定后的强度与第一次剪切的残余强度差别不大。由于第一次剪切时已经把主要的阻碍结构面滑动的起伏体破坏，释放了很大一部分能量，在之后的剪切过程中能量释放会大大减小，发生岩爆的概率也大大降低。

第 8 章　硬岩结构面起伏体损伤特点及对动力剪切失稳的影响

8.1　引　　言

岩石结构面不同于普通的平面，其表面分布有复杂的三维结构使得结构面具有不同的粗糙度特征。结构面表面的起伏体分布、高度、数目和强度等对结构面的强度、变形、渗透等特性起主要控制作用。因此，研究结构面起伏体的损伤规律和特点对于揭示结构面在复杂地质力学条件下的破坏机制、建立结构面剪切损伤本构关系具有重要意义。虽然已经有很多学者致力于研究节理粗糙度对岩石节理剪切行为的影响，但对剪切过程中粗糙度退化的机制和规律仍然不清。尤其以往的研究多采用模型材料 (砂浆、石膏等) 制作的规则锯齿状结构面或复制结构面，这些材料与深部硬岩的性质有较大差别，试验中无法承受高应力作用。因此，为研究深部硬岩结构面的剪切损伤特点，最宜采用硬脆性岩石本身作为试验对象，而非模型材料。另外，硬岩结构面起伏体的损伤对其宏观力学行为的影响则很少有研究涉及。由于岩石材料的不透明性，因此剪切过程中结构面内部的实时损伤特点无法观察获得，一些先进的光学的监测方法 (如数字图像处理技术 (DIC)) 无法发挥作用。声发射监测技术则是一种非常理想的监测手段，当脆性岩石内部发生破裂时，声发射传感器可以实时监测和定位内部的损伤数量及程度，目前将声发射技术应用于高应力条件下岩石节理剪切破坏监测和分析的研究还很少。

本章主要以第 6 章中花岗岩结构面在不同法向压力下 (1~45MPa) 的剪切试验为基础，对部分结构面进行了多次剪切试验 (第一次试验之后，结构面的上盘和下盘重新组合，第一次剪切产生表面碎屑不进行清理，在相同的剪切速率和法向压力下第二次或第三次剪切)。详细分析花岗岩结构面剪切过程中的声发射规律和特征，以此揭示花岗岩结构面起伏体的损伤规律；通过对花岗岩结构面开展多次剪切试验以及对起伏体施加不同程度的损伤，探讨损伤作用对剪切力学特性，尤其峰后特性的影响。

8.2　不同压力下花岗岩节理剪切特性

8.2.1　剪应力–剪切位移曲线

图 8-1 为花岗岩节理剪应力–剪切位移曲线, 该部分的试验结果前面已有论述, 为保证内容连贯性, 这里只作简要描述。由图可知, 法向应力大小对花岗岩结构面剪应力曲线有显著影响, 随着法向压力增大, 花岗岩结构面的破坏模式由缓慢稳定破坏到突然的峰后应力降破坏再到峰后的黏滑失稳破坏转变。所有曲线中应力降都伴随着巨大的声音, 这些强脆性结构面破坏特征在其他研究中鲜有报道, 原因是以往的试验中所用的结构面多是采用模型材料制作, 或者即使采用真实岩石节理但法向应力较低, 因此无法再现这种动力剪切失稳现象。这证明需要使用真实的岩石而不是模型材料来研究硬脆性岩石结构面在高应力下的剪切力学行为的必要性。试验结果也表明即使是在 45MPa 法向应力下起伏体上也没有发生明显的屈服 (峰值前剪应力线弹性上升), 这不同于中硬岩或软岩, 例如大理岩、石灰岩和水泥砂浆, 他们的峰后剪应力几乎保持恒定, 而不是在高法向应力下达到峰值后减弱。Wawersik、Ai 等、Meng 等、Tarasov[25,200,217,220] 也报道了类似的结果, 即由于花岗岩的脆性的矿物组成成分 (石英、长石等), 即使在高围压下也会发生强脆性破坏。

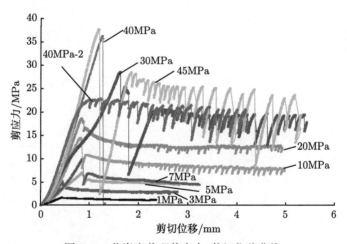

图 8-1　花岗岩节理剪应力–剪切位移曲线

当法向应力为 40 MPa 时, 峰值应力由 36 MPa 降至 0 MPa, 并发出较大响声; 40 MPa -2 曲线为同一节理第二次剪切后的曲线

8.2.2　不同法向应力条件下声发射事件的分布

采用二维声发射定位技术监测获得剪切过程中的声发射事件，图 8-2 为不同法向应力下的声发射事件的空间分布规律 (在高法向应力下，传感器与岩石表面的耦合作用由于岩石变形而松动，因此仅获得 1~20MPa 的法向应力下的声发射数据并进行分析)。声发射作为岩石破裂过程中发出的弹性波，每一个声发射事件都代表岩石中的一个破裂事件。对于结构面的剪切，声发射信号主要来源于表面起伏体的开裂、滚动、破碎和滑动，一小部分来自于完整岩石内部远离节理表面的局部破裂。从图 8-2 可以看出，声发射事件的总数随着法向应力的增加有增加的趋势，说明法向应力水平对表面粗糙度的损伤有相当大的影响，粗糙度劣化程度随着法向应力的增加而增加。由于本研究使用的结构面为劈裂产生，具有不同的表面形貌，因此定位的声发射事件还与结构面的三维形貌有关，这可以解释并不是所有的节理都符合声发射事件随法向应力增加而增加的规律。

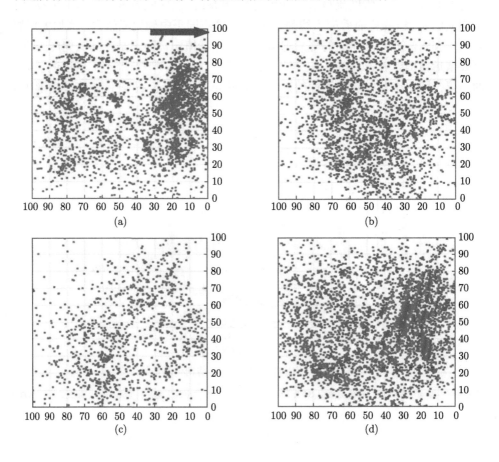

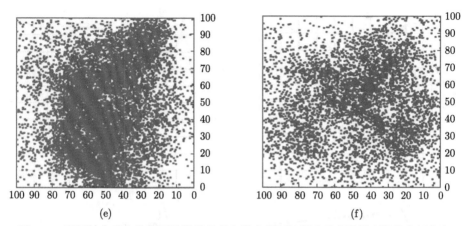

图 8-2　不同法向应力作用下花岗岩节理在整个剪切过程中的声发射事件的空间分布

(a) 1MPa；(b) 3MPa；(c) 5MPa；(d) 7MPa；(e) 10MPa；(f) 20MPa (图中 4 个绿点为 4 个传感器；箭头表示剪切方向)

8.3　花岗岩结构面起伏体的损伤特性

8.3.1　不同法向应力下基于声发射事件的粗糙度损伤特征

图 8-3 为不同法向应力下累积声发射事件和剪应力随剪切时间的变化情况，事件曲线大致呈 "S" 形，依据声发射事件的增长规律可以将曲线划分为三个阶段：初始剪切阶段即缓慢增长阶段，中间剪切阶段即快速增长阶段，后期缓慢增长阶段 (或几乎恒定阶段)。由于花岗岩是由石英、长石、云母等硬脆性矿物组成的硬岩，声发射即使在结构面残余摩擦滑动阶段由于脆性矿物的滚动、破碎和滑动而依然保持活跃，这导致事件累积曲线图中的第二个拐点 (从快速增长到缓慢增长的过渡点) 在某些情况下不明显。声发射事件的快速增长表明持续的剪切加剧了表面起伏体的损伤。因此，本研究将累计事件曲线的第一个拐点 (即从缓慢增长到快速增长的拐点) 定义为起伏体损伤起始剪应力 (τ_{di})。如表 8-1 所示，根据累计声发射事件曲线计算了法向应力为 1MPa、3MPa、5MPa、7MPa、10MPa 和 20MPa 时不同结构面的应力值 τ_{di}。可以看出，所有节理的起伏体损伤起始剪应力均约为峰值抗剪强度的 0.5 倍左右，与法向应力相关性不大。起伏体损伤起始剪应力的判据可归纳为

$$\tau_{di} = 0.485\tau_p \tag{8.1}$$

因此，如果建立了结构面的峰值剪切强度判据，则可以用上述公式确定起伏体损伤起始的剪应力值。

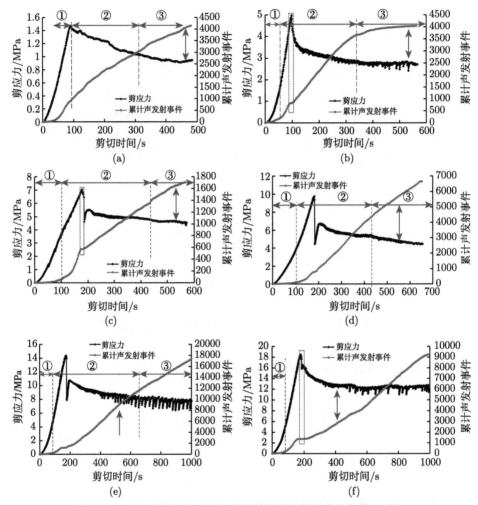

图 8-3　不同法向应力下累计声发射事件和剪切应力与剪切时间

(a) 1MPa；(b) 3MPa；(c) 5MPa；(d) 7MPa；(e) 10MPa；(f) 20MPa（垂直箭头表示终点声发射统计数据，例如 500s，并且虚线框表示小高峰；①，②和③分别表示声发射事件的缓慢增长期、快速增长期和缓慢增长期）

　　为了更精确分析每个阶段起伏体的损伤程度，获得了从开始到损伤起始剪应力再到峰值剪应力和试验结束三个阶段内的声发射累积事件数，分析了剪切过程中不同阶段的声发射事件。在研究高法向应力结构面失稳黏滑特性时，结构面的剪切位移一般较大，大于低应力下无黏滑现象的结构面试验，而声发射事件的数量一般随剪切位移的增加而增加。因此，为了更好地比较不同试样的声发射事件，我们只计算剪切位移 0~2.5mm 或剪切时间 0~500s 范围内的声发射事件（因为当法向应力为 1MPa 时，剪切位移最小，为 2.5mm），相关数据在表 8-1 中给出。

N_{di}，N_p 和 N_t 分别是结构面在损伤起始剪应力、峰值抗剪强度和统计终点 (如 500s) 时的声发射累积事件数。根据分析，只有少数声发射事件 (不超过总事件的 10% 甚至 5%(N_{di}/N_t)) 在第一阶段内发生，表明该阶段仅对起伏体产生弹性压密作用，对凹凸体的损伤极为有限。在达到起伏体损伤起始剪应力后，第二阶段的退化率显著增加，声发射事件数占总事件数 [$(N_p - N_{di})/N_t$] 的 10%～30%，说明虽然损伤率更快，但总损伤仍然较低。在第三阶段，63%～85% 的声发射事件 [$(N_t - N_p)/N_t$)] 在这一阶段发生，因此大量起伏体损伤是从峰值剪切强度开始的。上述分析表明，结构面起伏体的损伤具有以下特点：在损伤起始剪应力之前，损伤量较小，且发生的速度很慢；从 τ_{di} 开始，损伤加剧，且大部分损伤发生在峰值剪切强度后，但损伤发生的速率略低于峰值剪切强度前阶段。这些由声发射事件时间分布得到的损伤特征与 Grasselli 等 [221]、Karami 和 Stead[222] 以及 Bahaaddini 等 [223] 的数值结果一致。在中、高法向应力作用下，结构面出现极强的脆性破坏，峰值强度跌落至较低值；然后，剪切应力再次增加，这可以看作是一个重新加载过程。因此，在这段时间内，损伤率降低，这可以解释为什么在累计声发射事件曲线上出现了一个小的平台。

表 8-1   不同法向应力下剪切强度和声发射事件

σ_n/ MPa	τ_p/ MPa	τ_{di}/ MPa	τ_{di}/ τ_p	N_{di}	N_p	N_t	N_{di}/ N_t	N_p/ N_t	$(N_p - N_{di})$/ N_t	$(N_t - N_p)$/ N_t
1	1.48	0.737	0.498	239	907	4152	0.0576	0.2184	0.1609	0.7816
3	4.98	2.28	0.458	277	822	4000	0.0692	0.2055	0.1363	0.7945
5	7.04	3.72	0.528	91	573	1572	0.0579	0.3645	0.3066	0.6355
7	9.77	5.08	0.520	181	787	5180	0.0349	0.1519	0.1170	0.8481
10	14.35	7.09	0.494	509	1239	8389	0.0607	0.1477	0.0870	0.8523
20	18.50	7.59	0.410	400	1367	3700	0.1081	0.3695	0.2614	0.6305

注：σ_n、τ_p、τ_{di} 分别为法向应力、峰值剪切强度和起伏体损伤起始剪应力；N_{di} 和 N_p 分别为起伏体损伤起始剪应力和峰值剪切强度处的声发射事件数，N_t 为 $0 \sim 2.5$mm 剪切位移统计范围内的声发射事件总数。

8.3.2 花岗岩节理的剪胀特征

结构面的剪切强度随粗糙度的增加而增加，特别是在地下环境中当岩石沿节理表面的剪胀被部分或完全约束住时，节理表面的法向应力增大，导致张开节理闭合，节理剪切强度大幅提高。因此，人们提出了不同的峰值剪胀角模型，并据此建立了不同的峰值抗剪强度准则。此外，起伏体损伤也可以通过研究剪胀曲线 (结构面法向位移曲线) 来分析，因为当起伏体比较完整、无损伤时剪胀现象明显，反之如果起伏体被剪断并且损伤严重，剪胀则会减弱。1MPa、3MPa、5MPa、7MPa 和 20MPa、30MPa、40MPa、45MPa 法向应力下的剪胀曲线 (即法向位移曲线)

分别如图 8-4(a) 和 (b) 所示。

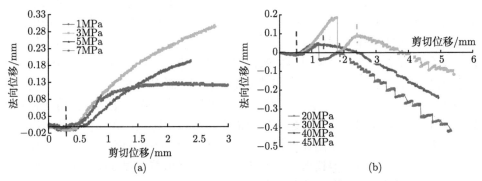

图 8-4   不同法向应力下花岗岩结构面法向位移–剪切位移曲线

当法向应力低于 7MPa 时，法向位移曲线可分为两个阶段，由图 8-4(a) 中的虚线分隔。在剪切初始阶段，法向 (垂直) 变形为压缩；在达到最大垂直位移后，节理开始剪胀，直至试验结束。此外，剪胀曲线表明，垂直位移 (剪胀部分) 随着剪切位移增大以逐渐减小的速率增加，当法向应力为 7MPa 时，剪切位移超过 1.5mm 后，剪胀曲线基本保持不变。最大法向位移 (剪胀) 随法向应力的增大有减小的趋势。在结构面粗糙度相近的条件下，剪胀越明显，说明起伏体的损伤程度越弱，结构面沿着起伏体发生爬坡效应；结构面剪胀越弱，说明起伏体的损伤程度越高，起伏体被剪断、压碎后很难再发生低应力下的抬升效应。

当法向应力大于 20MPa 时，结构面的法向位移曲线经历了三个阶段，如图 8-4(b) 所示；前两个阶段与低法向应力条件下相似，随着剪切位移的增加由压缩向剪胀转变。当法向应力为 40MPa 时，在峰后发生大的应力降后人为终止试验，因此，曲线只显示了前两个阶段 (压缩–剪胀)。由于花岗岩结构面在峰后阶段表现出强烈的脆性破坏特征 (剧烈的应力降和周期性的黏滑)，因此当应力突降时法向变形曲线发生跳跃。由于法向应力为 20MPa 时黏滑阶段的应力降相对较小，因此剪胀曲线比其他曲线平滑。从曲线上的第二个转折点 (用与对应的法向位移曲线颜色相同的虚线表示) 开始，结构面的法向变形变为压缩，最终的压缩变形随着法向应力的增加有增大趋势。结构面之所以最后产生压缩变形，与结构面上、下盘的大尺度损伤有关，在高应力条件下，结构面除了面壁表面的损伤外，上、下盘内部也会发生大的拉伸断裂，导致岩石试样的整体结构性减弱，在持续的压缩和剪切作用下发生压缩变形。

岩石边坡、大型水坝坝基和地下岩石结构如放射性废料储存库和能量储存库等，对爆破和地震等动荷载作用下的稳定性有极高的要求，因此了解岩石结构面在循环和动荷载作用下的剪切特性具有重要意义。岩石节理在循环加载过程中会发生多次剪切，在第一次剪切循环后节理表面起伏体可能会发生破坏，导致节理的剪切行为发生较大变化。因此，本研究对部分节理进行了多次剪切，并详细分析了能反映起伏体损伤程度的剪胀曲线的特征。

在第一次剪切后，将结构面上盘放置于第一次剪切时的位置，然后在相同的法向应力和相同的剪切速率下沿第一次剪切方向进行剪切。如图 8-5 所示为花岗岩结构面在不同法向应力作用下经过 2 次或 3 次剪切循环的部分法向位移与剪切位移曲线。当法向应力较低时 (如图 8-5(a)，(b) 中的 1MPa 和 5MPa)，无论剪切循环次数如何，竖向位移均由压缩和剪胀两部分组成，且增加速率随剪切位移增加而减小；曲线的后半部分几乎是水平的。但随着剪切循环次数的增加，最大剪胀值逐渐减小，并有向压缩过渡的趋势。当法向压力很高时 (20MPa 和 30MPa)，在第二次循环剪切时几乎没有剪胀，都是压缩变形 (图 8-5(c) 和 (d))，并且最大压缩位移随剪切循环的次数增加而增加，这与低法向压力下的结果不同。

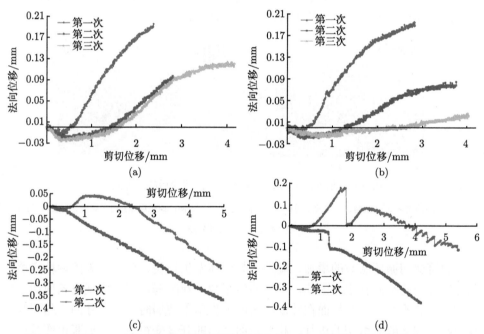

图 8-5　经历 2 ～ 3 次剪切循环的花岗岩节理法向位移与剪切位移关系图: (a) 1MPa；(b) 5MPa；(c) 20MPa；(d) 30MPa

剪切初期，接触面间隙逐渐闭合，接触起伏体发生弹性压缩变形；当这些被压缩起伏体之间发生相互滑动时，垂直变形由压缩变为剪胀；当法向应力较低时 (如法向应力为 1MPa、3MPa 或 5MPa)，剪胀现象一直持续到试验结束。但在较高的法向应力作用下，在剪切的最后阶段起伏体的损伤退化已达到极限，不再进行压缩和剪胀，因此起伏体的剪胀几乎保持不变。当法向应力大于 20MPa 时，剪胀向压缩转变。上述分析表明初始压缩是由张开节理的闭合以及试样的部分弹性变形引起的，并且中间段的剪胀是起伏体向上滑动时的爬坡效应造成的。破坏后对试件的仔细检查表明，高法向应力下法向位移曲线最后阶段的压缩变形是由试件内部损伤和试样的拉伸开裂引起的。试样破坏后的典型照片如图 8-6 所示，除结构面上的起伏体磨损和损伤外，剪切面外的岩体中还发生破坏，完整岩石的上下盘出现一些斜裂缝，与剪切方向相交成锐角。前人的数值模拟研究中也发现了这些裂缝 [150,222-225]，这是由于在压剪作用下，剪应力和拉应力在结构面凹凸体，特别是在大凸起的底部产生应力集中。当集中应力超过起伏体的拉应力时，微裂纹在拉剪作用下将扩展成大的拉伸断裂。Asadi 等 [150] 也指出，只有当法向应力高于某一个临界值时，才会发生这种偏离结构面的破坏，本研究的试验结果也证明了这一点；当法向应力低于这个临界值时，只会发生沿着结构面的摩擦滑动破坏。拉伸裂纹产生后，节理的垂直压缩率则会增大。

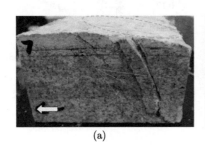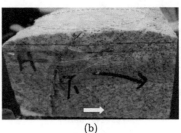

(a)　　　　　　　　　　　　　　　(b)

图 8-6　法向应力 40 MPa 下第二次剪切后的节理照片

(a)、(b) 分别为结构面下盘剪切方向的左侧和右侧，箭头表示剪切方向；绿色虚线和蓝色虚线分别表示表面损伤和完整岩石中的拉伸断裂

随着剪切循环次数的增加，陡峭的起伏体发生损伤、破坏，破碎颗粒充填在凸起物之间的小波谷中；因此，竖向的剪胀被不断削弱，即剪胀现象随剪切次数增大而变的不明显。结构面在较低法向应力作用下剪切时，大尺寸的凸起不容易被剪断，因此随着剪切的进行，相对表面之间的开度变得更大，剪胀也变得更加明显。随着法向应力的增加，一部分凸起在剪切过程中被剪断，这使爬升的幅度较小，导致剪胀变弱。

8.3.3　声发射事件随剪切循环的演化规律

声发射事件的数量和分布反映了结构面起伏体的损伤程度。因此，本节将介绍声发射事件随剪切循环的演化过程。

表 8-2 列出了结构面在 1~10MPa 方向应力下，不同结构面试样在经历了几个剪切循环后所定位的声发射事件数。在 1MPa 法向应力下，第一、二、三次剪切中分别有 4152、2149 和 1833 个事件被记录下来。图 8-7 为剪切过程中声发射事件的空间分布 (为了更准确对比，相同法向应力下统计声发射事件数的不同剪切循环的总剪切位移 (或剪切时间) 应相等，如表 8-2 所示)。声发射事件随剪切循环次数的变化规律与 8.3.2 节讨论的剪胀特征一致，在第一次剪切过程中，起伏体发生最大数量的损伤；在第二次剪切过程中，声发射事件和剪胀幅度减小；在第三次剪切中，由于第二次剪切再次对表面起伏体造成了一定程度的损伤，因此本次剪切发生的损伤较少 (在该法向应力下，起伏体的损伤可能达到极限)，声发射事件更少，剪胀也越小。当法向应力为 5MPa 时，三次剪切循环分别获得 1709、1360 和 960 个声发射事件。

表 8-2　不同法向应力下经历多次剪切循环的声发射事件统计

法向应力/MPa	总剪切位移/mm(时间/s)	声发射事件数量		
		第一次	第二次	第三次
1	2.39 (488)	4152	2149	1833
5	2.83 (566)	1709	1360	960
7	2.90 (582)	6012	2719	2057
10	4.98 (1017)	17464	18364	—

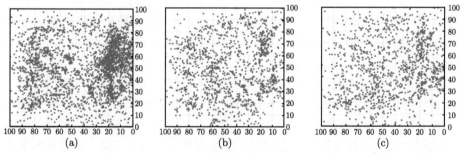

图 8-7　法向应力 1MPa 下，经历多次剪切循环的花岗岩节理声发射事件分布图

(a)~(c) 分别为第一、二、三次剪切后的声发射事件 (对比而言，声发射事件的统计范围为剪切试验开始至剪切位移 2.39mm，在三个循环最小)

由上述分析和表 8-2 中的数据可知，剪胀曲线和声发射事件随剪切循环的演化特征均能反映表面起伏体的损伤和退化规律。声发射事件的分布可以反映节理表面起伏体损伤的情况，而剪胀曲线既可以反映表面起伏体损伤，也可以反映上、下盘完整岩石内部的张拉破坏等损伤。在第一次剪切之后，陡峭的凸起体或凸起尖端被切断，削弱了后续剪切循环中的剪胀作用。当起伏体受剪应力和拉应力的作用而破裂剪断时，产生声发射信号；当大部分起伏体被剪坏后，声发射信号主

要源自剪坏碎片在面壁的滚动、破碎和接触面间的滑动摩擦。

8.4　起伏体损伤对宏观力学特性的影响

当结构面两界面之间发生剪切位移时，表面的凸起物因磨损或剪断而退化。结构面还可能承受地震和爆破等动荷载引起的循环剪切，本节主要分析花岗岩结构面经过多次剪切循环后的剪切特性，包括剪应力曲线、剪切强度、黏滑特性和声发射 b 值等，重点探讨结构面起伏体损伤对其峰后剪切力学行为的影响。

8.4.1　起伏体损伤对节理峰后剪切行为的影响

图 8-8 为花岗岩结构面在不同法向应力和多次剪切循环下的剪应力–剪切位移曲线。第一次剪切时，随着法向应力的增加，花岗岩节理呈现强脆性破坏特征，仅当法向应力为 1MPa 时，无峰后应力降发生，剪应力曲线上有明显的峰值。对于大部分试样，在第二次和第三次剪切时，所有结构面明显的峰值剪切强度消失，剪应力增大到拐点后在后续的剪切中近乎保持不变。第一次剪切的残余抗剪强度(法向应力较高时出现黏滑失稳，每次黏滑的剪应力峰值差别不大，因此将该峰值近似作为结构面的残余剪切强度，如图中绿色虚线所示) 与后续剪切循环的基本相同，但当法向应力为 20MPa 时，随着剪切位移的增加，剪应力有逐渐增大的趋势 (图 8-8(e))。分析发现当法向应力为 20MPa 时，在第一次剪切后，结构面下盘边缘有两个非贯通裂隙，第二次剪切结束后，有两块碎块与裂隙外的母岩分离，因此剪应力的逐渐增大可归因于实际剪切面积的减小 (法向荷载保持不变，而剪切面积因两块岩块的剥落而减小，导致实际的法向应力大于 20MPa)。

上述分析清楚地表明了起伏体损伤对花岗岩结构面峰后剪切行为的影响。第一次剪切时，剪应力主要由这些面向剪切方向的表观倾角大于临界值[226] 的凸起体承担；当法向应力较低时，只有小的凸起或大的凸起尖端被切断，当施加高的法向应力时，大的凸起可以被直接切断。在达到峰值剪应力之前，能量逐渐积聚在咬合的起伏体中，法向应力越高，大的起伏体内积聚的能量越多。剪应力达到峰值后结构面发生剪切错动，此时应力和能量或者以缓慢的方式释放 (低应力)，或者以突然的方式释放 (高应力)。由于起伏体在第一次剪切中发生了最大程度的损伤 (定位的声发射事件最多)，当结构面被二次或者三次剪切时，损伤的起伏体内无法积累如第一次那样多的能量，此时峰值剪切强度由上下界面间的摩擦强度决定，而不是由于起伏体的强度决定，因此此时的剪切强度与第一次剪切时候的残余强度相近。

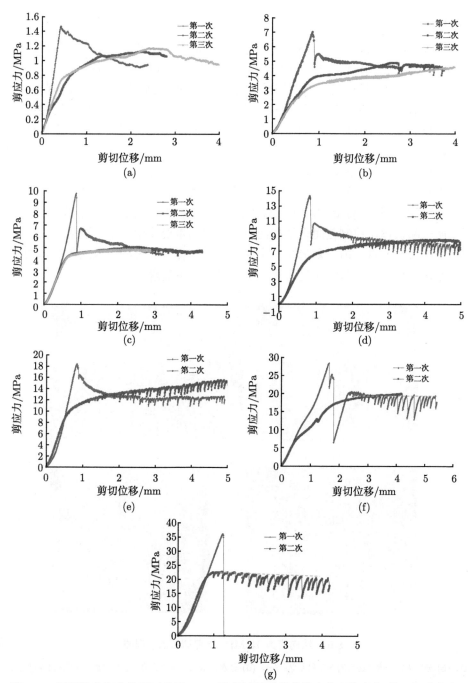

图 8-8　不同法向应力作用下经历 2 ～3 次剪切循环的花岗岩节理剪应力–剪切位移曲线:
(a) 1MPa; (b) 5MPa; (c) 7MPa; (d) 10MPa; (e) 20MPa; (f) 30MPa 和 (g) 40MPa

8.4.2 起伏体损伤对黏滑的影响

在第一次剪切时，当法向应力大于 10MPa 时，在摩擦滑动阶段出现了黏滑现象。但是在第二次剪切中，只有在法向应力为 20MPa 和 40MPa 时，结构面才发生黏滑，其他结构面第二次剪切时的力学行为与低法向应力下的剪切特性类似。如图 8-9(a) 和 (b) 所示，当法向应力为 10MPa 时，虽然第一次剪切时结构面出现了明显的峰后应力降和周期性的黏滑失稳，但结构面仅仅发生了表面起伏体的磨损破坏，其中蓝色虚线框表示表面磨损较为严重的区域，与图 8-2(e) 中声发射事件密集分布区很好地对应。第二次剪切过程中，剪应力曲线上黏滑消失，同样未出现明显的裂纹，如图 8-9(c) 和 (d) 所示，说明除了表面起伏体的进一步磨损外 (白色区域面积较图 8-9(a) 和 (b) 有所增加)，没有出现新的明显断裂。以上分析说明了起伏体在控制花岗岩结构面黏滑方面的重要作用。第一次剪切之后，表面起伏体损伤严重，由于黏滑是一个能量积累和释放的过程，因此起伏体的损伤使其难以再次积聚足够的能量在第二次剪切时产生黏滑。

图 8-9　法向应力 10 MPa 下剪切后的节理照片

(a)、(b) 分别为第一次剪切后的下盘和上盘；(c)、(d) 分别为第二次剪切后的下盘和上盘。黄色实线箭头表示下盘的剪切方向，虚线箭头表示相对剪切方向，因为上盘在剪切方向上静止不动

当法向应力为 30MPa 时，第一次剪切后的试件如图 8-10(a) 和 (b) 所示，结

构面上盘上可以看到一条几乎垂直于剪切方向的两条大裂纹，但试样仍然相对完整、没有分离。同时在下盘两边缘处可见少量裂纹。第二次剪切后，如图 8-10(c) 和 (d) 所示，结构面上下盘表面损伤更为严重，结构面上盘仍然是完整的，但下盘两侧有一些小的薄板从母岩上脱落。从试件破坏后整体的照片 (8-10(e) 和 (f)) 可见，左右两侧有干净、新鲜的斜向拉伸断裂，说明除了表面的损伤外，由起伏体根部产生的裂纹还向试样内部扩展、伸长。正如在法向应力为 10MPa 时所解释的，能量无法在已经发生损坏的起伏体中积累，导致第二次剪切时无黏滑发生。第二次剪切中黏滑消失的另一个原因可能是形成的大的拉伸断裂降低了结构面试样的整体性和完整性，导致上下盘很难再积聚足够的能量，如上述的 30MPa 应力下。但在 10MPa 应力下，结构面仅仅发生表面起伏体的损伤破坏，并无拉伸断裂发生，第二次剪切时也无黏滑，因此判定表面起伏体损伤可能是防止黏滑再次出现的主要原因。

另外两个结构面在 20MPa 和 40MPa 法向应力下的剪切行为与上述两个节理不同，第二次剪切时出现黏滑现象。正如前面所解释的，20MPa 应力时第二次剪切过程中剪应力的逐渐增加是剪切面积的减小所致，下盘四周局部的剥落导致实际受力面积减小，而施加的法向应力为设计的 200kN，因此二次剪切时结构面的实际受力大于 20MPa，二次剪切中出现黏滑现象很大可能是这种法向应力的升高导致的。我们的试验结果也可以作为这种解释的证据，研究发现法向应力的大小对黏滑的发生与否具有很大影响，本次试验中只有当法向应力高于 10MPa 时，黏滑才开始出现，并且黏滑的平均幅值随着法向应力的增大而增大 (如图 8-1 所示)。

在 40MPa 法向应力下，结构面第一次剪切时剪应力急剧下降伴随着一声巨响。由于破坏过程非常剧烈，应力从峰值急剧下降到 0，试验立即被停止，并检查试验设备和试件。试验结束时，剪切位移约为 1.3mm，远小于其他结构面第一次剪切时试验结束的位移。图 8-11(a) 和 (b) 分别为第一次剪切后结构面的上、下盘，均未出现明显的裂纹，表明应力的急剧下降主要是由于起伏体的瞬间剪断引起。之后将上盘重新放到初始位置，在相同的法向应力下重新开始剪切试验，直到剪切位移达到 4.3mm。跟其他结构面类似，在剪应力拐点之后，剪应力趋于恒定 (如图 8-8(g) 所示)，但在残余摩擦滑动过程中出现了明显的黏滑现象。图 8-11(c) 和 (d) 分别为第二次剪切后结构面的上、下盘。对比图 8-11(a) 和 (c) 中的节理上盘，可以看出，图 8-11(a) 中的白色区域并不明显，而且比图 8-11(c) 中的白色区域要少很多；同样，图 8-11(d) 中节理下盘的粉状和白色区域比图 8-11(b) 中更多，说明由于剪切位移较小，第一次剪切时起伏体的损伤程度有限。因此，这些未受损或轻度受损的起伏体仍然可以在控制结构面剪切行为方面发挥重要作用 (如第二次剪切循环中的黏滑)，特别是当剪切位移在 1.3~4.3mm 范围内时。

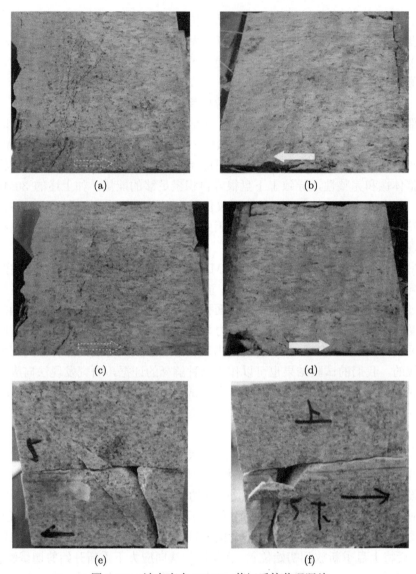

图 8-10　法向应力 30MPa 剪切后的节理照片

(a) 和 (b) 分别为第一次剪切后的上盘和下盘；(c) 和 (d) 分别为第二次剪切后的上盘和下盘；(e) 和 (f) 分别为
第二次剪切后试件的左、右两侧

　　以上分析表明，法向应力水平和粗糙度 (起伏体状态) 是控制花岗岩结构面黏滑的两个重要因素。结构面在 10MPa 和 30MPa 法向应力下的剪切行为表明，起伏体的严重损伤退化导致起伏体很难积聚能量，在相同法向应力下，再次剪切时很难再发生黏滑失稳。40MPa 法向应力下，未损伤或轻微损伤的起伏体在相同法向应力条件下, 二次剪切仍会发生黏滑现象。20MPa 法向应力下的试验表明, 在更高的法向应力下重新剪切, 第一次剪切未发生黏滑的结构面也可能会发生黏滑。黏滑现象只发生在法向应力高于临界值的情况下, 如果结构面被反复剪切, 发生黏滑的临界应力值可能比初次剪切时更高, 因为在后面的剪切中, 需要更高的应力才能在已经产生损伤的起伏体内积聚足够的能量。

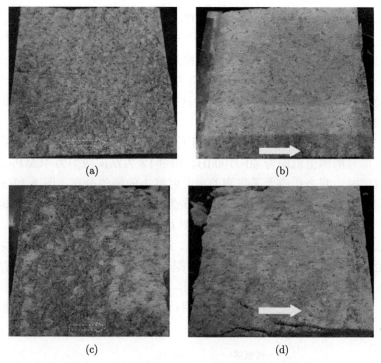

图 8-11 法向应力 40MPa 下剪切后的节理照片

(a) 和 (b) 分别为第一次剪切后的上、下盘; (c) 和 (d) 分别为第二次剪切后的上、下盘

8.4.3 剪切循环对 AE 中 b 值的影响

Gutenberg 和 Richter[227] 提出了一个重要的地震频率–震级的关系

$$\lg N = a - bM \tag{8.2}$$

其中, M 为震级, N 为震级大于等于 M 的事件的累积频率。这一规律称为 G-R 定律, 在对数坐标系下通过拟合震级和频率的关系可以得到一直线, 直线的斜率 b 值是表征地震活动性的一个重要参数。斜率 b 值的几个意义表明, b 值越小, 大震级的事件越多, b 值越大, 小震级的事件越多, 因此, b 值反映了大震级与小震级事件的比例。

由于天然地震与岩石破裂或失稳滑动在本质上相似，岩石破坏过程中微破裂事件的频率–震级关系也符合幂函数规律，只是在岩石破裂中一般用声发射的振幅代替震级，通过下式表示

$$\lg N = a - b\frac{A_{\mathrm{dB}}}{20} \tag{8.3}$$

这里，A_{dB} 为 AE 事件振幅，单位是 dB，$A_{\mathrm{dB}} = 10\lg A_{\max}^2 = 20\lg A_{\max}$，$A_{\max}$ 为声发射事件峰值振幅，单位是 mV[64,144,217,228,229]。由于地壳地震和深部地下工程结构面，因此断层诱发的剪切型岩爆都是由大、小断层，以及结构面的不稳定摩擦滑动 (峰后应力降和黏滑) 引起的动力失稳灾害，研究 b 值的特征对阐明地震和剪切滑移型岩爆的孕育过程及预测具有重要意义。本节讨论剪切循环对 AE 中 b 值的影响。

AE 传感器只记录峰值振幅高于设定门槛值的 AE 撞击，门槛值设置为 40dB，因此 AE 信号的幅值范围为 40～100dB。图 8-12 为法向应力为 10MPa 的结构面第一次剪切时，四个传感器采集到的声发射撞击的幅值分布。图 8-12(a) 第一列蓝色数据表示振幅大于 40dB 的 AE 撞击为 164995 次，最后一列蓝色数据表示振幅大于 95dB 的 AE 撞击为 871 次。然后分别以 $A_{\mathrm{dB}}/20$ 和 $\lg N$ 作为横坐标和纵坐标，在坐标系中绘制一系列数据点，通过公式 (8.2) 拟合得到直线的斜率 b 值和截距 a 值。法向应力为 10MPa 时的拟合结果如图 8-13 所示，各传感器计算得到的 b 值分别为 0.893、0.831、0.842 和 0.849，说明各个传感器监测的结果基本一致。截距 a 表示接受到的总撞击数目，可以作为衡量声发射活动性的指标。

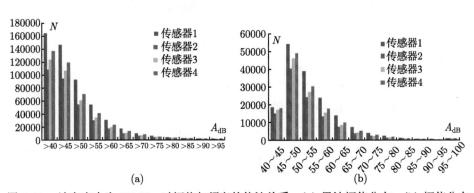

图 8-12　法向应力为 10MPa 时幅值与频率的统计关系：(a) 累计幅值分布；(b) 幅值分布

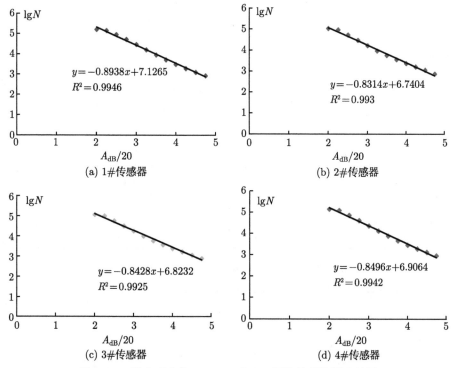

图 8-13 法向应力为 10MPa 时 AE 幅值关系的拟合结果

图中从上到下的公式分别表示传感器 1、2、3、4 的结果

法向应力为 1MPa，5MPa，7MPa，10MPa 时，平均 b 值 (将 4 个传感器监测获得 b 值取平均值，作为该法向压力下的 b 值) 随剪切循环次数的变化如图 8-14(a) 所示，详细的 b 值如表 8-3 中所示。b_1、b_2、b_3、b_4 分别表示第一、第二、第三、第四传感器记录的 AE 数据计算出的 b 值。可知在不同法向应力下，几乎所有的 b 值都随着剪切次数的增加而增加，说明随着剪切次数的增加，较大幅值的 AE 事件的比例逐渐降低。根据 Goebel 等和 Meng 等 [144,217,230] 的研究，b 值一般与应力具有负相关性，高的 b 值意味着断层面内的应力集中减弱。由此可推断，随着剪切次数的增加，由于表面起伏体在前一次剪切中累积的损伤，起伏体内部的能量积累和应力集中逐渐减弱。这一结果与 8.4.2 节的分析一致，即在随后的剪切循环中，能量不能像第一次剪切那样在受损的起伏体中积累，从而降低了断层滑动引起的地震和剪切滑移型岩爆灾害的可能性。

AE 中 a 值 (线性 G-R 定律与它们 y 轴的截距) 的变化也在表 8-3 中给出，图 8-14(b) 为不同法向应力下平均 a 值随剪切次数的变化。可见随着剪切循环次数的增加，其平均值下降。这说明 AE 事件的总数随着剪切循环次数的增加而减少，这与 8.4.1 节的分析一致。

表 8-3　不同传感器在不同法向应力下获得的 b 值和 a 值

应力/MPa	剪切次数	b_1	a_1	b_2	a_2	b_3	a_3	b_4	a_4	平均 b 值	平均 a 值
1	1	1.1718	7.2827	—	—	1.2902	7.4827	1.2191	7.4325	1.2270	7.3993
	2	1.2721	6.8864	—	—	1.2666	7.3087	1.3146	7.3229	1.2844	7.1727
	3	1.1941	6.6267	—	—	1.2491	7.4051	1.2432	7.1922	1.2288	7.0747
5	1	1.0771	6.4828	0.9702	6.4716	0.933	6.5704	0.9435	6.3836	0.98095	6.4771
	2	1.0667	6.2177	1.0718	6.4089	1.145	6.2642	1.2091	6.3618	1.1232	6.3131
	3	1.0916	6.2146	1.1701	6.5439	1.2115	6.4187	1.2319	6.3393	1.1763	6.3791
7	1	0.9794	7.0335	—	—	0.965	6.9616	0.9566	6.8223	0.9670	6.9391
	2	1.004	6.7226	—	—	1.0228	6.8953	0.9984	6.7727	1.0084	6.7969
	3	1.1506	6.777	—	—	1.1056	6.7526	1.2049	7.0895	1.1537	6.8730
10	1	0.8938	7.1265	0.8314	6.7404	0.8428	6.8232	0.8496	6.9064	0.8544	6.8991
	2	1.0034	7.3401	0.9385	6.8556	0.9511	6.9284	0.9295	6.7708	0.9556	6.9737

注: 为提高分析结果的准确性，如果一个传感器记录的声发射命中或能量与其他传感器有较大偏差，如法向应力为 1MPa 和 7MPa 时第二个传感器的数据，则不使用该数据。

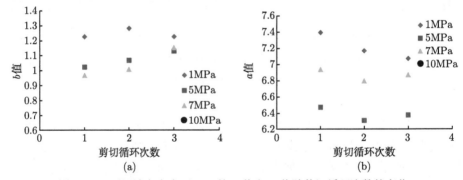

图 8-14　不同法向应力下 AE 的 b 值和 a 值随剪切循环次数的变化

8.5　讨论与小结

本章采用人工劈裂形成的新鲜结构面，借助声发射监测技术，研究了不同法向压力下表面起伏体的损伤特征和规律；通过对结构面进行多次循环剪切试验，探讨了结构面起伏体损伤对动力剪切失稳的影响。人工劈裂的结构面能够很好地模拟深部硬岩工程中的硬性结构面、新鲜结构面。由于人工劈裂的方法很难制作具有相同三维形貌的结构面，因此研究中的结构面都具有不完全相同的形貌特征。尤其对于声发射信号而言，受不同的起伏体数目、强度、分布等的显著影响，这也可以解释为什么平面定位的声发射事件并没有完全服从法向压力越大，事件越多的规律。目前 3D 雕刻技术已经被用来制作具有相同表面形貌的结构面，后续的研究中可以采用该方法复刻多组具有相同形貌的结构面，开展控制某一单一变量的研究。

不论实验室的结构面剪切试验还是工程现场节理岩体的安全分析监测，声发射技术都具有极好的应用价值。受当时试验条件所限，文中并没有定量化表征结构面的三维形貌特征，也没有详细分析定位的声发射事件与结构面三维形貌的关系。对于不同粗糙度的结构面表面起伏体损伤特点与动力失稳参数的关系等都将在作者后续的研究中详细阐述。本章获得的主要结论总结如下。

(1) 试验结果表明，声发射技术是实时研究结构面起伏体损伤演化的一种有效的方法，通过声发射事件的时间和空间分布特点可以定量分析结构面起伏体损伤的时空分布规律。剪胀曲线也可以粗略反映结构面表面粗糙度的退化和岩石内部的损伤 (如上、下盘完整岩石内部的张拉裂缝)。

(2) 声发射事件总数随着法向应力的增加有增加的趋势，累积事件曲线可以划分为三个阶段，其中第一个拐点定义为起伏体损伤起始剪应力 (τ_{di})。分析表明，τ_{di} 约为 τ_p 的 0.484 倍，与法向应力相关性不大。只有少部分的声发射事件 (小于 10%) 发生在 τ_p 之前，10%~30% 和 63%~85% 的事件分别发生在第二和第三阶段，这说明大多数损伤发生在峰值剪切强度之后。

(3) 当法向应力低于 7MPa 时，法向位移曲线可分为压缩–剪胀两个阶段；当法向应力高于 20MPa 时，可分为压缩–剪胀–再压缩三个阶段，最后一次压缩可能是由发生在剪切面外的拉伸破坏引起的。由于前一次剪切时对起伏体造成了损伤，因此随着剪切次数的增加，剪胀量和总声发射事件均有所降低。由于在给定的法向应力水平下，对起伏体的损伤达到了极限，所以在剪切后半段，法向位移 (即剪胀) 随剪切位移的增加，增长速率缓慢，且基本保持不变。

(4) 结构面反复剪切时，剪应力曲线上明显的峰值消失，第一次剪切时的残余剪切强度与第二次和第三次剪切时的摩擦强度基本相等。法向应力的大小和起伏体的状态是控制花岗岩结构面峰后应力降和黏滑的两个重要因素，应力和能量缓慢释放还是突然释放取决于法向应力的大小。在相同法向应力条件下，第一次剪切的粗糙度严重退化后的能量积累能力降低，从而很难在第二个剪切循环内发生黏滑现象。

(5) 不同法向应力作用下，声发射 b 值随剪切循环次数的增加而增加，说明由于起伏体在前一次剪切过程中的损伤，后一次的剪切中结构面内的应力集中程度减弱，断层面的不稳定滑动引起的剪切滑移型岩爆概率减少。随着剪切次数的增加，声发射中的平均 a 值趋于减小，即声发射事件总数减少。

第 9 章　细观结构对结构面动力剪切力学
行为的影响

9.1　引　　言

　　岩体不连续地质体的摩擦失稳现象，例如滑移型岩爆、注水诱发地震和滑坡等，都与既存不连续面的不稳定滑动有关。室内摩擦试验可以用来揭示滑坡、断层滑动、岩爆和地震等动力地质灾害的破坏的机理和影响因素。第 7 章中通过室内剪切试验从宏观角度研究了岩性、应力状态等因素对结构面动力剪切失稳的影响，然而，即使是相同的岩石类型，也会存在矿物成分和微观结构等方面的细微差别，可能会影响岩石结构面或断层面的剪切破坏模式 (如稳定滑动或非稳定滑动) 和破坏强度 (如地震震级、岩爆强度、能量释放量等)。因此，本章对人工劈裂得到的两种花岗岩结构面在相同试验条件下进行了直剪试验，研究了两种结构面在不同法向应力作用下的剪切力学性能，特别是峰后的力学行为，并详细探讨分析了导致两种花岗岩结构面峰后力学响应随法向应力增加而显著不同的可能因素。图 9-1 给出了本研究方法的流程图。

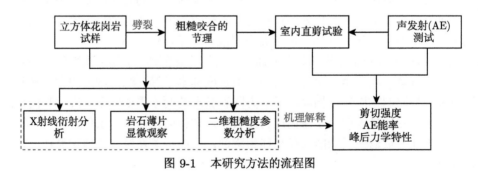

图 9-1　本研究方法的流程图

　　本章研究的对象是两种类型的花岗岩，分别将其命名为花岗岩 A 和花岗岩 B，花岗岩 A 即为第 6～第 8 章中所采用的细粒花岗岩，花岗岩 B 为一种新的岩石。这两种类型的花岗岩主要由斜长石、钠长石、石英和黑云母等成分组成 (成分将在 9.4 节详细描述)。花岗岩 A 和 B 的平均单轴抗压强度分别为 208MPa 和 199MPa(尺寸为 $\Phi50\times100$mm 的标准圆柱试样，加载速率 0.002mm/s)。试样的尺寸均为 10cm×10cm×10cm 的立方试样,采用人工劈裂的方式制作上下壁面完全咬合的结构面。本研究共测试了 16 组结构面,结构面 A 和结构面 B 的结构面粗糙度系数 (JRC) 范围分别为 9.1~15.3 和 11.6~20,平均为 12.7 和 15.7。为比较两种花岗岩结构面的剪切力学行为和动力失稳特性,对结构面进行直剪试验,试验装置和试验步骤与第 6 章中相同。对于花岗岩 A 结构面的试验结果和剪应力–剪切位移曲线在前面的章节中已有论述,为了便于与花岗岩 B 结构面更好、更直观地比较,部分结果也将呈现在本章中。

9.2 两种不同花岗岩结构面剪切特性比较

9.2.1 两种结构面类型剪切特性对比研究

图 9-2 为两种结构面类型的剪应力–剪切位移曲线,主要特点如下:

(1) 峰值剪切强度和残余强度均随法向应力的增大而增大 (黏滑现象、峰值剪切强度、残余剪切强度、黏滑幅值等分别如图 9-3 中所示)。

(2) 随着法向应力的增大,两种结构面在峰后均发生黏滑现象。

(3) 当法向应力一定时,在周期性应力振荡过程中,各黏滑循环的峰值应力几乎相等。

(4) 黏滑过程中应力降幅值随法向应力的增大而增大。

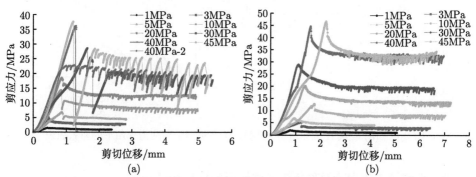

图 9-2 结构面 A(a) 和结构面 B(b) 的剪应力–剪应力位移曲线 (当法向应力为 40MPa 时,节理 A 的峰值应力从 36MPa 降至 0,(a) 中的 40MPa-2 曲线是通过对同一节理重复剪切得到的)

两种不同类型的结构面的剪切位移–法向位移曲线 (剪胀曲线) 如图 9-4 所示,结构面 A 的法向变形曲线在第 8 章已经详述,其受法向应力影响较大,可能存在压缩、剪胀最后到压缩的转变,在高法向应力下,最后阶段的压缩是由结构面内部断裂引起的 [231]。对于结构面 B,所有试样只发生前两个阶段的变形,即先压缩，然后剪胀。随着法向应力的增加，剪胀量逐渐减小。3MPa(称之为 B3) 和 40MPa(称之为 B40) 法向压力下结构面的剪胀量很大与它们比较高的 JRC 值有关，分别为 14.8 和 20。以上对比分析表明，在高法向应力作用下，花岗岩 A 的破坏过程比花岗岩 B 更剧烈。

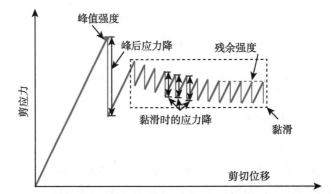

图 9-3　高法向应力作用下岩石节理剪切应力–剪切位移曲线示意图

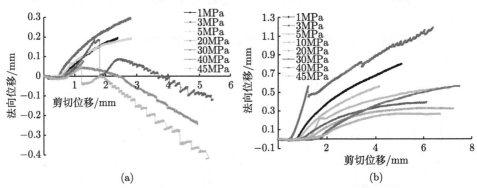

图 9-4　(a) 花岗岩 A 和 (b) 花岗岩 B 在不同法向应力作用下的剪胀曲线

9.2.2　相同法向应力下两种花岗岩结构面的剪切特性

为便于比较，将两种花岗岩结构面在相同法向应力作用下的剪应力–剪切位移曲线重新绘制于图 9-5 中。本研究中结构面剪切破坏强度主要由峰后应力降值、黏滑幅值、峰值能量率和应力降过程中发出的声音来评判，峰后应力降值、黏滑幅值、峰值能量率数值越大、峰后应力降和黏滑应力降的声音越响亮表明破坏越强烈。

图 9-5(a) 为结构面 A、B 在 1MPa 法向应力作用下的剪应力–剪切位移曲线(下文中 AX 和 BX 分别表示为结构面在 XMPa 法向应力下的试样)，两者除峰

值强度有差别外，应力–应变曲线非常相似，剪切破坏过程稳定且不剧烈，峰后应力没有突然下降，也没有明显的黏滑现象。B1 的峰值抗剪强度高于 A1。结构面 B3 出现峰后应力降，且当剪切位移超过 3.3mm 时发生黏滑 (图 9-5(b))，说明 B3 破坏强度大于 A3。

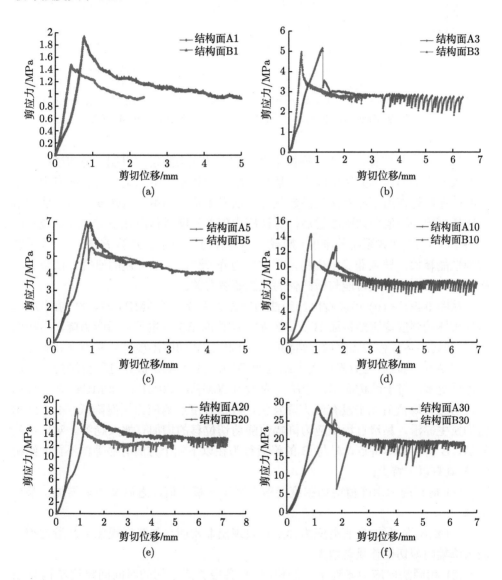

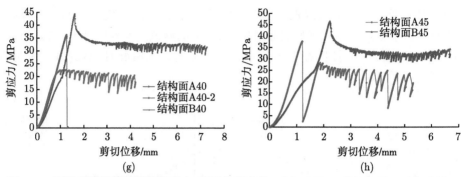

图 9-5　两种花岗岩结构面的剪应力–剪切位移曲线：(a) 1MPa；(b) 3MPa；(c) 5MPa；
(d) 10MPa；(e) 20MPa；(f) 30MPa；(g) 40MPa；(h) 45MPa

　　Byerlee[232] 曾探讨了岩石摩擦滑动过程中的应力降发生机制。剪切过程中结构面表面上的凸起体紧密地咬合，能量不断在加载系统中积聚。当法向应力足够高时，在剪切作用下相互接触的起伏体无法发生抬升作用，而是发生脆性剪切断裂破坏 [232]。峰值剪切强度过后，剪切应力随着持续滑移而减小。加载系统将沿着斜率线 $-K$(加载系统的刚度) 卸载，当剪应力下降速率大于 K 时，加载系统的弹性能释放，导致非稳定失稳，产生应力降 [233]。基于上述的研究，试验中结构面的峰后应力降很可能与微凸体的脆性断裂有关。

　　从图 9-5(c)~(h) 可以看出，当法向应力大于或等于 5MPa 时，结构面 A 的剪切破坏的强度均比结构面 B 大。例如，结构面 A5 发生了峰后应力降，结构面 B5 的剪切破坏过程较为平缓；结构面 A10 和 B10 同时出现峰后应力降和黏滑现象，但 A10 的峰后应力降远大于结构面 B10，表明 A10 破坏过程更剧烈，释放的能量更多。对于结构面 B，当法向应力为 20MPa、30MPa、40MPa 和 45MPa时，剪应力峰值后几乎没有应力降发生，峰值强度后剪应力缓慢降低；4 个结构面均发生黏滑，黏滑过程中应力降幅值随剪切位移的增加有增大趋势。对比结构面 A、B 剪切破坏特点，A 与 B 的峰后行为在以下几个方面有显著的不同，结构面 A 具有以下特点：

　　(1) 剪切应力由峰值剪切强度突然下降至一极小值，之后又逐渐增加，最后下降。

　　(2) 结构面 A 的所有剪应力曲线均表现出非常明显的黏滑现象，黏滑过程中应力降幅随剪切位移显著增大。

　　(3) 相同法向应力条件下，结构面 A 各应力降之间的时间间隔比结构面 B 更长。

　　是否发生峰后应力降和黏滑现象，以及应力降和黏滑幅值的大小是本研究评判结构面动力剪切失稳强度的关键指标，图 9-6 统计了两类结构面在黏滑过程中应力降幅值随黏滑振荡次数的变化情况。可见应力降通常随着振荡次数的增加而增加,该趋势在结构面 A 中更为显著。对于结构面 B,应力降的大小在 0.5~3.5MPa 变化,而结构面 A 在较高法向应力下的部分应力降值超过 4MPa,在 45MPa 法向应力下,最大应力降值达到 16.5MPa。上述对比分析表明结构面 A 在残余摩擦阶段的动力剪切失稳强度要大于结构面 B。

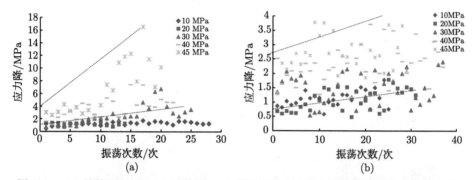

图 9-6　(a) 结构面 A 和 (b) 结构面 B 在黏滑过程中各应力降随黏滑振荡次数的变化

图 9-7(a) 为结构面 A 峰后应力降随法向应力的变化特点,可见峰后应力降随法向应力的增大而增大;而对于结构面 B,只在 3MPa 和 10MPa 法向应力发生了峰后应力降,其余条件下剪应力缓慢降低。图 9-7(b) 为黏滑过程中平均应力降值 (该应力下应力降之和除以黏滑振荡总次数) 随法向应力的变化特点,随着法向应力的增加,两种结构面在黏滑阶段的平均应力降值呈指数增长。此外,结构面 A 的平均应力降幅值远大于结构面 B,且在相同法向应力下,应力降的差异随着法向应力的增大而增大。

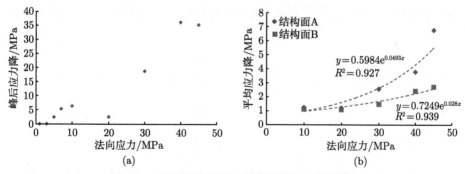

图 9-7　花岗岩结构面应力降随法向应力的变化

(a) 结构面 A 峰后应力降;(b) 结构面 A、B 黏滑平均应力降除了上述的剪应力特性的差异外，两类结构面剪切试验现象也有显著差异。对于结构面 A，当剧烈的峰后应力降发生时，试样发出了非常大的响声，在黏滑过程中，每一个小的应力降都伴随着清晰脆响，剪切破坏后的典型试样如图 9-8 所示，破坏模式较为复杂，除了结构面表面的微凸体损伤外，在远离结构面的岩体内有多个张拉裂隙萌生并向岩石内扩展。而对于结构面 B，拉伸断裂不明显，不同法向应力下剪切破坏时峰值剪应力下降几乎听不到声音，在黏滑过程中每一个小应力降点都能听到连续的响声 (但小于结构面 A)。这些结果表明，大应力降往往伴随着巨大的声音，岩石的损伤程度也更为严重，结构面 A 的破坏强度大于结构面 B，特别是在高法向应力条件下。

图 9-8　结构面 A、B 在 30MPa、40MPa 法向应力下剪切照片

9.2.3　峰值剪切强度和残余剪切强度的比较

峰值剪切强度和残余剪切强度随法向应力增加的变化如图 9-9(a) 和 (b) 所示。由于劈裂的结构面具有不同的形貌特征，因此峰值剪切强度很难用某一线性关系拟合。尤其 B40 和 B45 试样表面特别起伏，因此其峰值和残余剪切强度都比较高。通过对比可知当法向应力低于 20MPa 时，结构面 A 和 B 的峰值强度差异较小，但从图 9-5 可以清楚地发现，结构面 B 峰值剪切强度要大于结构面 A；但当法向应力大于 20MPa 时，结构面 B 的峰值强度同样大于结构面 A。除在 40MPa 和 45MPa 法向应力条件之外，结构面 A 和结构面 B 的残余剪切强度基本相同。

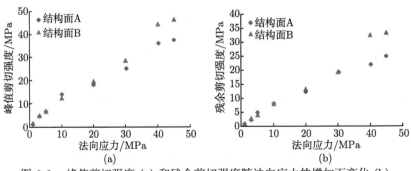

图 9-9　峰值剪切强度 (a) 和残余剪切强度随法向应力的增加而变化 (b)

综上所述，在 1~45MPa 法向压力范围内，结构面 B 的峰值抗剪强度高于结构面 A，但对于破坏强度则相反，即结构面 A 大于结构面 B，结构面 A 的峰后应力降、黏滑幅值以及应力降之后发出的声音均大于结构面 B。

9.2.4 两类岩石结构面的声发射特性

深部硬岩隧道或矿山开挖中围岩的能量释放率对于评价岩爆等动力灾害具有重要意义，如果瞬时能释放巨大能量，往往会发生岩爆、煤与瓦斯突出等动力灾害；当积累的能量缓慢释放时，一般发生围岩的准静力破坏而非动力灾害。因此，考虑到能量释放对评判围岩破坏模式的重要作用，本节将详细对比分析法向应力为 3MPa、5MPa 和 10MPa 时，两种不同类型的结构面剪切破坏过程中监测的声发射能量率，并探讨相同法向应力下结构面 A 和 B 能量释放特性的差异。

如图 9-10 所示，对于结构面 A 而言，三个结构面 (A3，A5，A10) 的能量率均在峰值剪切强度处达到峰值 (结构面 A3 无峰后应力降，图 9-10(a)) 或峰后应力下降的时刻达到峰值 (结构面 A5 和 A10 出现急剧应力降，见图 9-10(c) 和 (e))。对于结构面 B，B3(图 9-10(b)) 和 B10(图 9-10(f)) 发生峰后应力下降，同时释放了巨大的能量，然而两种结构面的峰值能量率与峰后应力降并不一致，结构面 B 的峰值能量率出现在之后的滑动摩擦阶段，这表明结构面剪切活化后声发射信号仍然非常活跃。不同声发射传感器记录的能量率峰值在某点上一致，说明了监测结果的可靠性，不同声发射传感器记录的能量值的差异则是由于传感器位置与破裂源距离不同，导致信号的衰减程度不同。图 9-10(a) 和 (b) 表明，在剪应力峰值时刻，结构面 B 释放的能量更多，且结构面 B 的峰值能量率也大于结构面 A。黏滑幅值随着剪切位移的增大而增大，因此声发射能量不能直接比较。从峰值强度时刻到 500s 范围内，两种结构面的声发射活动相比于随后的剪应力黏滑振荡过程变得较弱。之后伴随着黏滑发生能量率周期性突增，这些上升点与黏滑过程中的应力降相对应。

如图 9-10(c) 和 (d) 所示，结构面 A5 的峰值能量率远大于结构面 B5，结构面 A5 和 B5 在摩擦滑动阶段都没有出现明显的黏滑现象，但 B5 的剪应力曲线比 A5 波动更大，导致结构面 B5 在残余摩擦滑动过程中释放更多的能量。结构面 B5 的应力波动较为明显，可能是由于 B 类花岗岩中石英晶粒尺寸较大，在峰值剪应力后被切断并在结构面界面内充填。晶粒在剪切过程中沿结构面滚动、挤压或断裂，导致产生更多的应力振荡现象。

从图 9-10(e) 和 (f) 可以看出，结构面 A10 的峰值能量率也大于 B10。结构面 B10 在 1000s 前的应力降不如 1000s 后的明显。然而，从 400s 到 1000s 试验结束，结构面 A10 发生黏滑且应力降明显。结构面 B10 则是主要在 1000s 后开始出现明显的黏滑现象。结构面 B 各剪应力曲线在出现明显黏滑现象之前，存在长时间不明显的应力振荡现象。在相同的法向应力下，结构面 B 黏滑发生的时间比结构面 A 晚得多，结构面 B 产生明显黏滑需要更多的剪切位移。从图 9-10(b)、(e) 和 (f) 可以看出，在黏滑过程中，能量率不一定与滑动阶段的应力降大小成正比。以结构面 A10 为例，400~600s 的能量率比 600s 后的能量率释放得多，但600s 后的应力降却更大。

　　从图 9-10(a)~(d) 可以看出，在相同的法向应力条件下，有峰后应力降的结构面释放的能量要大于没有峰后应力降的结构面释放的能量。图 9-10(e) 和 (f) 表明，峰后应力降幅值越大，峰值剪切强度达到后释放的能量也越大。当法向应力大于 20MPa 时，由于试样在较高法向应力下的变形导致传感器松动，声发射信号无法被监测到。考虑两种结构面类型在高法向应力下的剪应力特征和上述声发射规律，可以推断出在达到峰值剪切强度后，当法向应力为 20~45MPa 时，结构面 A 释放的能量远远大于结构面 B。随着法向应力的增大，黏滑振幅的差异逐渐增大，结构面 A 的黏滑振幅要大于结构面 B，因此在摩擦滑动阶段结构面 A 释放的能量也可能大于结构面 B。当法向应力低于或等于 10MPa 时，能量主要来自微凸体的剪断、犁入、压碎和滑动；超过 10MPa 时，结构面上下盘的拉伸断裂和局部剥落 (图 9-8) 也会释放大量能量。

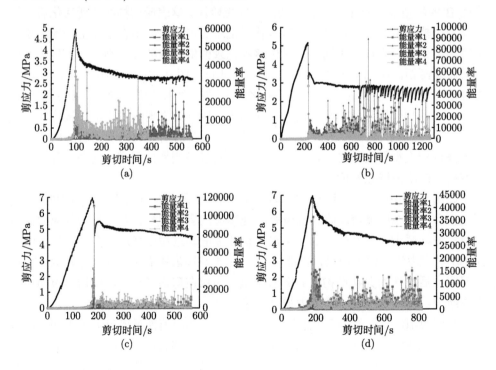

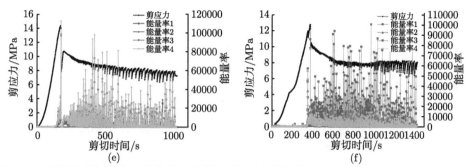

图 9-10 不同结构面的声发射能量率随剪切时间的变化规律：(a)A3；(b)B3；(c)A5；(d)B5；(e)A10；(f)B10

能量率 1、2、3、4 表示四个传感器记录的能量

9.2.5 花岗岩结构面 A 和 B 剪切特性总结

从 9.2.1~9.2.4 节中结构面 A 和结构面 B 剪切行为的差异可以看出，随着法向应力的增加，结构面 A 的峰后应力降幅度、黏滑幅值、峰值能量率、应力降过程中发出的声音均大于结构面 B。在残余摩擦滑动阶段，结构面 B 需要更多的剪切位移才能产生明显的黏滑失稳。这些试验现象表明，在高地应力条件下，尽管结构面 A 的峰值抗剪强度在大多数情况下低于结构面 B，但作为深部硬岩地下工程最为关注的破坏强度而言，结构面 B 的剪切破坏的强度要弱于结构面 A。当结构面、断层面发生不稳定滑移时，会诱发滑移型岩爆、诱发地震等动力灾害，破坏瞬时释放的巨大能量在松散的围岩中传播也会对围岩造成严重的破坏，如松散围岩的弹射或坍塌等。

黏滑失稳是在滑动开始时或滑动过程中摩擦阻力迅速下降的不稳定性造成的。如果摩擦力的下降比试验系统的卸载曲线更快，则可能发生黏滑。据研究，黏滑幅值受试验系统刚度的影响。增加机器刚度将降低黏滑趋势，并且对于具有较高刚度的加载系统剪切断层表面，需要较高的法向应力来产生黏滑。由于结构面 A 和 B 在相同的试验条件 (相同的试验设备刚度和剪切速率) 下剪切，不同的峰后剪切行为很可能是由于每种岩石类型的内在因素而不是外部条件引起的。

因此，探究 B 类型结构面剪切活化过程中破坏强度和能量释放较低的根本原因及内在机理，对更准确地评价结构面、断层面失稳导致岩爆等动力灾害的风险，以及对滑移型岩爆等动力灾害的防灾减灾具有重要的工程意义和科学意义。因此在 9.3 节中，将从结构面粗糙度、矿物组成 (X 射线衍射分析)、细观结构 (偏光显微镜微观观测) 等方面分析和讨论上述两种结构面剪切性能差异的可能原因。

9.3　花岗岩结构面粗糙度分析

结构面的表面粗糙度是决定结构面力学性能的最重要参数之一，结构面的峰值剪切强度、残余剪切强度、剪胀特性、渗透特性等都受粗糙度影响。除此之外，结构面剪切峰后力学特性同样受到粗糙度的影响[231]。对于同种岩石制成的人工结构面，在相同法向应力下剪切时，由于高起伏体的剪断，粗糙度较大的结构面可能比平直结构面产生更剧烈的破坏[234]，在第 7 章中也进行了阐述。

受试验条件限制，对结构面 A 进行剪切试验之前，没有对结构面表面的三维形貌进行测量，因此无法对结构面 A 和结构面 B 之间三维粗糙度参数进行详细比较。试验前每个试样都进行了仔细的拍照，因此尝试根据剪切试验前拍摄的照片计算结构面的二维粗糙度参数，并进行比较。图 9-11(a) 为试验前拍摄的其中一个试样的照片，本次研究中采用结构面的侧向轮廓来反映结构面的二维粗糙度，图 9-11(a) 中的红色虚线代表立方试件的正中间的参考基准线，白色波浪形虚线表示劈裂后的实际断裂面。图 9-11(b) 为剪切前所有结构面 A 和 B 的二维轮廓线。Barton 和 Choubey[235] 曾提出将结构面的二维轮廓线与标准的 10 条剖面线对比来确定结构面粗糙度系数 (JRC)，但该方法较为主观，受参与者的经验影响较大，不同人可能得出不同的结论。为克服这一缺陷，后人提出了许多经验方程来将一些定量的二维粗糙度参数与 JRC 相关联[236,237]。在本研究中，使用 Tse 以及 Tatone 和 Grasselli[236,237] 提出的经验公式来计算每个结构面的 JRC

$$\mathrm{JRC}_1 = 32.2 + 32.47 \log_{10}(Z_2) \tag{9.1}$$

$$\mathrm{JRC}_2 = \left(0.036 + \frac{0.00127}{\ln(R_P)}\right) \tag{9.2}$$

其中，JRC 是结构面粗糙度系数，Z_2 是剖面线的坡度均方根，R_P 是粗糙度轮廓指数。Z_2 和 R_P 由下式计算

$$Z_2 = \left[\frac{1}{L}\int_{x=0}^{x=L}\left(\frac{\mathrm{d}y}{\mathrm{d}x}\right)^2 \mathrm{d}x\right]^{\frac{1}{2}} = \left[\frac{1}{L}\sum_{i=1}^{N-1}\frac{(y_{i+1}-y_i)^2}{x_{i+1}-x_i}\right]^{\frac{1}{2}} \tag{9.3}$$

$$R_P = \frac{L_t}{L} = \frac{\sum_{i=1}^{N-1}\sqrt{(x_{i+1}-x_i)^2 + (y_{i+1}-y_i)^2}}{\sum_{i=1}^{N-1}(x_{i+1}-x_i)} \tag{9.4}$$

其中，L 为轮廓投影长度 (试件长度，10cm)，L_t 为结构面表面轨迹长度 (图 9-11(a) 中白色波浪形虚线的长度)，x_i 和 y_i 是轮廓线上离散点的坐标，N 是离散点的数量。

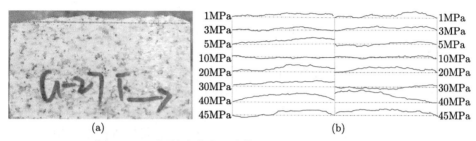

图 9-11 不同法向应力下结构面 A 和 B 的二维剖面线

(a) 结构面 B 在 3MPa 法向应力下剪切前的实际断裂面，水平红色虚线为参考线，白色波浪形虚线是沿断裂

表面的轮廓线；(b) 结构面 A 和 B 剪切前的数字化二维粗糙度轮廓

为计算 JRC，首先需要确定 Z_2 和 R_P。使用 "GetData" 软件以 0.5mm 的间隔将获得上述剖面线数据化，可以获得大约 200 个均匀间隔的点，点的坐标用于计算 Z_2 和 R_P。表 9-1 为计算出的每个结构面的 Z_2、R_P、JRC_1 和 JRC_2。比较可知通过两种不同方法得出的结构面 A 的 JRC 值均低于结构面 B。结构面 A 的 JRC_1 在 9.1~15.3 范围内，平均为 12.7。而结构面 B 的 JRC_1 在 11.6~20 范围内，平均为 15.7。根据前述的试验结果，相同法向应力下结构面 B 相比于结构面 A 具有较高剪切强度，结构面 A 和 B 之间 JRC 值的差异可以很好地解释这种结果。花岗岩 A 和 B 的单轴压缩强度仅仅存在细微差异 (花岗岩 A 和 B 的平均单轴压缩强度分别为 208MPa 和 199MPa)，因此更大的 JRC 将导致更高的峰值剪切强度。然而，峰后剪切破坏强度与两种不同花岗岩结构面的粗糙度却成反比，即与结构面 B 相比，结构面 A 具有更强烈的脆性破坏但相对更平坦的结构面表面。根据前人的试验研究[234]，对于同种岩性的岩石而言，具有较粗糙起伏体的结构面由于起伏体的剪断破坏往往比平直结构面更容易发生剧烈的破坏，即破坏强度更大。显然，结构面 A 更高的破坏强度无法通过粗糙度的差异来解释。

表 9-1 各结构面统计参数计算得到的 JRC 值

法向应力/	Z_2		JRC_1		R_P		JRC_2	
MPa	结构面 A	结构面 B	结构面 A	结构面 B	结构面 A	结构面 B	结构面 A	结构面 B
1	0.3006	0.3605	15.3	17.8	1.0294	1.0536	12.5	16.6
3	0.2418	0.2917	12.2	14.8	1.0173	1.0387	9.1	14.4
5	0.2419	0.2748	12.2	14.0	1.0229	1.0238	10.9	11.1
10	0.1947	0.2845	9.1	14.5	1.0103	1.0311	6.3	12.9
20	0.2933	0.3220	14.9	16.2	1.0347	1.0438	13.7	15.2
30	0.2061	0.2327	9.9	11.6	1.0103	1.0207	6.2	10.2
40	0.2803	0.5667	14.3	20(24.2)*	1.0270	1.0600	12.0	17.3
45	0.2687	0.3267	13.7	16.4	1.0228	1.0423	10.8	15.0
JRC 平均值			12.7	15.7			10.2	14.1

注：由于 Barton 给出的 JRC 最大值为 20，因此将计算获得的值修订为 20。

9.4　细观结构对动力剪切特性影响

为了探究峰后剪切行为的显著差异是否是由结构面 A 和结构面 B 的不同矿物成分引起，使用 D8 Advance X 射线衍射仪对两种岩石进行 X 射线衍射 (XRD) 分析。通过岩石的外观可以发现花岗岩 A 不同试样之间颜色一致，矿物成分较为均匀，因此选取一块样品进行 XRD 分析。相比之下，虽然所有的结构面 B 立方体试样都是从一块大花岗岩块上切割下来，但不同岩样之间会观察到明显的颜色差异，表明矿物成分的不均匀程度更高。剪切前三个典型结构面 B 的照片如图 9-12 所示。结构面 B3 由于云母含量少而呈淡白色 (PW)。结构面 B45 整体颜色为白灰色 (WG)，其中黑色点和簇较多。结构面 B5 的黑点分布相对更密集，呈现出中灰色 (MG) 外观。试验用的结构面所有外观的描述见表 9-2。对三组具有明显颜色差异的典型试样分别进行 XRD 分析，研究和比较它们矿物成分的差别，如表 9-3 所示。

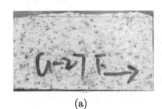
(a)
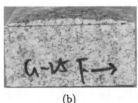
(b)
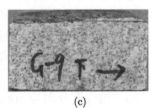
(c)

图 9-12　三个典型结构面 B 的外观：(a) B3；(b) B45；(c) B5

随黑云母的增加，三个结构面的颜色逐渐由淡白色变为灰白色，再变为中灰色

表 9-2　试验中使用的结构面外观描述

试样类型/	结构面 B								结构面 A
试样编号	B1	B3	B5	B10	B20	B30	B40	B45	
法向应力/MPa	1	3	5	10	20	30	40	45	1~45
描述	MG	PW	MG	PW	PW	WG	MG	PW	MG

注：PW、WG、MG 分别是淡白色、白灰色和中灰色的缩写。

表 9-3　采用 XRD 分析了 A、B 两种结构面矿物组成的含量

矿物成分	结构面 A	结构面 B		
	MG	PW	WG	MG
斜长石	39.68%	44.85%	42.97%	30.66%
钠长石	36.6%	31.35%	30.61%	37.25%
石英	20.7%	23.11%	25.22%	29.57%
黑云母	3.02%	0.69%	1.2%	2.52%

注：PW、WG、MG 分别是淡白色、白灰色和中灰色的缩写。

表 9-3 的 XRD 结果显示，花岗岩 A 和 B 主要的矿物类型非常相似，包括微斜长石、钠长石、石英和云母。花岗岩 B 黑云母含量从 PW、WG 到 MG 逐渐增加，这也与表面颜色的差异一致。同样，花岗岩 A 中的黑云母比花岗岩 B 中的黑云母含量更多，导致花岗岩 A 颜色更深、黑色分布更密集 (图 9-13)。

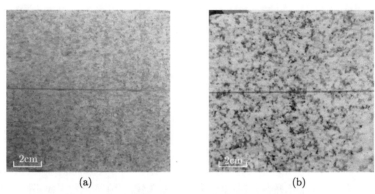

(a)　　　　　　　　　　　　(b)

图 9-13　花岗岩 A(a) 和花岗岩 B(b) 外观比较

上述分析表明，矿物成分并不是导致结构面 A 和结构面 B 峰后剪切行为不同的主导因素。首先，结构面 A 和结构面 B 的主要组成矿物类型相同。Byerlee 和 Brace[238] 认为，在一定围压下的硅酸盐岩，例如花岗岩，很可能发生黏滑，而花岗岩 A 和 B 中的石英矿物和长石矿物都是能促进黏滑失稳的矿物，但两种岩石中两种矿物差别不大。即使对于花岗岩 B 本身，三种不同颜色外观的试样，矿物成分也不完全相同，但花岗岩 B 整体脆性破坏的强度较小，不同试样之间受矿物成分的影响较小。因此可以判定，结构面 A 和结构面 B 之间的峰后行为差异并不是由于不同数量的脆性矿物引起的。

为比较两类花岗岩的细观结构面特征，对两类花岗岩制作岩石薄片，使用偏光显微镜观察，如图 9-14 和图 9-15 所示。花岗岩 A 矿物组成颗粒致密堆积，并且矿物颗粒中几乎未发现肉眼可见的微裂纹，颗粒边界咬合紧密。花岗岩 B 中石英颗粒较大，并且可以清楚观察到石英内的晶内和晶间裂纹。在图像中间可以看到尺寸约为 2mm 的大石英颗粒，该石英颗粒中存在超过 5 条不规则的微裂纹，其中三个是穿切矿物的大裂纹。

显微图像显示花岗岩 A 和 B 之间细观结构主要存在两个差别。首先，花岗岩 B 中石英和微斜长石的整体矿物尺寸大于花岗岩 A 的。花岗岩 A 中石英的晶粒尺寸在 1~3mm 范围内变化，而花岗岩 B 中的许多石英晶粒尺寸达 4.5mm。从花岗岩 A 和 B 的照片 (如图 9-13 所示) 和花岗岩 A 和 B 的劈裂面 (如图 9-16 所示) 也可以清楚地看出这种矿物颗粒尺寸的差异。肉眼看，花岗岩 A 的晶粒更细，不同矿物分布均匀，而花岗岩 B 中的那些浅色矿物颗粒 (石英颗粒和微斜长石) 的尺寸比花岗岩 A 中的要大得多。另一方面，花岗岩 A 和 B 的矿物颗粒中都可以看到微裂纹。但在花岗岩 B 中，石英颗粒内裂纹较多，不同晶粒之间的晶间裂纹也清晰可见，而在花岗岩 A 中晶间微裂纹并不明显。

 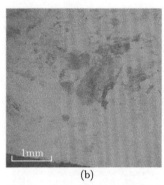

(a)　　　　　　　　　　　　　(b)

图 9-14　花岗岩 A 岩石薄片：(a) 正交偏光细观图像；(b) 对应的平面偏振光细观图像

 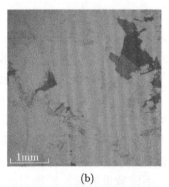

(a)　　　　　　　　　　　　　(b)

图 9-15　花岗岩 B 岩石薄片：(a) 正交偏光显微图像；(b) 对应的平面偏振光显微图像

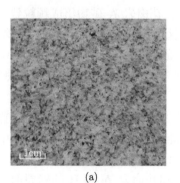 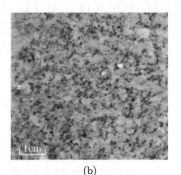

(a)　　　　　　　　　　　　　(b)

图 9-16　劈裂后的结构面表面形貌

在 40MPa 的法向应力下进行剪切试验后，从结构面 B 的下半部分切出平行于结构面表面的部分制作了岩石薄片。薄片截面尽可能靠近结构面表面，以便记录剪切产生的微观纹理，如图 9-17 所示。在石英颗粒内部可以看到四个相对平直的、贯穿的微裂纹，这些裂纹的方向通常与剪切方向一致。在周围的微斜长石和钠长石中未发现定向分布的裂缝。图 9-17 中的裂纹类型与图 9-16 中预先存在的裂纹有一定的不同，后者的特点是呈现无序和随机分布模式。Scholz 和 Engelder[239] 在抛光花岗岩滑动表面上进行黏滑试验后发现了类似的"胡萝卜"形凹槽，作者认为这些凹槽是由硬度较大的石英颗粒在相对软的矿物表面压入并滑动造成的。图 9-17 中所示的微裂纹是否与 Scholz 和 Engelder[239] 的一致还需要更精细的试验来研究和验证，因为图中的四条裂纹并不完全平行，并且通过偏振偏光的结果可以更清楚地看到每条微裂纹并不完全是直线的，而是呈弯曲状，更像原生裂纹或者荷载作用下产生的新裂纹。

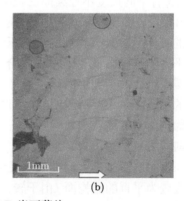

(a)   (b)

图 9-17 　花岗岩 B 岩石薄片

(a) 正交偏光显微图像；(b) 对应的平面偏振光显微图像。法向应力为 40MPa，石英颗粒中可见四条近似平行的裂纹。箭头表示剪切方向

经过上述的全面比较和分析，认为花岗岩 A 和 B 之间的微观结构的差异是导致结构面 A 比结构面 B 具有更剧烈的峰后剪切行为的主要原因。如 9.3.1 节所述，与结构面 A 相比，结构面 B 更高的峰值剪切强度是由其更加粗糙的表面引起的。许多早期的室内试验和数值模拟研究表明，矿物颗粒更小和均匀性更高的岩石的抗压强度更大 [240-243]。花岗岩 A 的单轴抗压强度略高于花岗岩 B，与上述结论一致。矿物更细、更均质的岩石在峰后阶段应力会以更脆的方式降低 [244]。因此，矿物颗粒更小、结构更致密、强度更高的结构面起伏体中可以积聚更多的能量，破坏发生时这些脆性强、完整性好的矿物颗粒的突然破裂导致能量被快速、瞬间地释放，这可以很好地解释结构面 A 的峰后应力降比结构面 B 更大。在结

构面不稳定滑动 (黏滑) 过程中, 表面的不规则的起伏体结构面从最开始的完全咬合到随着剪切过程中仅有部分起伏体接触, 在高的集中应力作用下发生强脆性破裂, 随着剪切进行不断有新的起伏体发生接触碰撞并发生新的应力集中, 再次脆性破裂, 导致应力周期性的下降。根据显微照片的微观结构分析可见, 花岗岩 B 中的石英颗粒含有更多的天然微裂纹, 因此承载能力、储存能量的能力更低。因此, 剪切过程中很难积聚较多的能量, 导致失稳时释放的能量较少, 应力降的幅值较小。

9.5　讨　　论

根据本研究的发现, 花岗岩结构面剪切活化过程中发生的峰后应力降和黏滑都会释放极大的能量, 并可能导致强烈的滑移型岩爆、诱发地震等动力地质灾害。因此, 在含有不同尺度不连续面的花岗岩岩体中进行工程施工、资源开采 (隧道开挖、矿山开采、干热岩开发利用等) 时应注意防范这种动力灾害。在本研究中, 两种类型的花岗岩都具有较高的单轴压缩强度。尽管结构面 B 具有更高的粗糙度, 但与更平直的结构面 A 相比, 在咬合的起伏体突然剪断滑移期间, 其破坏过程相对更平缓。因此, 当评价滑移型岩爆等动力灾害的强度、可能性时, 不仅要关注结构面的粗糙度, 还要考虑围岩的细观结构特征, 决定结构面、断层面等发生稳定或不稳定滑动的潜在因素包括岩石类型、矿物成分、岩石微观结构、表面粗糙度、法向应力水平等。

本研究中的两种结构面类型均采用相同的人工劈裂方法获得, 直剪试验前选择看上去较为平直的结构面 (由于较为平直的结构面数目不够, 因此在 40MPa 和 45MPa 的法向应力下选择较粗糙的结构面进行试验)。结构面粗糙度系数 (JRC) 是通过在结构面侧面绘制的轮廓线获得的。我们的研究表明, 花岗岩结构面 A(矿物粒径较小) 的平均 JRC 小于结构面 B(矿物粒径较大), 说明粒径对劈裂结构面的表面粗糙度影响很大, 矿物粒径较大会导致结构面更加粗糙。这一发现与 Kabeya 和 Legge[245] 以及 Guo[246] 的结果一致, 但还需要更细致地研究探讨矿物组成和粒径对结构面粗糙度的影响规律及控制机制。

当前关于矿物粒径对岩石结构面剪切行为影响的研究较少。岩石内矿物的分布和晶粒大小会影响结构面的表面粗糙度, 进而影响结构面剪切强度。由于矿物粒径和粗糙度之间有耦合作用, 因此有时很难确定剪切行为的差异是由晶粒尺寸还是表面粗糙度的变化引起的, 还是由这两个因素的相互作用引起的。但采用人工劈裂的方法很难获得具有相同形态特征的岩石结构面, 后续的研究可以采用 3D 雕刻的方法用含不同粒径的岩石制作具有相同三维形貌的结构面试样, 将矿物粒径作为唯一的变量开展研究。目前的研究表明, 较粗糙的结构面与其较高的剪切强度相关，但不一定会导致更剧烈的峰后破坏强度。后者取决于在起伏体中是否能够积累足够多的弹性能。花岗岩如果由坚硬、完整的矿物组成，矿物内含有的原生微裂纹较少、粒径较小、结构致密，则更有利于能量的积累，从而在剪切失稳时发生更强的脆性破坏。

9.6 小　　结

在本研究中，对通过人工劈裂获得的两种花岗岩结构面，即对结构面 A 和 B(花岗岩 A 和 B 的平均单轴压缩强度分别为 208MPa 和 199MPa) 进行了直剪试验，在剪切过程中监测和记录声发射特性。分析比较了两种不同花岗岩结构面的剪应力–剪切位移曲线、峰值剪切强度、峰值后剪切行为和试验现象。通过结构面二维粗糙度参数、X 射线衍射 (XRD) 分析和岩石薄片细观观察，探讨了两种结构面类型之间不同的峰后力学行为的根本原因。基于这些分析，得出以下结论。

(1) 在低法向应力下，结构面 A 和 B 的破坏过程均缓慢而稳定。当法向应力大于或等于 5MPa 时，结构面 A 出现峰后应力降，而在相同的法向应力下，结构面 B 的峰值剪切强度下降幅度小于结构面 A。在较高的法向应力 (10MPa、20MPa、30MPa 和 40MPa) 下，两种类型的结构面都会发生不稳定的黏滑，黏滑幅值随着法向应力的增加而增加，黏滑发生时发出很大的响声，并且在黏滑应力降时刻处获得能量峰值。

(2) 对于在相同法向应力 (1MPa、3MPa、20MPa、30MPa、40MPa 和 45MPa) 下剪切的大部分结构面，结构面 B 的峰值剪切强度高于结构面 A，主要由于结构面 B 的粗糙度更大。然而，随着法向应力的增加，结构面 A 的峰后破坏强度，包括峰后应力降的大小、黏滑幅值、峰值能量率和应力降时发出的声音都大于结构面 B。

(3) 细观分析表明，结构面 A 比结构面 B 更强烈的峰后破坏过程与花岗岩 A 更小的矿物粒径、更致密的细观结构和更少的原生裂纹有关，这种结构有利于在起伏体中积累更大的能量。

本研究表明，当评估由岩石结构面或断层不稳定滑动引起的滑移岩爆、诱发地震等动力灾害时，不仅应考虑结构面粗糙度特征，还应考虑围岩的细观结构。

第 10 章 结构面剪切诱发动力灾害预警指标与方法

10.1 引 言

岩石的黏–滑 (stick-slip) 是指当两组岩石表面相互接触摩擦时，摩擦阻力周期性地增减，摩擦阻力增加时常常需要经历一段时间的积累，而当摩擦力减小时则是瞬间降低到一很小的值。黏滑现象最早在金属研究中发现，后来地球物理学家在岩石的摩擦试验中也发现了黏滑现象，并用黏滑现象解释浅源地震的发震机理。地震学家认为浅源地震是由于地壳内的断层错动引起的，而通过对某一区域长时间的地震监测结果的分析发现地震的发生尤其是强震，往往具有周期性，发生间隔可能数十年甚至数百年。地震的这种周期性发生和强烈的能量释放特征与岩石摩擦试验中的黏滑极其相似，因此为了研究地震发震机理、影响因素、发震周期等人们开展了大量的试验研究。在前人的研究中，大多采用常规三轴试验进行，并且为了使作用在试件上的应力与地壳内部应力状态相当 (几百兆帕)，岩石试件的尺寸非常小 (如 Byerlee 等的三轴试验试件直径 1.58cm，高度 3.8cm)；部分研究者采用直剪 (双剪) 试验研究岩石的黏滑特性，试样的表面经过打磨而成光滑的平面。对于深部岩体工程而言，对结构面等不连续介质的剪切破坏采用直剪试验更接近结构岩体的受力状态，并且采用起伏不平的原岩结构面 (而非平面) 与实际地下岩体工程中的结构面更为相似，试验结果可以直接应用于实际工程中。

通过第 6 章的分析可知，并不是所有岩石结构面剪切破坏时都具有黏滑特征，但对花岗岩而言，无论其峰值之后的强应力跌落还是随后的黏滑破坏阶段，都可能直接或间接地导致滑移岩爆等动力灾害的发生，因此对花岗岩结构面剪切破坏的研究是非常有必要的。现场监测是对岩土体地质灾害实时预警的最有效的方法，目前主要采用基于变形的灾害预警方法，如分布式光纤变形监测、位移计等，而硬岩的脆性破坏具有小变形开裂的特点，特别是对脆性极强的脆性破坏而言，破坏前的变形极小，之后突然发生断裂，因此相比于基于变形的监测预警方法，对于岩爆等动力灾害基于声学的监测方法更为有效，因为当岩石发生宏观脆性破坏之前，内部往往有微裂纹的起裂、扩展和摩擦滑动等过程，都会释放出弹性波，可通过声学的传感器监测和接收这些信号，从而探究岩体的详细破裂过程，探寻破坏的前兆信息。本章将通过对声发射信号进行详细分析，对比声发射信号 (能量、撞击和幅值等) 与花岗岩结构面剪切过程中剪应力的相关性，试图提出一种基于声发射监测的结构面剪切诱发岩爆的预警方法。

10.2　花岗岩结构面黏滑剪切失稳与声发射特性

10.2.1　花岗岩结构面剪切黏滑机制的解释

对于岩石摩擦过程中的黏滑现象，可采用如图 10-1(a) 所示的弹簧–滑块模型进行初步的解释。弹簧刚度为 K，既可以代表试验机的刚度，也可以表示现场围岩的刚度。假设滑块的摩擦阻力随位移变化如图 10-1(b) 中黑色曲线所示，摩擦阻力达最大值后随位移减小，在该降低段，弹簧将沿着图 10-1(b) 中斜率为 $-K$ 的直线卸载，当达到 B 点时，摩擦力将以大于 K 的速率降低，此时不稳定的滑动将发生，因为加载系统内部储存的能量 (斜率为 $-K$ 的直线与横轴围成的面积) 大于摩擦滑动所需要的能量 (摩擦力曲线与横轴围成的面积)，剩余能量将对滑块产生加速度；摩擦力曲线超过 C 点之后，摩擦力变得大于弹簧弹力，此时滑块开始减速，直至 D 点 (C 点两侧阴影部分面积相等) 滑块将停止滑动。所以滑块 (本节中的花岗岩结构面) 失稳的条件为

$$\left|\frac{\partial F}{\partial u}\right| > K \tag{10.1}$$

但该条件并不全面，只能解释一次失稳，因为黏滑过程中，应力跌落失稳后，剪应力又再次升高到极大值，并再次失稳，反复循环。

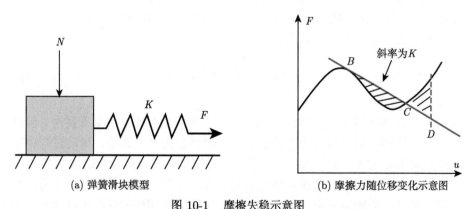

(a) 弹簧滑块模型　　　　　　　　　　　(b) 摩擦力随位移变化示意图

图 10-1　摩擦失稳示意图

(b) 表示摩擦力以大于加载系统所能反映的速度随位移减小

物体的摩擦分为静摩擦和滑动摩擦，一般静摩擦系数大于滑动摩擦系数 $\mu_s > \mu_d$，当首次滑动失稳后，由静摩擦状态过渡到滑动摩擦状态，之后再次变为静摩

擦状态, 根据 Dieterich[247] 的研究成果, 岩石的静摩擦系数与接触时间的对数成正比, 即

$$\mu_s = \mu_{s0} + \beta \ln(1 + t_s/t_0) \tag{10.2}$$

其中, μ_s 为 t_s 时刻的静摩擦系数, μ_{s0} 为 t_0 时刻的静摩擦系数。由试验得出的该定律即解释了初始滑动导致摩擦力降低后, 摩擦力会再次升高的现象。

可见岩石摩擦过程中产生的黏滑现象是由加载系统与滑动面摩擦特性的相互作用共同决定的, 当两者满足一定条件时, 黏滑才会发生。在总结众多试验现象和黏滑过程后, Dieterich[248]、Ruina[249] 等提出和完善了速度–状态相关的摩擦定律, 摩擦试验过程中出现的周期性黏滑振荡等现象可以被该经验性的定律很好地描述。速度–状态相关的摩擦定律可表示为

$$\mu = \mu_0 + a \ln\left(\frac{V}{V_0}\right) + b \ln\left(\frac{V_0\theta}{D_c}\right) \tag{10.3}$$

$$\frac{\mathrm{d}\theta}{\mathrm{d}t} = 1 - \frac{V\theta}{D_c} \tag{10.4}$$

式中, V_0 为参考速度; μ_0 为速度为 V_0 时稳定状态下的摩擦系数, 为常数; V 为滑动速度; θ 为状态变量; a 和 b 是和试验有关的经验常数; D_c 为临界滑动距离, 即以某一速度稳定滑动到以另一速度稳定滑动过程中所需的滑动距离。采用速度–状态相关的摩擦定律分析表明, 当 $\mathrm{d}\tau_{ss}/\mathrm{d}V > 0$ 时, 将会发生稳定状态的摩擦滑动 (τ_{ss} 表示滑动稳定状态 (steady state) 时摩擦强度), 即速度强化; 当 $\mathrm{d}\tau_{ss}/\mathrm{d}V < 0$ 时, 稳定状态取决于加载系统的刚度 k 与滑动面的临界刚度 k_{cr} 之间的关系, 其中临界刚度公式为

$$k_{cr} = \frac{(b-a)\sigma}{D_c} \tag{10.5}$$

如果 $k > k_{cr}$, 将发生稳定滑动; 如果 $k < k_{cr}$ 将发生非稳定滑动即黏滑。滑动速度、加载系统刚度和法向压力的改变都会对摩擦行为产生影响, 滑动过程中断层泥的产生可能影响 $b - a$ 的值, 因此也可能对发生黏滑还是稳滑造成影响。

在本研究的试验中, 加载系统的刚度 k 是恒定的, 试验中在法向压力较低时发生稳定滑动, 而随着法向压力增大, 逐渐出现了周期性的黏滑振荡现象。由于 k_{cr} 与法向压力成正比, 随着法向压力升高, k_{cr} 相应变大, 低法向压力时 $k > k_{cr}$ 满足稳定滑动的条件, 因此没有黏滑发生, 而高法向压力下由于 k_{cr} 升高, 可能造成 $k < k_{cr}(k$ 保持不变), 因此满足了黏滑发生的条件, 发生不稳定滑动, 这就解释了为何低压力下稳定滑动而高压力下发生剧烈的失稳黏滑的现象。

10.2.2 具有黏滑特征的花岗岩结构面剪切破坏的声发射规律

由于试验用的结构面与实际岩体工程中的结构面在尺度 (试验用的结构面尺寸为 0.1m，深埋岩体工程中的结构面尺寸可能在 1m 左右到数米的长度) 和形态 (现场容易诱发结构面剪切型岩爆的结构面为硬性结构面，试验中采用的是人工劈裂形成的上下盘完全咬合的结构面) 上都具有很高的相似性，因此对花岗岩结构面剪切破坏声发射特征的认识和规律的总结，有助于工程现场采用声发射监测技术对剪切型岩爆进行预警。

图 10-2~图 10-4 和图 10-5~图 10-7 分别为花岗岩结构面在法向压力为 10MPa 和 20MPa 时的剪应力曲线和声发射参数 (撞击率、能量率和事件率) 随时间的变化，可见具有黏滑特性的结构面剪切时具有非常相似的声发射参数变化趋势。根据声发射参数的变化规律，结构面剪切发生黏滑时其剪应力随剪切位移的变化可分为六个阶段，这里仅以 10MPa 法向压力下的剪切曲线为例进行说明。六个阶段分别为：主加载段 oa，主应力跌落段 ao'，次加载段 $o'b$，次应力降低段 bc，次黏滑段 cd，主黏滑段 de，各个阶段的分界点如图 10-3 所示。主加载段是指从剪切开始至剪应力到达峰值点的一段，该段内剪应力随剪切位移增大而持续升高，而撞击率同样从剪切起始直至剪应力峰值都在增长，能量率在剪切初期较低，在剪应力达到峰值强度的 70% 左右时能量率出现显著增加。剪应力达到峰值强度后在极短的时间内迅速跌落到一很小值，伴随巨大的响声发出，该阶段称为主应力跌落段，应力跌落在瞬间完成，撞击率在该时刻达到峰值，能量率则突增至峰值。随着剪切的继续进行剪应力从跌落后的极小值又开始如主加载段那样缓慢增大，直至增大到一极大值，剪应力停止增大，称该阶段为次加载段，在次加载段初期，撞击率和能量率都降低到非常低的水平，两者随剪应力增大也在增大，当达到该阶段剪应力极大值时，两者也增大到该阶段的最大水平，该段撞击率的最大值与主加载段的最大值几乎持平，但能量率的最大值远远低于主加载段的能量率最大值。剪应力到达极大值后，随剪切位移增大，剪应力开始缓慢降低，且剪应力曲线上未见明显的周期性振荡，因此称该阶段为次应力降低段，其与主应力跌落段同为应力降低的过程，但该阶段缓慢进行，后者则瞬间完成。在该阶段，撞击率和能量率与剪应力变化趋势一样，均出现一定程度的降低，但相对而言，撞击率水平仍然较高，而能量率则较低，说明该阶段结构面上下盘具有很强的摩擦作用，但能量释放程度很低。从次应力降低段的末端开始直到出现显著的黏滑，剪应力曲线开始出现一定的波动，由于该段之后剪应力出现显著的周期性振荡，即显著的黏滑现象，因此该阶段称为次黏滑段 (从 c 点到 d 点)，次黏滑之后为主黏滑段 (d 点到 e 点)。从次黏滑段开始，撞击率异常活跃，采集的数据点丰富且密集，撞击率整体上有降低的趋势。在次黏滑段，剪应力出现微弱的振荡和波动，这尤其

可以从能量率的变化曲线上看出，如图 10-3 所示，从 c 点到 d 点，能量率较之前的阶段出现显著增长，且随着向主黏滑段靠近，能量率逐渐增强。d 点之后，剪应力出现显著的周期性振荡，剪应力先是缓慢增长，之后突然应力跌落，再缓慢增长，接着应力跌落，持续地循环下去，每次应力跌落都发出较大的响声，在主黏滑段，伴随着每次的应力跌落声发射能量率都出现突增。

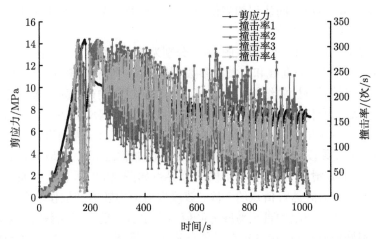

图 10-2   10MPa 法向压力下四个声发射传感器监测的撞击率随时间变化曲线

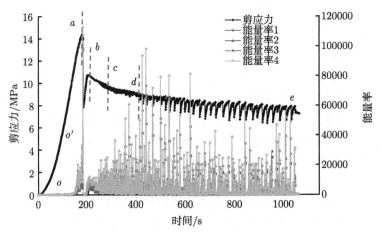

图 10-3   10MPa 法向压力下四个声发射传感器监测的能率随时间变化曲线

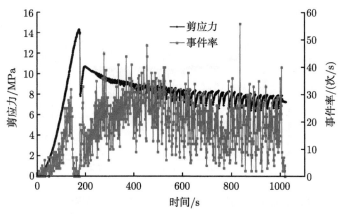

图 10-4　10MPa 法向压力下四个声发射传感器定位的声发射事件率随时间变化曲线

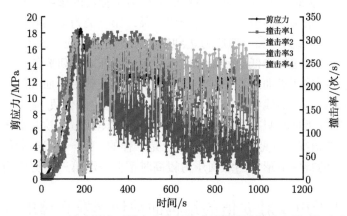

图 10-5　20MPa 法向压力下四个声发射传感器监测的撞击率随时间变化曲线

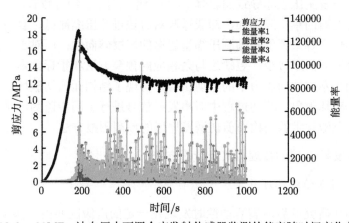

图 10-6　20MPa 法向压力下四个声发射传感器监测的能率随时间变化曲线

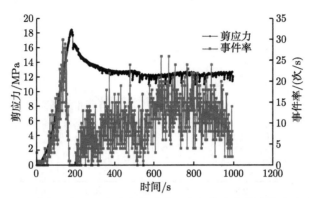

图 10-7　20MPa 法向压力下四个声发射传感器定位的声发射事件率随时间变化曲线

在 7.2.2 节法向压力对花岗岩结构面剪切力学特性的影响中曾提到随法向压力增大，花岗岩结构面的剪切曲线可分为三类：第一类为达到峰值强度后剪应力缓慢降低至残余值；第二类为剪应力达到峰值强度后出现应力跌落，之后剪应力出现一定程度升高后缓慢降低至残余强度值；第三类即本节研究的出现显著黏滑的情形。通过对比前两类曲线特征与本节研究的第三类剪应力曲线的特点可知，第一类曲线即为第三类曲线中只有主加载段 oa 和次应力降低段 bc 的情形，而第二类曲线则是第三类曲线只有主加载段 oa、应力跌落段 ao'、次加载段 $o'b$ 和次应力降低段 bc 的情况，可见三类曲线本质上是一样的，第一、二类曲线是第三类曲线在低应力下的特殊情形，当法向压力较高时都会呈现第三类剪切曲线。

10.3　基于声发射 b 值的结构面剪切诱发岩爆的预警方法

对于岩石发生压破坏导致的岩爆 (如应变型岩爆) 已经有较长的研究历史，人们往往通过岩石的单、三轴加、卸载试验对岩块进行压缩测试，获得岩石的储能条件、脆性性质等来评价和预测压缩型岩爆的岩爆倾向性；而对于结构面剪切型岩爆的研究开展的还较少，更缺乏与之相应的预警方法和指标。本研究通过对花岗岩结构面在不同法向压力下的直剪试验，再现了结构面剪切破坏导致的岩爆这种动力冲击破坏现象，剪切过程中对声发射信号进行了同步监测，希望可以探索基于声发射监测技术的结构面剪切诱发岩爆的预测预报方法。

10.3.1　声发射 b 值的物理意义及计算方法

1. 声发射 b 值的物理意义

古登堡在研究世界地震活动性时发现在一定的震级区间内，频度 N(震级大于等于 M 的地震事件个数) 和震级 M 存在以下关系

$$\lg N = a - bM \tag{10.6}$$

这是一个经验公式，其中 a, b 是两个参数，可根据一定地区、一定时期的地震目录用统计的方法估算出来。式 (10.6) 通常被称作 Gutenburg-Richter 公式，简称 G-R 公式。若以 $\lg N$ 为纵坐标，M 为横坐标，则当 G-R 公式被满足时，如图 10-8 所示应呈现一条斜率为 $-b$ 的直线，从图中可知，大震级的事件越多，拟合的直线越平缓，b 值越低，即 b 值反映了大、小震级之间的比例。

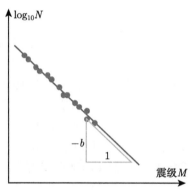

图 10-8　震级和频度关系示意图

研究发现 b 值具有重要意义，b 值常包含震源区介质的信息，较低的 b 值往往与地壳断层结构的非匀质性和局部的应力集中有关，这些都将会导致大震级的事件产生，b 值的空间变化也被用来预测地震 [250,251]，Frohlich 和 Davis[252] 发现 b 值对应力状态和应力降非常敏感，震源区主震过后应力和应力降值会升高，应力状态的改变会影响大、小地震事件的分布从而影响 b 值；Turcotte[253] 发现局部区域或整个区域地震活动的分形维数是 b 值的两倍。

地震是地壳中的岩石发生大尺度的破裂或断层滑动造成的，通过布置于地表的地震检波器可以监测到地震发生时发出的地震波，通过震源参数分析得到 b 值；而声发射则是岩石发生小尺度破裂时发出的弹性波，声发射和地震都是岩石的破裂或滑动引起的，本质相同但尺度不同，尺度的差异造成声发射和地震发生时辐射的能量不同，因此破坏程度不同。由于天然地震和岩石声发射现象的相似性，研究者发现小尺度的岩石试件破裂时发出的声发射信号同样符合频度 N 和震级 M 的 G-R 关系，这里震级 M 通常用声发射的幅值表示，适用于声发射的 G-R 关系如下所示

$$\lg N = a - b\frac{A_{\mathrm{dB}}}{20} \tag{10.7}$$

其中，$A_{\mathrm{dB}} = 10\lg A_{\max}^2 = 20\lg A_{\max}$，$A_{\max}$ 是以微伏表示的声发射撞击的最大振

幅，A_{dB} 是以分贝表示的声发射撞击的最大振幅；N 表示幅值大于等于 A_{dB} 的声发射事件个数。

由于地震 b 值与地壳应力状态、主震发生等存在一定的相关性，因此研究者对声发射 b 值预测岩石压缩破裂、混凝土梁弯曲破坏方面，以及声发射 b 值与岩石的应力状态、岩石裂纹的分形维数之间相关性方面开展了相关研究，并取得了一定的研究成果，但对于利用声发射 b 值预测结构面岩体沿着弱面的剪切破坏方面还很少有人涉及。

2. 声发射 b 值的计算方法

本次研究中 b 值采用公式 (10.7) 计算，采用声发射软件自带的幅值分布累计统计功能得到剪切试验全过程的幅值分布 (试验中设置的门槛值是 40dB，因此得到的是 40~100dB 范围内的事件)，以花岗岩在 10MPa 法向应力下的声发射监测结果为例，四个传感器监测的撞击的幅值和频度的关系如图 8-12 所示，第一列蓝色柱状体表示的是传感器 1 监测的撞击最大幅值大于 40dB 的撞击数目是164995 个。四个传感器由于位置不同，监测的撞击数目略有差别，但整体规律是一致的。从图 8-12 可以看出幅值介于 45~50dB 的撞击个数最多，且幅值越大的撞击数目越少。

分析中主要计算了两种条件下的 b 值，第一种是在某一法向应力下，将剪切全过程的所有声发射撞击作为一个整体分析，得到该应力下的一个 b 值；第二种是对任一法向应力下的所有声发射数据分成 n 段，计算每一段 b 值，从而获得 b 值随时间的演化规律。

对于第一种的 b 值计算，采用公式 (10.7)，以 $A_{dB}/20$ 为横坐标，以 $\lg N$ 为纵坐标，每个声发射传感器监测的声发射幅值、撞击数可以得到一系列点，如图8-14 所示，对数据点进行拟合得到一线性表达式，拟合直线的斜率即为声发射 $-b$ 值。试验中采用了四个声发射传感器，因此通过每个传感器监测的声发射信号分析得到的 b 值可以相互验证，例如对于图 8-13 所示的应力 10MPa 时剪切全过程的 b 值分别是 0.8938，0.8314，0.8428 和 0.8496，四个值相差不大。

对于第二种的 b 值计算，需要将所有声发射数据切割成 n 段，分段计算 b 值，由于 b 值的计算都是手动计算，分段越多，计算需要花费的时间越多，所以一般每 10s 取一段，在峰值处或应力跌落处则以峰值点或应力跌落点为界；当出现黏滑而黏滑间隔又较短时，则相应地缩短计算 b 值的时间间隔。

10.3.2　不同法向应力下花岗岩结构面声发射 b 值的演化规律

当法向应力大于 30MPa 时，试件在高应力下压缩时声发射传感器与试件之间的耦合容易松动，因此 30MPa 之后的声发射测试效果都不理想，因此这里只分析法向应力从 1MPa 到 20MPa 的 b 值随法向应力的变化。由于这个应力范围已经包含了前文所述的三种类型的剪应力曲线 (峰后缓慢降低、峰后强应力跌落和峰后强应力跌落加黏滑)，并且具有黏滑特征的剪应力曲线都是非常相似的，只是黏滑的应力跌落幅值有差别，因此所分析的 10MPa 和 20MPa 的具有黏滑特征的剪应力曲线的 b 值的变化规律也能代表法向应力 30MPa 以后的试件的 b 值变化。

　　为了提高分析结果的准确性，对于每次试验中的四个传感器如果其中一个或两个的变化规律与其他的相差较大，其数据不用来分析 b 值，每个法向应力下不同传感器获得的 b 值如表 10-1 所示。

表 10-1　　每个法向应力下不同传感器获得的 b 值

法向应力/MPa	b 值				平均 b 值
	b_1	b_2	b_3	b_4	
1	1.1718	—	1.2902	1.2191	1.2270
3	0.9058	0.9077	0.9227	0.9138	0.9125
5	1.0771	0.9702	0.933	0.9435	0.98095
7	0.9794	—	0.965	0.9566	0.967
10	0.8938	0.8314	0.8428	0.8496	0.8544
20	0.899	0.8761	0.8907	0.9046	0.8926

　　图 10-9 为每个法向应力下两个或三个或四个声发射传感器监测的声发射信号的 b 值随法向应力的变化。图 10-10 为同一法向应力下几个 b 值的平均值随法向应力的变化，可见总体而言，声发射 b 值具有随法向应力升高而降低的趋势，b 值的这种随法向应力增大而变小的趋势与岩爆随法向应力变化的相关性将在 10.3.3 节详述。

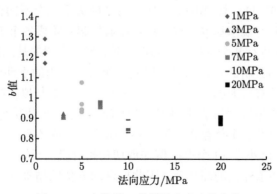

图 10-9　声发射 b 值随法向应力的变化

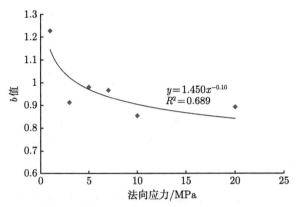

图 10-10   每个法向应力下几个传感器的 b 值平均值随法向应力的变化

10.3.3   基于声发射 b 值的剪切型岩爆预警方法

从对花岗岩结构面剪切力学行为的分析可知，花岗岩剪应力出现强烈的峰后应力跌落破坏或之后的剪切阶段出现黏滑破坏时，都可能诱发岩爆的发生，因此本节将分析具有这种破坏特点的剪应力曲线对应的声发射 b 值的特点。

图 10-11~ 图 10-15 为法向应力 1MPa，3MPa，5MPa，7MPa 和 10MPa 时，随剪切进行，声发射 b 值随时间的变化规律，其中 b_1 表示 1# 传感器监测的声发射数据计算的 b 值，为了将 b 值与声发射撞击率和能量率进行对比，任意挑选一个传感器监测的撞击率和能量率数据随时间的变化与 b 值随时间的演化规律进行对比 (因为四个传感器监测的能量率和撞击率的变化规律是一致的，只是量值上存在一定差别，因此选取任意一个传感器监测的数据即可代表试件剪切过程中声发射参数的变化规律)，其中撞击率 3 表示 3# 传感器监测的声发射撞击率。

综合分析图 10-11~ 图 10-14 可知，每个应力下几个不同传感器的声发射 b 值都相差不大，并且规律基本一致，只是在剪切起始阶段各个 b 值起伏波动性较大，但随着剪切的进行几个 b 值基本趋向一致。需要注意的是，在每一小段 b 值的计算过程中，参与分析的事件的总数以及各个幅值段内的事件个数对如图 10-11 所示的拟合直线具有很大影响，进而影响 b 值，如果参与拟合的总声发射事件数目较少，且缺少幅值较大的事件 (如果参与拟合的事件的幅值分布为 40~100dB，即每个幅值范围内都有事件存在，那么参与拟合的点应该有 12 个)，那么参与拟合的数据点较少 (远小于 12 个点)，例如剪切初始阶段由于缺乏大振幅的事件，参与拟合的点只有幅值较低的那几个，因此拟合的 b 值的精确性不高，并且 b 值存在较大的波动性。

剪切过程中能量率峰值和撞击率峰值几乎与剪应力峰值同时达到，因此这里省去了剪应力随时间的变化曲线，而以声发射撞击率和能量率代替。结构面剪切是以静力破坏的形式还是以动力破坏的形式发生,取决于破坏时的能量释放量,通过对比试验现象和声发射能量率参数发现,当能量率值达到 10^4 以上时,很可能发生动力的冲击破坏 (剪切型岩爆),因为此时剪切过程中发出很大的响声且能量率陡增。从图 10-11~ 图 10-14 可见,只有 1MPa 应力时的峰值能量率低于 10^4,并且剪切过程中无声响发出,其他应力下花岗岩结构面剪切过程中峰值能量率均大于 10^4,因此认为当法向应力是 1MPa 时,结构面发生的是静力剪切破坏;而从法向应力为 3MPa 开始,峰值能量率及之后的剪切过程中,能量率多次达到 10^4 水平以上,因此认为当法向应力大于 3MPa 后,结构面可能发生动力冲击形式的剪切破坏。而对比法向应力大于 3MPa 的试件的峰值能量率可知,当应力为 3MPa 时峰值能量率是最低的,因此该应力下发生岩爆的概率和岩爆等级要小于其他应力条件下的结构面。

从图 10-11 可知,当花岗岩结构面在 1MPa 法向应力下剪切时,b 值平均是大于 1 的,在撞击率或能量率峰值附近,b 值也并未表现出明显的增减性,在剪应力峰后阶段 b 值的波动性增强,总体而言 b 值较峰值前变小,且在峰后阶段声发射撞击和能量率都变的较为活跃,这尤其可以从能量率的变化曲线看出,这说明 b 值的变小可能是由声发射活跃性的增强引起的,这一点将通过其他法向应力下的声发射信号的变化进一步验证。

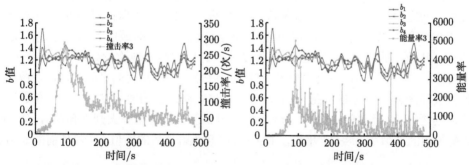

(a) 四个 b 值随时间的变化规律及与撞击率的关系　(b) 四个 b 值随时间的变化规律及与能量率的关系

图 10-11　1MPa 法向应力下声发射 b 值、撞击率和能量率随时间的变化规律

在图 10-12 中,当法向应力为 3MPa 时,在能量率峰值前,b 值维持在较高的水平上 (大于 1.2),但在声发射能量率开始快速增长的时候,b 值在迅速减小,当能量率达到峰值时,b 值达到自剪切开始的最小值 (四个传感器的最小 b 值分别是 0.7791,0.9945,1.07 和 0.7997)。之后声发射能量率逐渐减小,而 b 值则开始增加,在之后的剪切过程中能量率虽然不及峰值能量率大,但表现的异常活跃,而对应的 b 值基本位于 0.8~1 的水平上。在 440~500s 的时间段内,声发射能量率数次出现大于 10^4 的突变点,而与该阶段对应的 b 值则较低,在 0.8 左右。峰

后 b 值的变化初步证明了声发射越活跃，b 值可能越低的假设，并且 b 值与能量率具有更强的相关性，能量率越高，b 值可能越低。

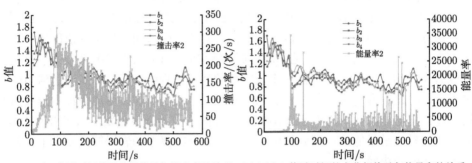

(a) 四个 b 值随时间的变化规律及与撞击率的关系　(b) 四个 b 值随时间的变化规律及与能量率的关系

图 10-12　3MPa 法向应力下声发射 b 值、撞击率和能量率随时间的变化规律

当法向应力为 5MPa 时 (图 10-13)，结构面剪切过程时能量率峰值达到 12×10^4 的水平，这是由剪应力峰值后出现强应力跌落导致极高的能量释放造成的。在能量率或撞击率峰值前，剪切的初始阶段，b 值较高，平均在 1.3 左右，大于 1.1，随着逐渐逼近剪应力峰值，声发射信号变得活跃，撞击率逐渐增大，能量率也出现陡增，与之对应的是 b 值迅速降低，通过 3# 和 4# 传感器计算的 b 值最低分别是 0.815 和 0.678，并且这两个值也是整个剪切过程中的最低 b 值。法向应力从 5MPa 开始，剪应力曲线在应力跌落段 ao' 之后都会出现次加载段 $o'b$(各阶段的划分参看 10.2.2 节)，在次加载段，声发射信号会出现短暂的平静期，该阶段的 b 值则会迅速升高，可参看图 10-13～ 图 10-15。在之后的剪切过程中，b 值随着能量率的增减而出现减小或增大 (能量率小则 b 值大，能量率大则 b 值小)，总体而言峰值后的 b 值在 0.8～1，平均在 0.9 左右，可见峰值后的 b 值小于峰值前的 b 值。

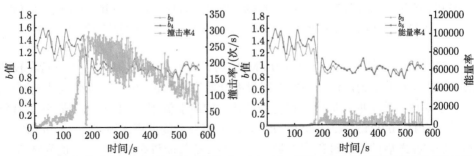

(a) 四个 b 值随时间的变化规律及与撞击率的关系　(b) 四个 b 值随时间的变化规律及与能量率的关系

图 10-13　5MPa 法向应力下声发射 b 值、撞击率和能量率随时间的变化规律

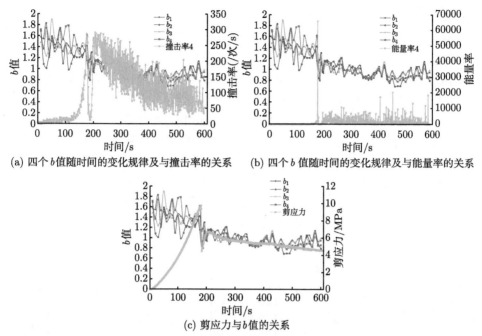

(a) 四个 b 值随时间的变化规律及与撞击率的关系　　(b) 四个 b 值随时间的变化规律及与能量率的关系

(c) 剪应力与 b 值的关系

图 10-14　7MPa 法向应力下声发射 b 值、撞击率和能量率随时间的变化规律

法向应力为 7MPa 时 (图 10-14)，峰值前的 b 值波动性较大，且平均在 1.4 左右，但在接近峰值区域时，四个 b 值都出现显著的降低，并且在峰值点处达到几乎整个剪切过程各自 b 值的最小值，分别是：0.8372，1.1656，0.9041 和 0.8014。在达到最小值之后，b 先增加，又出现一定程度的降低，此时的 b 值与次加载段的峰值相对应。在随后的剪切过程中，b 值较峰值前小，并且波动性减弱，四个传感器的 b 值重合度比较高，平均 b 值在 0.9~1。

当应力为 10MPa 时 (图 10-15)，峰值前 b 值同样存在较大的波动性，且整体较高，主要集中在 1.2~1.6 范围内，随着能量率增加并达到峰值，b 值开始迅速减小，在峰值能量率处达到整个剪切过程的最小值，四个最小 b 值分别为 0.5417，0.6773，0.6696 和 0.5307，之后开始次加载段，b 值迅速上升，达到次加载段峰值时 b 值又出现下降，在随后的剪切过程中 b 值在 0.8~1，并且在黏滑段能量率突增处往往对应着 b 值的极小值点。

通过以上分析可知：①峰值前 (这里的峰值既指剪应力峰值，又指撞击率和能量率峰值) 的剪切初期，b 值较大，基本在 1.1~1.6 的范围内，并且存在较大的波动性，这是由于剪切初期声发射信号较为平静，缺乏大幅值的事件，整体的声发射信号也相对较少；在逐渐逼近峰值以及随后的剪切阶段，b 值逐渐变得稳定，由不同传感器计算的 b 值重合度较高。②除了 1MPa 法向应力外，其他应力下的峰

前 b 值要大于峰后的 b 值，法向应力为 1MPa 时峰值前后 b 值差别不大。③b 值的变化与声发射的活跃程度密切相关，尤其与声发射的能量率关系最为密切，声发射能量率较高时，b 值往往较低，能量率较低时，b 值往往较大。④剪应力峰值后剪应力是以应力跌落方式发生破坏的，例如 3MPa，5MPa，7MPa 和 10MPa 时 (3MPa 应力时虽然峰值后的应力跌落不明显，但从能量释放可知，其峰值能量率已接近 4×10^4，可以看作比较弱的应力跌落破坏)，随着能量率水平开始显著升高并达到峰值能量率，b 值迅速降低并在峰值能量率那一刻达到整个剪切过程的最小 b 值；在随后的剪切过程中，在能量率突增处 (达到 10^4 的量级)b 值往往降低；法向应力为 1MPa 时，结构面以静力方式发生剪切破坏，在能量率峰值处 b 值并未减小。⑤对于具有黏滑特征的结构面，每次黏滑对应着应力跌落发生，并伴随着强烈的能量释放，与之对应的 b 值也会降低。

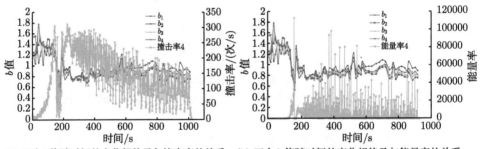

(a) 四个 b 值随时间的变化规律及与撞击率的关系　　(b) 四个 b 值随时间的变化规律及与能量率的关系

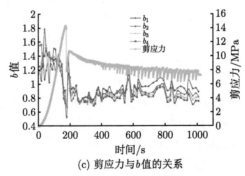

(c) 剪应力与 b 值的关系

图 10-15　10MPa 法向应力下声发射 b 值、撞击率和能量率随时间的变化规律

　　结构面峰值后以强应力跌落方式发生破坏以及随后的剪切出现黏滑时，都可能诱发岩爆，而声发射 b 值在这些特殊的破坏点处都表现出减小的趋势，因此可采用声发射实时监测和预测这种剪切型动力冲击灾害。相反对于一般的静力剪切破坏，虽然声发射能量率和撞击率随剪应力增加而增加，且几乎与剪应力峰值同时达到最大值，但其 b 值并没有出现减小，因此采用 b 值作为预警指标可以将动

力破坏和一般的静力破坏区分开。

10.3.4 采用声发射 b 值的预警剪切型岩爆的优点

对于结构面剪切型岩爆或者由于结构面剪切诱发的动力灾害来说，除了需要对其发生机制有充分的认识和理解外，动力灾害的预警研究同样关键，因为岩爆等灾害研究的根本目的是提出岩爆防治的科学有效方法，控制岩爆发生或降低岩爆发生时造成的损失。10.3.3 节通过对花岗岩结构面剪切过程中的声发射测试提出了一种基于声发射 b 值的结构面剪切型岩爆的实时监测和预警方法。声发射监测技术已经在岩体工程稳定性分析方面得到了广泛应用，在实验室尺度内，一般通过监测声发射撞击率、能量率和进行定位分析等，研究岩石的破裂损伤演化过程；在实际工程现场尺度内，一般通过合理布置传感器监测定位岩体的破裂位置和破裂程度，获得声发射事件、能量释放等参数，对岩石的破坏进行分析和预警。虽然通过众多的研究已经知道，岩石在宏观破坏前，能量率、撞击率及事件率等参数都会增加，并且当破坏发生时他们几乎都会达到最大值，但对于这些指标增大到何种程度时破坏会发生却是未知的，可能增大了上万、百万甚至千万，岩爆等动力灾害才会发生，即缺乏一种预测岩石动力失稳破坏的绝对度量指标。但对于声发射 b 值而言，通过 10.3.3 节的分析可知，峰值后首次大的应力跌落对应的 b 值基本位于 $0.5\sim0.8$，低于 0.5 的很少发生，当然不排除随着法向应力的继续增大，最小 b 值会进一步变小，但继续变小的空间也只有 $0\sim0.5$，不会小于 0。除此之外，具有黏滑特征的结构面在黏滑阶段，能量率突增处 (黏滑应力跌落处) 往往也对应着 b 值的减小，最低 b 值在 0.8 左右，因此可以认为当剪应力在升高、能量率和撞击率也在升高时，b 值持续降低且低于 0.8 左右，就可能会发生动力的剪切破坏 (剪切型岩爆)。b 值越低，发生岩爆的概率越大，岩爆的强度越高。这样就建立了以声发射 b 值这一绝对量值为主要评价指标 (如图 10-16 所示)，以声发射能量率和撞击率 (或事件率) 为辅助指标的结构面剪切型岩爆的预测方法，克服了单纯依靠能量率和撞击率 (或事件率) 无法界定当两者增大到何时才会发生岩爆的缺点。除此之外，通过声发射能量率和撞击率 (或事件率) 无法提前判断结构面剪切是发生静力破坏还是动力破坏，只有破坏完成了才能通过分析能量率的量值来决定是何种破坏形式，但通过声发射 b 值的分析可知，当结构面发生静力剪切破坏时，b 值在整个剪切过程中都维持在较高的水平上，即使在破坏发生时也没有减小的趋势，因此采用 b 值可轻松地区分静力破坏和动力破坏。

由第 7 章和第 9 章的研究可知，随着法向应力的增大，花岗岩结构面峰后应力降和黏滑幅值都不断增大，说明可能的岩爆强度和概率都增大。10.3.2 节中分析了声发射 b 值随法向应力的变化规律，b 值具有随应力增大而变小的趋势，由上文的分析可知 b 值越小发生剪切型岩爆的概率和岩爆强度可能越大，可见由声

通过声发射 b 值和黏滑阶段的应力跌落值两个不同角度分析的剪切滑移型岩爆受法向应力影响的结果是一致的。

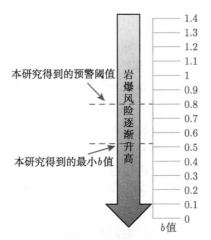

图 10-16 b 值作为岩爆预警指标的示意图

10.3.5   声发射 b 值可以预警岩爆的解释

声发射 b 值的几何意义是一条拟合直线的斜率，物理意义则是大幅值的声发射事件和小幅值的事件在整个区段内所占的比例。当拟合的直线非常倾斜时，即 b 值很大，说明小幅值的事件很多，而大幅值的事件很少；当拟合的直线相对较平缓时，说明大幅值的事件很多而小幅值的事件较少。岩爆具有瞬时性、突发性和冲击性等特点，岩爆发生前有一段孕育演化的过程，该过程中能量率和应力不断在岩体内积累，岩体内还未发生大尺度的破裂，因此声发射主要是小幅值的事件，对应的 b 值较高 (图 10-17 中的 I 阶段)；岩爆发生时，之前积聚的能量率会全部或部分释放出来，此过程中主要发生大尺度的破裂，对应地产生大幅值的声发射事件，因此 b 值较小 (图 10-17 中的 II 阶段)；岩爆发生后绝大部分能量率释放掉，岩体仅能依靠残余强度维持结构的稳定性，因此此时产生的都是小尺度的破裂，即小幅值的声发射事件，对应的 b 值较高 (图 10-17 中的 III 阶段)。由此可见，b 值之所以可以用来预测岩爆是由于岩爆本身的特点，即岩石的破坏过程具有很强的阶段性和区分性。岩爆前声发射很弱，岩爆发生时声发射特别强，岩爆后声发射又减弱，这种强弱差距越大，b 值的区分性越强，预测的效果越好。对于静力剪切破坏，由于破坏前后能量释放虽有差别 (破坏时能量释放最多，之前或之后都较小)，但这种强弱差别还不足以使 b 值大小产生很强的区分性，因此常规的静力破坏前后 b 值变化不明显。由于完整岩体的剪断过程中的能量释放要比完全贯通的结构面岩体剪切时还要强烈，因此破坏前后 b 值的区分性也会很强。因此，本节提出的基于声发射 b 值的岩爆预警方法不仅适用于滑移型岩爆，同样适用于剪切破裂型岩爆。

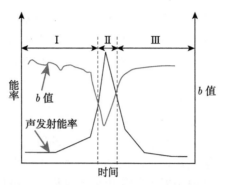

图 10-17　声发射信号波形简化波形参数的定义

从 10.3.3 节的分析也可以看出，声发射 b 值与能量率的相关性最强，当能量率大于 10^4 且有突增时，b 值往往会变小，并且在最大能量率处取得一极小值。在声发射软件系统中，声发射信号波形参数的定义如图 10-18 所示 (图中门槛电压即试验中设置的门槛值 40dB，幅度即以 dB 表示的幅值，这两个参数也可以用电压表示)，图中一个完整波形表示一个撞击信号。声发射能量是指信号检波包络线与门槛值所围成区域的面积，反映事件的相对能量或强度。粗略来讲，如果将包络线看成三角形，能量由持续时间和幅值决定，因此能量和幅值是密切相关的，而 b 值又是由幅值计算的，大幅值的事件占多数时 b 值较小，这就解释了为什么在能量率突增处 b 值会降低，能量率越高处 b 值可能越低。

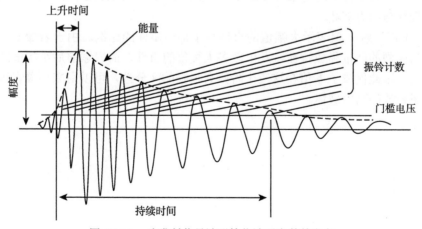

图 10-18　声发射信号波形简化波形参数的定义

10.4　小　　结

由于花岗岩结构面剪切过程中出现了比较强烈的脆性破坏现象，剪切过程中的每次强应力跌落都可能诱发岩爆，因此本章分析了花岗岩剪切过程中的声发射特征和规律，并建立了一种基于声发射 b 值的结构面剪切诱发岩爆的预警方法，主要获得如下结论。

(1) 具有黏滑特性的结构面剪切时剪应力随剪切位移可大致分为六个阶段：主加载段、应力跌落段、次加载段、次应力降低段、次黏滑段和主黏滑段。在主加载段，声发射随剪应力增大逐渐活跃，在应力跌落段达到最大值。在次加载段剪应力从一极小值开始缓慢增加，该阶段声发射信号很微弱且随剪应力增大活动性逐渐增强。在次应力降低段声发射信号出现一定程度的降低。在次黏滑段和主黏滑段声发射变得异常活跃，主黏滑段声发射参数强于次黏滑段。

(2) 通过对声发射幅值的分析建立了基于声发射 b 值的结构面剪切诱发岩爆的预警方法。当剪应力逐渐逼近应力跌落段时 b 值逐渐变小，b 值越小发生剪切型岩爆的可能性和强度越大。分析试验结果发现峰值后首次强应力跌落对应的 b 值在 0.5~0.8，而黏滑段 b 值在 0.8 左右，因此认为当 b 值低于 0.8 时就可能发生岩爆，且 b 值越低发生岩爆的可能性和强度越高。

(3) 声发射 b 值较其他参数预测岩爆最大的优点在于它是一个绝对量值，该值越低，发生岩爆的强度越大。在实际应用中可以通过前期的监测获得 b 值的最低范围 (即临界值，试验中临界 b 值为 0.8 左右)，当 b 值在逐渐减小并且低于该值时就做出岩爆发生预警。而其他参数如撞击率、能量率和事件率，一是无法确定其作为预警指标的绝对临界量值 (达到多大时岩爆可能会发生)，二是无法区分静力破坏与动力破坏。

(4) 声发射 b 值表示大幅值的事件与小幅值事件的比例。由于岩爆发生时具有非常强烈的能量释放特征，发出较多大幅值的事件，而岩爆前后小幅值的事件占多数，因此促成了 b 值在这三个阶段有很强的区分性，可以用来预警岩爆这种强能量释放的动力破坏。

第 11 章　跨尺度结构面动力剪切的幂函数规律

11.1　引　言

实验室尺度的断层成核、结构面动力剪切失稳、工程尺度的滑移型岩爆、地壳尺度的地震灾害，都是由于不连续面 (结构面、断层) 的突然错动失稳诱发的非稳定滑动，属于跨尺度的动力剪切破坏 (从毫米尺度到千米尺度)，但本质上极为相似。地震是世界上最严重的自然灾害之一，尽管在过去的几十年中科研人员致力于改进监测和分析地震的技术，但准确预测地震的发生时间和地点仍然存在极大挑战 [254]。岩爆、诱发地震和天然地震等动力灾害的准确预测程度取决于对其潜在物理条件和发生过程的理解程度 [254,255]。在实验室控制条件下对小尺度岩石试样进行实验室测试 [230,256−258] 和现场地震监测 [254,259,260]，都是揭示地震物理特性和预测地震的重要手段。人们对天然地震的详细研究已经有上百年的历史，由于地震与剪切型岩爆的诸多相似之处，因此可以利用地震学研究中丰富的研究成果为岩爆灾害的预警预测和风险评价提出思路和指导。

许多人为和自然现象符合幂律分布规律 [261,262]，尤其在地震学的研究中，许多地震现象在统计学上符合幂函数规律。Ishimoto-Iida 定律 [263] 可能是最早用于描述地震最大振幅频率分布的幂律关系，形式为 $n(a) = Ka^{-m}$，其中 a 为振幅，$n(a)$ 为振幅为 a 的事件数，m 和 K 为常数。最被人熟知的幂函数定律应该是 Gutenberg-Richter(G-R) 定律，这一定律在本书中已经多次提及和应用，它描述了地震震级频率的分布情况 [227]，用于描述在给定区域和一定时间范围内的地震震级与地震次数之间的关系

$$\lg N = a - bM \tag{11.1}$$

式中，N 为地震震级大于 M 的数量，参数 a 为地震的总数，b 为拟合直线的斜率，称之为 b 值。b 值反映了大震级的地震事件和小震级的地震事件之间的比例 [264]，它还被广泛用来推断地球内的构造应力 [265,266]、预测即将发生的大地震事件 [267−270] 和帮助进行地震危险性评估 [271,272]。在实验室岩石断裂试验和结构面、断层的剪切试验中，声发射信号的尺寸分布也同样符合 G-R 关系 [230,257,258]，这在前述的几章内容中也已经多次提到。在地震学领域另外一个被熟知的幂函数定律为主震后余震随时间的衰减特性，即 Omori-Utsu 定律 [260,273]

$$\Lambda(t) = k(t + c)^{-p} \tag{11.2}$$

该定律被用来预测余震次数随时间的衰减。式中 t 为距离主震的时间，$\Lambda(t)$ 为时间 t 的余震率，k 和 c 为常数，p 是幂律指数。除了以上著名的地震幂律外，震源的空间分布 [274,275]、断层粗糙度和剖面长度 [276,277] 等同样符合幂律规律。

判断一个物理量是否遵循幂律规律可为有关潜在发生机制提供重要理论线索，并有助于对大事件发生的可能性进行统计推断 [262]。在地震等动力灾害的研究中，探索结构面、断层突然错动失稳过程所涉及的微观和宏观参数以及物理量中幂律关系是否普遍存在，将促进我们对地震等动力灾害的理解，有助于从深层次解释这些动力灾害的物理特性，提高模拟、预测和灾害评估的准确性和效率。在本研究中，我们将综合分析实验室和地震现场监测中的大量数据，并研究这些数据是否同样符合幂律分布。

11.2　本研究的数据来源

本研究分析的数据主要来自前人的文献，以及一些作者自己发表和未发表的试验结果。我们根据实验室测试结果 (参考文献 [278-282] 的数据) 和天然断层 (参考文献 [283,284] 的数据) 的现场结果分析了断层周围裂纹密度和裂纹长度的变化。通过参考文献 [266] 中的地震 b 值和在实验室模拟地震的三轴压缩试验、直剪试验和双直剪试验中监测的声发射 b 值 (数据来自我们未发表的结果，分别参考文献 [144,258,285]) 来探究 b 值的应力依赖性。综合参考文献 [286-289] 和我们分别通过三轴压缩试验、扭转剪切摩擦试验和直接剪切试验获得的相应结果，分析摩擦系数随应力的变化。综上所述，本研究共分析了 20 组数据，其中 5 组是我们自己的试验结果，其他数据来自前人发表的文献中。对于一些文中只提供图片但未提供详细数据的文献，我们通过 GetData 软件对图片进行数字化并获取数据值。

11.3　结 果 分 析

11.3.1　断层周边的裂纹密度分布

地震被认为是由沿着断层或板块边界的突然滑动引起的 [256]。对地震发震过程的了解程度取决于对岩石剪切断裂的认识程度 [290]。因此，科研人员开展了大量实验室和现场研究来阐明断层滑移过程中的微观机理 [203,278,279,283]。由于实验室的岩石破裂试验条件可控，可以方便地安装各种先进的监测传感器，因此可以通过分析实验室条件下岩石的脆性破坏过程，深入了解断层成核的微观力学特性和破坏机制 [203,283]。

图 11-1(a) 中的裂纹密度是通过单轴压缩试验使含雁列式预制微缺陷的大理

岩试样发生剪切断裂,通过制作岩石薄片观察剪切断裂两侧的微裂纹数量[279]。分别进行了两种不同工况的试验,其中一种是将试样加载到平均峰值强度的 92.7%,然后停止试验并卸载,制作岩石薄片;另外一种是加载试样直到发生破坏。在 92.7% 峰值强度和破坏后两种条件下,穿晶裂纹密度和总裂纹密度 (晶界裂纹和穿晶裂纹的总和) 均随着远离宏观剪切断裂面中间平面的距离非线性减小,并且可以通过幂律关系进行较好地拟合。在本研究中,参数 (y) 与变量 (x) 的拟合关系可以表达为 $y = (a \pm c_1)x^{(-b \pm c_2)}$, a 和 b 为常数, c_1 和 c_2 表示 95% 置信区间的范围。参考文献 [280] 中进行的花岗岩剪切断裂试验也得到了类似的试验结果。作者对 Aue 花岗岩进行的不对称单轴压缩试验中,使试样发生剪切断裂,研究了垂直于剪切断层两侧的微裂纹密度和声发射事件的空间分布特点,如图 11-1(b) 所示 (根据参考文献 [278] 图 7 中的数据重新绘制),更多类似的试验结果见参考文献 [278]。试验中采用的声发射系统的定位精度为 3mm。裂纹密度是在很小的目标区域内沿主裂缝方向的平均值,声发射事件数是距离宏观剪切断裂面一定距离处的总数目。裂纹密度和累积声发射事件随距断层中心距离的增加而减小,并可以通过幂律关系进行描述。

除了实验室断层试验外,对天然断层的现场观察同样发现断层周围的裂纹密度随着距断层距离的增加而非线性减小。图 11-1(c) 显示了 Alligerville 断层和 Millbrook Cliff 断层的微裂缝密度与距离的关系 (根据参考文献 [283] 图 6 中的数据重新绘制,由于断层东西侧数据基本对称,仅绘制了断层东侧的数据)。由于距离跨度大,因此在水平轴中使用了对数坐标表示离断层面的垂直距离。图 11-1(d)(根据参考文献 [283] 图 6(c) 中的数据重新绘制) 是对 Drotar Ranch 和 Flagstaff

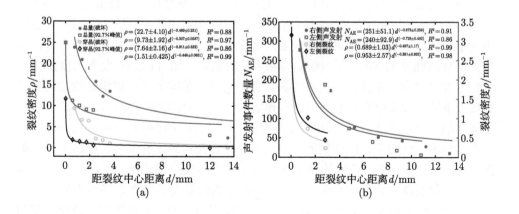

(a)　　　　　　　　　　　　(b)

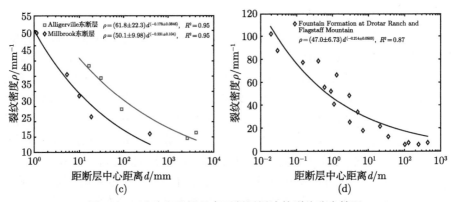

图 11-1　试验和现场尺度下断层周边的裂纹分布情况

Mountain 的断层进行更大尺度范围的分析，可见裂纹密度与距断层的距离两者符合良好的幂函数规律，该例子进一步证实了天然断层裂缝密度随距断层距离的幂律降低特性。所以，与小规模实验室断裂试验类似，天然断层附近的裂纹密度也遵循幂律非线性降低的特性。

11.3.2　裂纹长度分布

裂纹的萌生、扩展和贯通是岩石脆性破坏的根本原因，因此微裂纹的发展对影响和控制岩石脆性破坏具有重要作用 [280]。岩石的宏观破坏往往是由小尺度裂纹扩展贯通引起的 [203,291]，因此了解岩石在不同应力水平下的裂纹长度分布规律对于揭示其破坏机制、建立和验证岩石微观尺度损伤模型具有重要意义 [257,291,292]。

图 11-2(a) 和 (b) 为花岗岩在 5MPa 围压下的裂纹长度和数量关系 (该图根据参考文献 [281] 中的数据重新绘制)。图 11-2(a) 为特定长度的裂纹数，图 11-2(b) 则是小于特定裂纹长度的累积裂纹数。每个图中的两组数据分别是花岗岩试样加载到其峰值强度的 60% 和 100%(即破坏) 的结果。图 11-2(a) 表明长度越大的裂纹，数目越少，并且裂纹的长度和数目之间符合幂律关系。累积裂纹数也随着裂纹长度的增加而呈幂律衰减，这与地震/声发射事件的数量随着震级/幅值的增加而非线性衰减 (即 G-R 定律) 非常相似。与 G-R 定律中采用的方法类似，通过在垂直轴上绘制累积裂纹数的对数，可以确定新的裂纹数量与长度的关系，如图 11-2(c) 所示。拟合直线的斜率表示长裂纹与短裂纹的比例。对比拟合线的两个斜率可以发现，该花岗岩在不同应力水平下裂纹长度的分布差异性不明显。

图 11-2(d) 为 Westerly 花岗岩在 50MPa 围压下剪切断裂尖端的裂纹长度和数量 (数据来自参考文献 [280]，将参考文献 [280] 的原文图 3 中小于 45° 和大于 45° 的裂纹数相加得到本研究中的总裂纹数)。累积裂纹数和裂纹长度符合幂律关系，裂纹累积数量在前期急剧减少，而随着裂纹长度的增加，其减少变得缓慢，和

图 11-2(b) 中裂纹数目与长度的关系类似。对比图 11-2(a) 和 (d)，图 11-2(d) 中最短裂纹的数量少于随后的较长裂纹 (蓝色方块表示) 的数量。参考文献 [282] 中也得到了图 11-2(d) 中的类似结果，该研究通过实时 SEM 观察了单轴压缩试验下大理岩板试样 (20mm×5mm) 中的裂纹模式。裂纹长度越小，越难被观察到，并且分辨率因光学显微镜和 SEM 等观察工具而异。我们认为，如图 11-2(a) 和 (d)(蓝色方块) 所示的不同裂纹分布规律是考虑了不同尺度的微裂纹造成的，最小裂缝的数量可能是最多的，但这些裂纹由于尺寸太小而无法被观察和统计，造成了图 11-2(d) 中的结果。

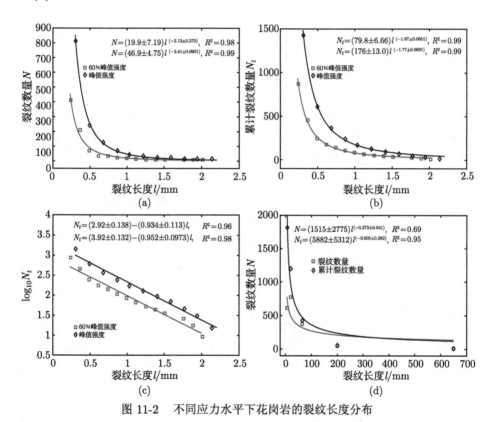

图 11-2　不同应力水平下花岗岩的裂纹长度分布

11.3.3　b 值的应力依赖性

众多的研究发现，无论是大尺度的天然地震，还是小尺度试样的室内试验，获得的 b 值与差应力成反比 [266,258]，并且 b 值随着应力的增加而逐渐减小，直到达到破坏 [144,230,257,285]。

在文献 [266] 中，作者使用参考文献 [265] 的 b 值数据和从应力模型计算的应

力 (逆断层、正断层和走滑断层分别具有不同的应力梯度), 得出 b 值与不同构造区域差应力之间的负线性关系 (即 $b = 1.23 \pm 0.06 - (0.0012 \pm 0.0003)(\sigma_1 - \sigma_3)$), 作者认为该关系同时解释了 b 值与地壳深度和震源机制的相关性。将文献 [266] 图 1 中的数据重新绘制在图 11-3(a) 中, 并进行线性拟合。b 值与差应力之间的关系可以表达为 $b = 1.23 \pm 0.07 - (0.0012 \pm 0.0003)(\sigma_1 - \sigma_3)$(为了更好地进行比较, 与原公式保持相同的形式, 将数字四舍五入到相同的小数位, 本研究得到的实际拟合公式如图 11-3(a) 中所示), 与上述方程非常相似, 表明数据获取方法的准确性和可靠性。然而, 在本研究中的相关系数 0.59 低于参考文献 [266] 中给出的 0.77 的值。仔细对比观察图 11-3(a) 中的数据点和拟合直线, 发现采用直线拟合实际不能最优地反映应力和 b 值的真实关系, 特别是在低 (<50MPa) 和高 (>300MPa) 应力两个区间范围内, 在这两个范围内的数据点偏离线性趋势。我们发现幂律关系能更好地描述 b 值对应力的依赖性 (如图 11-3(b) 所示)。在低应力范围内, b 值较大, 并且随着应力的增大而迅速减小; 在高应力范围内 (300~500MPa), 应力对 b 值的影响不明显, 与 300MPa 之前相比, b 值的衰减速度低很多。幂律关系中的相关系数为 0.64(图 11-3(b)), 高于线性拟合系数 0.59。另外, 分别在图 11-3(a) 中选择所有数据集的上边界和下边界上的数据点, 并分别用幂函数规律拟合这两组新数据 (如图 11-3(b) 中的两条虚线所示), 拟合结果较好, 相关系数高于 0.96, 进一步表明相比于线性关系, 幂函数规律可更好地描述 b 值对应力的依赖性。需要注意的是, 当差应力非常低时, 使用幂函数规律计算的 b 值会非常高。考虑到浅层地震活动较少, 并且原始数据主要来自深度大于 1~2km 的位置 [265], 所以使用幂函数规律时下限深度也应为 1~2km。

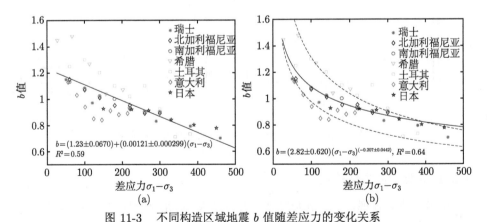

图 11-3　不同构造区域地震 b 值随差应力的变化关系

除了地震中的 b 值符合幂函数规律外, 实验室地震模拟试验中获得的 b 值对应力的依赖性同样符合幂函数规律。图 11-4(a) 给出了试验和数值模拟中三轴压缩试验下花岗岩和砂岩的 b 值随围压的变化情况 [258]。由于与三轴压缩试验的破坏机制不同,因此单轴压缩试验中的 b 值未表示出来。同时,由于大理岩的 b 值对应力变化不敏感,图 11-4 中没有包含其数值模拟结果 (参见参考文献 [258] 中的图 15)。b 值随围压非线性减小,幂函数拟合时相关系数较高 (分别为 0.85、0.87 和 0.99),其中花岗岩的拟合系数最高。

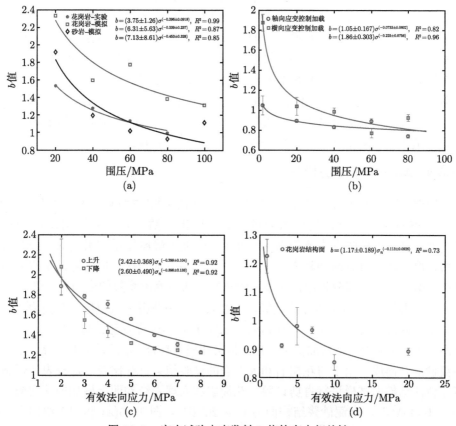

图 11-4 室内试验中声发射 b 值的应力相关性

作者对香港花岗岩进行了轴向应变控制 (0.001mm/s) 和环向应变控制 (0.00067mm/s) 两种不同加载控制模式下的三轴压缩试验 (即本书中第 5 章的内容),试验中围压设置为 1~40MPa。声发射信号由连接在三轴压力室外部的 8 个传感器监测获得。通过监测的声发射数据可以计算某一围压下声发射 b 值,通过 8 个传感器的 b 值再取平均值作为该围压下的 b 值,计算结果如图 11-4(b) 所示,误差棒表示 8 个传感器计算得到 b 值的标准偏差。结果表明,对于两种加载控制模式下,平均 b 值随围压的升高均呈幂函数规律降低。基于文献 [285],

图 11-4(c) 中绘制了另一组试验数据，该试验通过玻璃珠模拟断层泥，对其进行不同法向应力下的双剪试验，观察不同法向应力下的周期性黏滑现象。上述两个数据结果是在同一次剪切试验中法向应力逐步增加 (向上) 和逐步减少 (向下) 过程中获得，计算的平均 b 值由采用的两个声发射传感器监测获得，图中的误差棒表示从两个传感器计算的 b 值的标准偏差。由计算结果可知，b 值与法向应力的关系同样符合幂函数规律，且相关系数较高 (0.92)。与法向应力降低阶段相比，法向应力增加阶段的 b 值略大，这可能是由于随着试验的进行，断层泥逐渐变薄引起 [285]。除了上述的试验数据，我们通过直剪试验获取了粗糙花岗岩结构面剪切失稳过程中声发射 b 值随法向应力的变化，如图 11-4(d) 所示 (所有传感器的监测结果见图 10-12)，也呈幂函数规律下降 [144]。所使用的花岗岩结构面是通过人工劈裂立方体试样 (10cm×10cm×10cm) 获得，表面具有不规则的三维形貌特征。

　　以上五个案例从地球构造的大尺度到实验室尺度表明，地震中的 b 值和声发射的 b 值类似，随着应力水平的增加呈幂函数规律衰减。

11.3.4　摩擦系数的应力相关性

　　摩擦本构模型在描述和研究地震和断层作用机制等方面起到关键作用 [248,256]，其中摩擦系数是摩擦本构中重要的参数。摩擦系数决定了断层滑动的摩擦强度 [256]，黏滑失稳的发生就是由于动摩擦系数低于静摩擦系数引起的。已有研究表明，摩擦系数具有时间和率相关性 [293]，断层中水的存在也会降低某些矿物的摩擦系数 [286]。该部分将根据实验室测试数据研究摩擦系数的应力相关性。

　　与本书第 6 章的试验方法类似，通过人工劈裂获得大量粗糙的花岗岩、大理岩和水泥砂浆结构面 (10cm×10cm×10cm)，并对其进行直剪试验。其中花岗岩包括两种不同的类型，结构面面壁新鲜，起伏体相互咬合；水泥砂浆是由水、水泥和石英砂混合而成，用于与花岗岩和大理岩的试验结果进行比较。选择表面形态相对相似的结构面试样进行直剪试验。花岗岩和大理岩结构面上施加的法向应力范围为 1~45MPa，水泥砂浆结构面为 0.5~20MPa。图 11-5(a) 和 (b) 给出了三种岩石和水泥砂浆结构面 (断层) 的峰值摩擦系数 μ_{peak}(定义为 τ_p/σ_n，其中 τ_p 和 σ_n 分别是峰值剪切强度和有效法向应力) 和稳态摩擦系数 μ_{ss}(残余抗剪强度与有效法向应力的比值) 随法向应力的变化趋势 (参见文献 [234] 的剪应力–剪位移曲线)。水泥砂浆结构面的最大 μ_{peak} 相对较高 (在 0.5MPa 法向应力取得，为 3.5)，随着法向应力的增加而迅速衰减。这种在较低的法向应力下极高的摩擦系数与结构面表面非常粗糙的起伏体结构面有关。应力较低时，比较尖锐的起伏体相互咬合；在较高的法向应力下，这些起伏体很可能被剪断和压碎，导致摩擦系数迅速降低。图 11-5(a) 和 (b) 的对比结果也表明 μ_{ss} 要远低于 μ_{peak}，并且两者都随着有效应力 (法向应力) 的增加呈幂函数规律下降。

图 11-5(c) 给出了文献 [289] 中不同剪切速率和法向应力条件下凝灰岩节理的 μ_{ss} 演变过程，同时给出了大理岩节理 μ_{ss} 的类似演变趋势。使用平面磨床将断层表面进行水平磨平处理，然后使用大理石金刚石抛光垫进行抛光处理。试验所用样品在 22~26°C 室温 60% 湿度下风干。与图 11-5(b) 中不规则粗糙断面的 μ_{ss} 减小趋势相似，抛光石灰岩节理的 μ_{ss} 也遵循幂函数规律减小趋势。然而，抛光节理的摩擦系数远小于粗糙结构面的值。

由于摩擦磨损和岩石的碎裂变形，天然断层内可能包含不同类型的断层泥，这将对断层的摩擦力学行为产生很大影响。图 11-5(d) 给出了以烘干蒙脱石为充填物的砂岩和花岗岩节理试样在三轴压缩试验中峰值摩擦系数随法向应力的变化趋势 (数据来自于文献 [286])。当法向应力为 10~700MPa 时，摩擦系数从 0.8 非线性减小到 0.45 左右，并且可以用幂函数规律进行较好的拟合。饱和蒙脱土在完全排水条件下的摩擦系数远低于干燥试样的摩擦系数 [286]。并且观察到饱和样品的摩擦系数随着围压的增加而增加，表明幂函数规律更适用于干摩擦。

文献 [288] 通过三轴压缩试验研究了矿物组成和有效法向应力对片状硅酸盐断层泥摩擦强度的影响，试验时十种不同类型的单相硅酸盐断层泥分别放置在两个钢滑块之间 [288]，即钢块作为断层泥的母岩，而非真正的岩石。对烘干样品在真空条件下进行试验。由于十种断层泥的结果变化规律相似，因此本节只选取四种断层泥的摩擦系数并重新绘制，如图 11-5(e) 所示，其他更多结果可以在参考文献 [288] 中查看。由统计结果可以看出，幂函数规律可以用来描述所有断层泥类型的摩擦系数随法向应力的变化趋势。

为了比较从同震断裂带上测得的震后温度异常区域的摩擦强度，对从与 2008 年汶川地震相关的露头和钻孔中收集的断层泥进行了高速摩擦试验 [287]。不同法向应力下摩擦系数的变化如图 11-5(f) 所示。平均摩擦系数由峰值剪切强度时的 μ_{peak} 和稳态时的 μ_{ss} 的组合计算得出，使用含水量为 25% 的湿断层泥。结果表明，随法向应力的增加，摩擦系数以幂函数规律降低。

以上五项研究采用不同的试验方法、不同的剪切速率和不同的试验材料对摩擦系数随应力状态的演化规律进行了研究。例如，对粗糙花岗岩、大理石和水泥砂浆结构面的直剪试验剪切速率为 5μm/s，以多种不同的剪切速率对抛光石灰岩断层面进行直剪试验 [289]，以 0.1μm/s 的加载速率对蒙脱石断层泥进行三轴压缩试验 [286]，以 0.5μm/s 的加载速率对不同层状硅酸盐断层泥进行三轴压缩试验 [288]，以及汶川地震断层泥加载速率为 1.3 m/s 的环剪摩擦试验 [287]。尽管如此，除了文献 [286] 中饱和蒙脱石外，摩擦系数随应力水平的幂律衰减趋势几乎适用于所有研究。

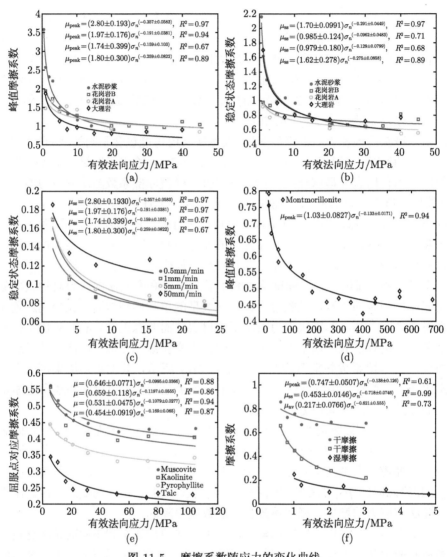

图 11-5　摩擦系数随应力的变化曲线

11.4　讨　　论

断层两侧微裂纹的分布 (裂纹密度) 决定了断层/断裂过程区的几何形状和尺寸。了解断层/断裂过程区内部的几何尺寸和结构有助于评估断层扩展模式，也将有助于更好地理解断层在地壳内流体运移中发挥的作用 [283]。随着到断层中心距离的增加，裂缝密度呈现幂律减小效应，这与弹塑性断裂力学模型并考虑应力强度因子和内聚区尺寸的理论预测结果非常吻合 [294]。微裂缝密度和到断层中心距离之间的幂律关系在评价断层损伤区范围时起到很好的作用。控制流体运移的裂缝网络可仅通过少数几个位置测量微裂缝密度来估计，而不需要通过密集分布的测量点获得，将节省大量的工作量。此外，使用多个代表性测量点获得断层微裂纹分布的幂律可用于断层两侧整个断裂过程区范围的确定。

对比图 11-1 中的拟合结果可知，大尺度天然断层的裂缝密度衰减率 (即幂律的指数) 为 0.2 左右，而小尺度实验室试样裂纹密度的衰减率在 0.4~0.6，且在实验室破坏试验中，裂纹密度比在自然界中下降得更快。断层周围裂纹数量的分布可能受到岩石矿物成分和加载条件 (即加载速率) 的影响，例如室内试验时，一个试样从加载到破坏可能不足一小时，而天然断层变形速率小很多。此外，研究数据来自不同的研究人员，并且不同研究人员识别薄切片中微裂纹的方法或标准也不尽相同，这使得幂律指数的比较存在一定的偏差。这些因素都可能造成自然断层与实验室层面上裂纹密度衰减率不同。

地壳中岩体作为一种自然历史形成的天然地质体，存在不同尺度的缺陷，从颗粒级别的微裂纹到板块尺度的断层。这些缺陷的几何形状和分布对地质材料在应力作用下的物理力学行为有很大的影响。学者们早就认识到，断层数目相比于其长度存在尺度不变性或分形特性，符合以下幂律 [295]

$$N(l) = A \cdot l^{-D} \tag{11.3}$$

其中，l 是断层长度，N 是长度大于 l 的断层数，A 是常数，D 是尺度指数 (也称为分形维数)。本研究中的分析证实，外力作用下岩石破裂产生的微裂纹同样具有分形特性，并且遵循与断层类似的幂律规律。

地震或声发射事件数随震级或幅度的增加幂律衰减以及裂纹数目随裂纹长度的增加而减少，均反映了岩石断裂和断层滑动过程中诱发的损伤尺寸分布特点。另一方面，裂纹密度随着距断层中心距离的增加而衰减，b 值和摩擦系数随着应力水平的升高而降低，这表明这些参数对周围环境的依赖性。上述两方面性质在本质上是不同的，但大致规律相似，都遵循幂律。根据声发射现象的物理意义，岩石发生破裂时发出的弹性波即为声发射，因此声发射事件的数量与扩展的裂纹数量成正比；声发射的幅值可以表示破裂事件的大小 (破裂事件越大，幅值越大，能量释放越多)，因此幅值与岩石裂纹扩展长度的增量成正比 [265]。所以，声发射或地震频率的幂律衰减与裂纹数量密切相关，两者都描述了岩石在加载下微裂纹的尺寸分布。

图 11-2(c) 表明，在不同应力水平下，累积裂纹数量–裂纹长度拟合曲线的斜率 (类似于 b 值) 变化不大，这与随应力升高并逐渐接近峰值强度时 b 值出现显著下降趋势不同 [258]。这可能由于微裂纹在统计过程中忽略了尺寸非常小的裂纹，导致拟合曲线斜率的确定不精确。另一个原因是，必须采用不同的岩石试样在不

同的应力水平下进行测试, 而不是在不同阶段对同一个试样进行声发射测试。由于岩石本身固有的非匀质性, 在不同的岩石试样内统计获得加载后的岩石薄片中的裂纹长度和裂纹数会存在细微差异。

对于 b 值和摩擦系数的应力相关性, 幂律减小表明 b 值和摩擦系数对极高应力状态下的应力变化不敏感 (幂函数衰减表示在应力较低时, 衰减速率很快, 随着应力升高, 衰减速率越来越慢)。由图 11-4 和图 11-5 的分析表明, 不同试验条件下采用不同试样的研究中, 对 b 值或摩擦系数不敏感的应力不同, 易受测试方法、加载速率、试样尺寸、断层切削、断层粗糙度等因素的影响。另一方面, 当地壳深度达到一定水平时, 研究发现 b 值开始随着深度增加而增加, 并认为这是由于地球内部岩石在高温高压下发生脆-延性的转变 [265]。因此, 随着应力的增加, b 值的幂律衰减仅适用于一定地壳深度范围的脆性状态。这一结果也得到了大理岩模拟数据的支撑, 即当围压超过 40MPa 发生延性变形时, b 值开始增加 [258]。

断层的摩擦强度 (τ_p) 通常随着法向应力的增加而增加, 并且很符合线性关系 (尤其是在低法向应力范围内)。在高应力状态下如果岩石的延性增强, 则拟合曲线可能会偏离线性关系, 如图 11-6 所示。干净、粗糙的断层通常存在内聚力, 而对于含断层泥的断层而言, 其内聚力通常非常小。根据摩擦系数的定义 ($\mu = \tau_p/\sigma_n = \tan\varphi_i$), φ_i 和 μ 会随着正向应力的增加而逐渐减小 (如图 11-6 所示)。当岩石的延性增加时, 断层的摩擦强度 (虚线上的空心符号) 通常会低于预测值 (直线上的实心符号), 这将导致 φ_i 和 μ 更小。当摩擦强度随应力变化不大时, 摩擦系数将趋于稳定, 上述分析可以解释摩擦系数在法向应力增加时的幂律降低现象。

然而, 与由于脆-延性转变而在达到一定深度或应力水平后随深度或应力增加 b 值开始增加不同 [265], 摩擦系数在下降期后不会再增加, 因为通常断层的摩擦强度不会通过图 11-6 中的直线。这种比较表明, 在法向应力下的 b 值和摩擦系数的幂律降低的潜在机制是不同的。在较高应力水平下有较低的 b 值表明, 应力越大, 裂纹尺度越大, 发生大地震的比例也增加 [146,266]。然而, 在更深的深度, 岩石的延性增强, 由于岩石强度的降低和塑性流动特性会发生更多的小震级的地震, 从而导致较大的 b 值。

断层的摩擦强度和摩擦系数随断层泥含水率的变化而变化 [286,288]。文献 [286] 中对已发表文献中的蒙脱石的强度数据进行了总结、分析, 根据含水率将其分为 4 组: 干燥、部分饱和 (如室内湿度)、饱和 (在完全排水条件下) 和过压 (饱和但不排水)。干燥蒙脱石和大部分部分饱和蒙脱石的摩擦系数随着法向应力的增加呈非线性减小, 这与本研究得到的摩擦系数的幂律减小结论一致。水的存在可以通过吸附水薄膜润滑黏土晶体而显著降低蒙脱石的强度 [296]。但在高法向应力条件下, 润滑水膜由于完全排水而逐渐被排出, 从而增加了剪切强度和摩擦系数。因此, 摩擦系数的幂律减小不适用于饱和含泥断层。

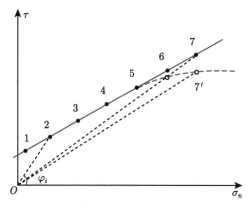

图 11-6 断层摩擦强度随法向应力增加示意图

11.5 小 结

滑移型岩爆、资源开采诱发地震和天然地震等动力灾害与岩石的准静力破坏相比,孕育演化过程极其复杂,包括微观和宏观尺度上的岩石断裂和断层滑动。断层成核、扩展和滑动是地震发生过程中的重要过程。地震的震级频率分布、震源的空间分布和余震频率的衰减是地震研究中为人熟知的具有尺度不变性或分形特征 (即幂函数规律) 的物理量。在本研究中, 我们整理和分析了从文献和试验中收集的大量数据, 发现: 断裂或断层成核过程中微裂纹的尺寸分布、小尺度的剪切破裂和大尺度断层两侧的裂纹密度分布、地震机理和预测研究中的重要参数 b 值、摩擦系数的应力相关性均遵循幂函数规律, 且 b 值和摩擦系数的幂律减小效应受不同力学机制控制。本研究结果将有助于更好地理解、模拟和预测滑移型岩爆、地震等动力灾害, 也可为岩爆、地震等灾害的危险性进行评估, 为断裂过程区的尺寸和摩擦系数的确定提供重要依据。

参 考 文 献

[1] 王学潮, 杨维九, 刘丰收. 南水北调西线一期工程的工程地质和岩石力学问题 [J]. 岩石力学与工程学报, 2005, 24(20): 5-15.

[2] 卢文波, 杨建华, 陈明, 等. 深埋隧洞岩体开挖瞬态卸荷机制及等效数值模拟 [J]. 岩石力学与工程学报, 2011, 30(6): 1089-1096.

[3] 邱士利. 深埋大理岩加卸荷变形破坏机理及岩爆倾向性评估方法研究 [D]. 北京: 中国科学院大学, 2011.

[4] 刘建坡, 石长岩, 李元辉, 等. 红透山铜矿微震监测系统的建立及应用研究 [J]. 采矿与安全工程学报, 2012, 29(1): 72-77.

[5] 史秀志, 田建军, 王怀勇. 冬瓜山矿爆破振动测试数据回归与时频分析 [J]. 爆破, 2008, 25(2): 77-81.

[6] 何满潮, 谢和平, 彭苏萍, 等. 深部开采岩体力学研究 [J]. 岩石力学与工程学报, 2005, 24(16): 2803-2813.

[7] 田四明, 王伟, 唐国荣, 等. 川藏铁路隧道工程重大不良地质应对方案探讨 [J]. 隧道建设(中英文), 2021, 41(5): 697-712.

[8] 陈永萍, 谢强, 宋丙林. 秦岭隧道岩温预测经验公式的建立 [J]. 隧道建设, 2003, 23(1): 46-49.

[9] 郭启良, 安其美, 赵仕广. 水压致裂应力测量在广州抽水蓄能电站设计中的应用研究 [J]. 岩石力学与工程学报, 2002, 21(6): 828-832.

[10] 黄润秋, 王贤能, 唐胜传, 等. 深埋长隧道工程开挖的主要地质灾害问题研究 [J]. 地质灾害与环境保护, 1997, 8(1): 51-69.

[11] 徐林生, 王兰生. 二郎山公路隧道岩爆发生规律与岩爆预测研究 [J]. 岩土工程学报, 1999, 21(5): 569-572.

[12] 陈漫天, 吴体刚, 刘晓鹏. 云南大保高速公路大箐隧道处理地下涌水和塌方施工技术总结 [J]. 中国西部科技, 2010, 9(1): 8-10.

[13] 宫凤强, 李夕兵, 张伟. 基于 Bayes 判别分析方法的地下工程岩爆发生及烈度分级预测 [J]. 岩土力学, 2010, 31(S1):370-377,387.

[14] 陈菲, 何川, 邓建辉. 高地应力定义及其定性定量判据 [J]. 岩土力学, 2015, 36(4): 971-980.

[15] 薛翊国, 孔凡猛, 杨为民, 等. 川藏铁路沿线主要不良地质条件与工程地质问题 [J]. 岩石力学与工程学报, 2020, 39(3): 445-468.

[16] 郭强. 拉林铁路巴玉隧道强岩爆段初始应力场反演 [J]. 铁道建筑技术, 2018, (A01): 5.

[17] 韩侃, 杨文斌, 陈贤丰, 等. 巴玉隧道施工中岩爆风险动态管控措施 [J]. 铁道建筑, 2020, 60(6): 65-68.

[18] 齐庆新, 潘一山, 李海涛, 等. 煤矿深部开采煤岩动力灾害防控理论基础与关键技术 [J]. 煤炭学报, 2020, 45(5): 1567-1584.

[19]　高连成. 秦岭终南山隧道岩爆施工方法 [J]. 公路隧道, 2006, (3): 29-31.

[20]　Hoek E, Bieniawski Z T. Brittle fracture propagation in rock under compression[J]. International Journal of Fracture, 1965, 1(3): 137-155.

[21]　Brace W F, Paulding Jr B W, Scholz C H. Dilatancy in the fracture of crystalline rocks[J]. Journal of Geophysical Research, 1966, 71(16): 3939-3953.

[22]　Bieniawski Z T. Mechanism of brittle fracture of rock[J]. International Journal of Rock Mechanics and Mining Sciences and Geomechanics Abstracts, 1967, 4(4): 395-406.

[23]　Scholz C H. Experimental study of the fracturing process in brittle rock[J]. Journal of Geophysical Research Atmospheres, 1968, 73(4): 1447-1454.

[24]　Wawersik W R, Fairhurst C. A study of brittle rock fracture in laboratory compression experiments[J]. International Journal of Rock Mechanics and Mining Sciences and Geomechanics Abstracts, 1970, 7(5): 561-575.

[25]　Wawersik W R, Brace W F. Post-failure behavior of a granite and diabase[J]. Rock Mechanics, 1971, 3(2): 61-85.

[26]　Peng S, Johnson A M. Crack growth and faulting in cylindrical specimens of chelmsford granite[J]. International Journal of Rock Mechanics and Mining Sciences and Geomechanics Abstracts, 1972, 9(1): 37-42.

[27]　Hallbauer D K, Wagner H, Cook N. Some observations concerning the microscopic and mechanical behaviour of quartzite specimens in stiff, triaxial compression tests[J]. Int. J. Rock Mech. Min. Sci. and Geomech. Abstr, 1973, 10(6): 713-726.

[28]　Tapponnier P, Brace W F. Development of stress-induced microcracks in Westerly Granite[J]. International Journal of Rock Mechanics and Mining Sciences and Geomechanics Abstracts, 1976, 13(4): 103-112.

[29]　葛修润, 周百海, 刘明贵. 对岩石峰值后区特性的新见解 [J]. 中国矿业, 1992, 1(2): 60-63.

[30]　Mogi K. Pressure dependence of rock strength and transition from brittle fracture to ductile flow[J]. BulletinEarthquake ResearchInstitute, 1966, 44: 215-232.

[31]　Mogi K. Fracture and flow of rocks under hightriaxial compression[J]. Journal of Geophysical Research, 1971, 76(5): 1255-1269.

[32]　Byerlee, James D. Brittle-ductile transition in rocks[J]. Journal of Geophysical Research, 1968, 73(14): 4741-4750.

[33]　Martini C D, Read R S, Martino J B. Observations of brittle failure around a circular test tunnel[J]. International Journal of Rock Mechanics and Mining Sciences, 1997, 34(7): 1065-1073.

[34]　Martin C D. Seventeenth Canadian Geotechnical Colloquium: The effect of cohesion loss and stress path on brittle rock strength[J]. Canadian Geotechnical Journal, 1997, 34(5): 698-725.

[35]　Martin C D, Kaiser P K, Mccreath D R. Hoek-Brown parameters for predicting the depth of brittle failure around tunnels[J]. Revue Canadienne De Géotechnique, 1999, 36(1): 136-151.

[36] Hajiabdolmajid V, Kaiser P K, Martin C D. Modelling brittle failure of rock[J]. International Journal of Rock Mechanics and Mining Sciences, 2002, 39(6): 731-741.

[37] Martin C D, Chandler N A. The progressive fracture of Lac du Bonnet granite[J]. International Journal of Rock Mechanics and Mining Sciences and Geomechanics Abstracts, 1994, 31(6): 643-659.

[38] Cai M, Kaiser P K, Tasaka Y, et al. Generalized crack initiation and crack damage stress thresholds of brittle rock masses near underground excavations[J]. International Journal of Rock Mechanics and Mining Sciences, 2004, 41(5): 833-847.

[39] Eberhardt E, Stead D, Stimpson B. Quantifying progressive pre-peak brittle fracture damage in rock during uniaxial compression[J]. International Journal of Rock Mechanics and Mining Sciences, 1999, 36(3): 361-380.

[40] 李地元. 高应力硬岩胞性板裂破坏和应变型岩爆机理研究 [D]. 长沙: 中南大学, 2010.

[41] 陈卫忠, 吕森鹏, 郭小红, 等. 基于能量原理的卸围压试验与岩爆判据研究 [J]. 岩石力学与工程学报, 2009, 28(8): 1530-1540.

[42] 陈卫忠, 吕森鹏, 郭小红, 等. 脆性岩石卸围压试验与岩爆机理研究 [J]. 岩土工程学报, 2010, 32(6): 963-969.

[43] 吴世勇, 龚秋明, 王鸽, 等. 锦屏 II 级水电站深部大理岩板裂化破坏试验研究及其对 TBM 开挖的影响 [J]. 岩石力学与工程学报, 2010, 29(6): 1089-1095.

[44] 侯哲生, 龚秋明, 孙卓恒. 锦屏二级水电站深埋完整大理岩基本破坏方式及其发生机制 [J]. 岩石力学与工程学报, 2011, 30(4): 727-732.

[45] 马艾阳, 伍法权, 沙鹏, 等. 锦屏大理岩真三轴岩爆试验的渐进破坏过程研究 [J]. 岩土力学, 2014, 35(10): 2868-2874.

[46] 何满潮, 刘冬桥, 宫伟力, 等. 冲击岩爆试验系统研发及试验 [J]. 岩石力学与工程学报, 2014, 33(9): 1729-1739.

[47] 张镜剑, 傅冰骏. 岩爆及其判据和防治 [J]. 岩石力学与工程学报, 2008, 27(10): 2034-2042.

[48] Gong Q M, Zhao J. Influence of rock brittleness on TBM penetration rate in Singapore granite[J]. Tunnelling and Underground Space Technology, 2007, 22(3): 317-324.

[49] Yarali O, Kahraman S. The drillability assessment of rocks using the different brittleness values[J]. Tunnelling and Underground Space Technology Incorporating Trenchless Technology Research, 2011, 26(2): 406-414.

[50] 李庆辉, 陈勉, 金衍, 等. 页岩脆性的室内评价方法及改进 [J]. 岩石力学与工程学报, 2012, 31(8): 1680-1685.

[51] Singh S P. Brittleness and the mechanical winning of coal[J]. Mining Science and Technology, 1986, 3(3): 173-180.

[52] Hucka V, Das B. Brittleness determination of rocks by different methods[J]. International Journal of Rock Mechanics and Mining Sciences and Geomechanics Abstracts, 1974, 11(10): 389-392.

[53] Altindag R. The evaluation of rock brittleness concept on rotary blast hole drills[J]. Journal- South African Institute of Mining and Metallurgy, 2002, 102(1): 61-66.

[54] Kahraman S, Altindag R. A brittleness index to estimate fracture toughness[J]. International Journal of Rock Mechanics and Mining Sciences, 2004, 41(2): 343-348.

[55] Altindag R. Correlation of specific energy with rock brittleness concepts on rock cutting[J]. Journal- South African Institute of Mining and Metallurgy, 2003, 103(3): 163-171.

[56] Kahraman S. Correlation of TBM and drilling machine performances with rock brittleness[J]. Engineering Geology, 2002, 65(4): 269-283.

[57] Yagiz S. Assessment of brittleness using rock strength and density with punch penetration test[J]. Tunnelling and Underground Space Technology, 2009, 24(1): 66-74.

[58] Goktan R M, Yilmaz N G. A new methodology for the analysis of the relationship between rock brittleness index and drag pick cutting efficiency[J]. Journal- South African Institute of Mining and Metallurgy, 2005, 105(10): 727-732.

[59] Hajiabdolmajid V, Kaiser P. Brittleness of rock and stability assessment in hard rock tunneling[J]. Tunnelling and Underground Space Technology Incorporating Trenchless Technology Research, 2003, 18(1): 35-48.

[60] Yagiz S, Gokceoglu C. Application of fuzzy inference system and nonlinear regression models for predicting rock brittleness[J]. Expert Systems with Applications, 2010, 37(3): 2265-2272.

[61] Yilmaz N G, Karaca Z, Goktan R M, et al. Relative brittleness characterization of some selected granitic building stones: influence of mineral grain size[J]. Construction and Building Materials, 2009, 23(1): 370-375.

[62] Tarasov B G, Potvin Y. Absolute, relative and intrinsic rock brittleness at compression[J]. Mining Technology, 2012, 121(4): 218-225.

[63] Tarasov B, Potvin Y. Universal criteria for rock brittleness estimation under triaxial compression[J]. International Journal of Rock Mechanics and Mining Sciences, 2013, 59: 57-69.

[64] Nejati H R, Ghazvinian A. Brittleness effect on rock fatigue damage evolution[J]. Rock Mechanics and Rock Engineering, 2014, 47(5): 1839-1848.

[65] Notley K R. Interim report on closure measurements and associated rock mechanics studies in the Falconbridge Mine[R]. Internal Falconbridge Report, December, 1966.

[66] Ortlepp W, Stacey T. Rockburst mechanisms in tunnels and shafts[J]. Tunnelling and Underground Space Technology, 1994, 9(1): 59-65.

[67] Hasegawa H S, Wetmiller R J, Gendzwill D J. Induced seismicity in mines in Canada— an overview[J]. Pure and Applied Geophysics, 1989, 129(3-4): 423-453.

[68] Kuhnt W, Knoll P, Grosser H, et al. Seismological models for mining-induced seismic events[J]. Pure and Applied Geophysics, 1989, 129(3): 513-521.

[69] Ryder J A. Excess shear stress in the assessment of geologically hazardous situations[J]. Journal- South African Institute of Mining and Metallurgy, 1988, 88(1): 27-39.

[70] Corbett G R . The development of a coal mine portable microseismic monitoring system for the study of rock gas outbursts in the Sydney coal field, Nova Scotia[D]. Montreal:

McGill University, 1997.

[71]　汪泽斌. 岩爆实例 [J]. 岩爆术语及分类的建议, 工程地质, 1988, 3: 32-38.

[72]　张倬元, 王士天, 王兰生. 工程地质分析原理 [M]. 2 版. 北京: 地质出版社, 1994.

[73]　王兰生, 李天斌, 徐进, 等. 二郎山公路隧道岩爆及岩爆烈度分级 [J]. 公路, 1999, (2): 41-45.

[74]　谭以安. 岩爆类型及其防治 [J]. 现代地质, 1991, 5(4): 450-456.

[75]　徐林生, 王兰生. 岩爆类型划分研究 [J]. 地质灾害与环境保护, 2000, 11(3): 245-247+262.

[76]　张可诚, 曾金富, 张杰, 等. 秦岭隧道掘进机通过岩爆地段的对策 [J]. 世界隧道, 2000, (4): 34-38.

[77]　赵伟. 岩爆的发生机理及防治措施 [J]. 企业技术开发, 2007, 26(3): 9-11+28.

[78]　冯涛, 王文星, 潘长良. 岩石应力松弛试验及两类岩爆研究 [J]. 湘潭矿业学院学报, 2000, 15(1): 27-31.

[79]　李忠, 汪俊民. 重庆陆家岭隧道岩爆工程地质特征分析与防治措施研究 [J]. 岩石力学与工程学报, 2005, 24(18): 3398-3402.

[80]　He M, Xia H, Jia X, et al. Studies on classification, criteria and control of rockbursts[J]. Journal of Rock Mechanics and Geotechnical Engineering, 2012, 4(2): 97-114.

[81]　冯夏庭, 陈炳瑞, 明华军, 等. 深埋隧洞岩爆孕育规律与机制: 即时型岩爆 [J]. 岩石力学与工程学报, 2012, 31(3): 433-444.

[82]　陈炳瑞, 冯夏庭, 明华军, 等. 深埋隧洞岩爆孕育规律与机制: 时滞型岩爆 [J]. 岩石力学与工程学报, 2012, 31(3): 561-569.

[83]　谭以安. 岩爆形成机理研究 [J]. 水文地质工程地质, 1989, (1): 34-38+54.

[84]　徐林生, 王兰生. 岩爆形成机理研究 [J]. 重庆大学学报 (自然科学版), 2001, 24(2): 115-117+121.

[85]　许东俊, 章光, 李廷芥, 等. 岩爆应力状态研究 [J]. 岩石力学与工程学报, 2000, 19(2): 169-172.

[86]　何满潮, 苗金丽, 李德建, 等. 深部花岗岩试样岩爆过程实验研究 [J]. 岩石力学与工程学报, 2007, 26(5): 865-876.

[87]　李廷芥, 王耀辉, 张梅英, 等. 岩石裂纹的分形特性及岩爆机理研究 [J]. 岩石力学与工程学报, 2000, 19(1): 6-10.

[88]　汪洋, 尹健民, 李永松, 等. 基于岩体开挖卸荷效应的岩爆机理研究 [J]. 长江科学院院报, 2014, 31(11): 120-124.

[89]　张黎明, 王在泉, 贺俊征, 等. 卸荷条件下岩爆机理的试验研究 [C]. 第九届全国岩石动力学学术会议论文集, 2005: 173-177.

[90]　张黎明, 王在泉, 贺俊征. 岩石卸荷破坏与岩爆效应 [J]. 西安建筑科技大学学报 (自然科学版), 2007, 39(1): 110-114.

[91]　Williams T J, Wideman C J, Scott D F. Case history of a slip-type rockburst[J]. Pure and Applied Geophysics, 1992, 139(3): 627-637.

[92]　White B G, Whyatt J K. Role of fault slipon mechanisms of rockburst damage[Z]. Lucky Friday Mine, Idaho, USA. 2nd Southern African Rock Engineering Symposium Implementing Rock Engineering Knowledge. Johannesburg, S. Africa; 1999.

[93] Ortlepp W D. Observation of mining-induced faults in an intact rock mass at depth[J]. International Journal of Rock Mechanics and Mining Sciences, 2000, 37(1-2): 423-436.

[94] Castro L A M, Carter T G, Lightfoot N. Investigating factors influencing fault-slip in seismically active structures[C]. ROCKENG09: Proceedings of the 3rd CANUS Rock Mechanics Symposium, Toronto, 2009, 5: 4019.

[95] Li Z, Dou L, Cai W, et al. Investigation and analysis of the rock burst mechanism induced within fault-pillars[J]. International Journal of Rock Mechanics and Mining Sciences, 2014, 70: 192-200.

[96] 潘一山, 王来贵, 章梦涛, 等. 断层冲击地压发生的理论与试验研究 [J]. 岩石力学与工程学报, 1998, 17(6): 642-649.

[97] 齐庆新, 史元伟, 刘天泉. 冲击地压粘滑失稳机理的实验研究 [J]. 煤炭学报, 1997, 22(2): 34-38.

[98] 宋义敏, 马少鹏, 杨小彬, 等. 断层冲击地压失稳瞬态过程的试验研究 [J]. 岩石力学与工程学报, 2011, 30(4): 812-817.

[99] 张春生, 刘宁, 褚卫江, 等. 锦屏二级深埋隧洞构造型岩爆诱发机制与案例解析 [J]. 岩石力学与工程学报, 2015, 34(11): 2242-2250.

[100] 周辉, 孟凡震, 张传庆, 等. 结构面剪切破坏特性及其在滑移型岩爆研究中的应用 [J]. 岩石力学与工程学报, 2015, 34(9): 1729-1738.

[101] 李志华, 窦林名, 陆振裕, 等. 采动诱发断层滑移失稳的研究 [J]. 采矿与安全工程学报, 2010, 27(4): 499-504.

[102] 李志华, 窦林名, 陆菜平, 等. 断层冲击相似模拟微震信号频谱分析 [J]. 山东科技大学学报(自然科学版), 2010, 29(4): 51-56.

[103] 王涛, 姜耀东, 赵毅鑫, 等. 断层活化与煤岩冲击失稳规律的实验研究 [J]. 采矿与安全工程学报, 2014, 31(2): 180-186.

[104] 彭苏萍, 孟召平, 李玉林. 断层对顶板稳定性影响相似模拟试验研究 [J]. 煤田地质与勘探, 2001, 29(3): 1-4.

[105] 李庶林. 岩爆倾向性的动态破坏实验研究 [J]. 辽宁工程技术大学学报 (自然科学版), 2001, 20(4): 436-438.

[106] 杜子建, 许梦国, 刘振平, 等. 工程围岩岩爆的实验室综合评判方法 [J]. 黄金, 2006, 27(11): 26-30.

[107] 张镜剑. 岩爆五因素综合判据和岩爆分级 [C]. 新观点新学说学术沙龙文集之五十一: 岩爆机理探索, 2010: 70-73+179.

[108] 何佳其, 杏曼卿, 刘夕奇, 等. 引入梯度应力的岩爆预测方法 [J]. 岩土工程学报, 2020, 42(11): 2098-2105.

[109] Xue Y, Bai C, Kong F, et al. A two-step comprehensive evaluation model for rock-burst prediction based on multiple empirical criteria[J]. Engineering Geology, 2020, 268: 105515.

[110] 郭建强, 赵青, 王军保, 等. 基于弹性应变能岩爆倾向性评价方法研究 [J]. 岩石力学与工程学报, 2015, 34(9): 1886-1893.

[111] Gong F, Yan J, Li X, et al. A peak-strength strain energy storage index for rock burst

proneness of rock materials[J]. International Journal of Rock Mechanics and Mining Sciences, 2019, 117: 76-89.

[112] Gong F, Wang Y, Wang Z, et al. A new criterion of coal burst proneness based on the residual elastic energy index[J]. International Journal of Mining Science and Technology, 2021, 31(4): 553-563.

[113] Feng G L, Feng X T, Chen B R, et al. A microseismic method for dynamic warning of rockburst development processes in tunnels[J]. Rock Mechanics and Rock Engineering, 2015, 48(5): 2061-2076.

[114] Cai W, Dou L, Zhang M, et al. A fuzzy comprehensive evaluation methodology for rock burst forecasting using microseismic monitoring[J]. Tunnelling and Underground Space Technology, 2018, 80: 232-245.

[115] Su G, Zhao G, Jiang J, et al. Experimental study on the characteristics of microseismic signals generated during granite rockburst events[J]. Bulletin of Engineering Geology and the Environment, 2021, 80(8): 6023-6045.

[116] Zhou X P, Peng S L, Zhang J Z, et al. Predictive acoustical behavior of rockburst phenomena in Gaoligongshan tunnel, Dulong river highway, China[J]. Engineering Geology, 2018, 247: 117-128.

[117] Liu G F, Jiang Q, Feng G L, et al. Microseismicity-based method for the dynamic estimation of the potential rockburst scale during tunnel excavation[J]. Bulletin of Engineering Geology and the Environment, 2021, 80(5): 3605-3628.

[118] Xue R, Liang Z, Xu N, et al. Rockburst prediction and stability analysis of the access tunnel in the main powerhouse of a hydropower station based on microseismic monitoring[J]. International Journal of Rock Mechanics and Mining Sciences, 2020, 126: 104174.

[119] Liu F, Ma T, Tang C, et al. Prediction of rockburst in tunnels at the Jinping II hydropower station using microseismic monitoring technique[J]. Tunnelling and underground space technology, 2018, 81(NOV.): 480-493.

[120] He J, Dou L, Gong S, et al. Rock burst assessment and prediction by dynamic and static stress analysis based on micro-seismic monitoring[J]. International Journal of Rock Mechanics and Mining Sciences, 2017, 93: 46-53.

[121] Feng X, Wang Y. An expert system on assessing rockburst risks for South African deep gold mines[J]. Journal of Coal Science and Engineering(China), 1996, 2(2): 23-32.

[122] 王元汉, 李卧东, 李启光, 等. 岩爆预测的模糊数学综合评判方法 [J]. 岩石力学与工程学报, 1998, 17(5): 15-23.

[123] 刘章军, 袁秋平, 李建林. 模糊概率模型在岩爆烈度分级预测中的应用 [J]. 岩石力学与工程学报, 2008, 27(S1): 3095-3103.

[124] 徐琛, 刘晓丽, 王恩志, 等. 基于组合权重——理想点法的应变型岩爆五因素预测分级 [J]. 岩土工程学报, 2017, 39(12): 2245-2252.

[125] Zhou K P, Lin Y, Deng H W, et al. Prediction of rock burst classification using cloud model with entropy weight[J]. Transactions of Nonferrous Metals Society of China, 2016,

26(7): 1995-2002.

[126] Liu Z, Shao J, Xu W, et al. Prediction of rock burst classification using the technique of cloud models with attribution weight[J]. Natural Hazards, 2013, 68(2): 549-568.

[127] 丁向东, 吴继敏, 李健, 等. 岩爆分类的人工神经网络预测方法 [J]. 河海大学学报 (自然科学版), 2003, 31(4): 424-427.

[128] 葛启发, 冯夏庭. 基于 AdaBoost 组合学习方法的岩爆分类预测研究 [J]. 岩土力学, 2008, 29(4): 943-948.

[129] 孙臣生. 基于改进 MATLAB-BP 神经网络算法的隧道岩爆预测模型 [J]. 重庆交通大学学报 (自然科学版), 2019, 38(10): 41-49.

[130] 王迎超, 尚岳全, 孙红月, 等. 基于功效系数法的岩爆烈度分级预测研究 [J]. 岩土力学, 2010, 31(2): 529-534.

[131] 高玮. 基于蚁群聚类算法的岩爆预测研究 [J]. 岩土工程学报, 2010, 32(6): 874-880.

[132] 徐飞, 徐卫亚. 岩爆预测的粒子群优化投影寻踪模型 [J]. 岩土工程学报, 2010, 32(5): 718-723.

[133] Zheng Y, Zhong H, Fang Y, et al. Rockburst prediction model based on entropy weight integrated with grey relational BP neural network[J]. Advances in Civil Engineering, 2019: 3453614.

[134] Dong L J, Li X B, Kang P. Prediction of rockburst classification using Random Forest[J]. Transactions of Nonferrous Metals Society of China, 2013, 23(2): 472-477.

[135] 杜时贵, 胡晓飞, 郭霄, 等. JRC-JCS 模型与直剪试验对比研究 [J]. 岩石力学与工程学报, 2008, 27(S1): 2747-2753.

[136] 郑文棠, 程小久, 莫树光, 等. 某核电厂边坡岩体结构面直剪试验研究 [J]. 工程勘察, 2011, 39(2): 16-21.

[137] 杜守继, 朱建栋, 职洪涛. 岩石节理经历不同变形历史的剪切试验研究 [J]. 岩石力学与工程学报, 2006, 25(1): 56-60.

[138] 李志敬, 朱珍德, 朱明礼, 等. 大理岩硬性结构面剪切蠕变及粗糙度效应研究 [J]. 岩石力学与工程学报, 2009, 28(S01): 2605-2611.

[139] 沈明荣, 谌洪菊, 张清照. 基于蠕变试验的结构面长期强度确定方法 [J]. 岩石力学与工程学报, 2012, 31(1): 1-7.

[140] 丁秀丽, 刘建, 刘雄贞. 三峡船闸区硬性结构面蠕变特性试验研究 [J]. 长江科学院院报, 2000, 17(4): 30.

[141] 周辉, 程广坦, 朱勇, 等. 基于 3D 雕刻技术的岩体结构面剪切各向异性研究 [J]. 岩土力学, 2019, 40(1): 118-126.

[142] 江权, 杨冰, 刘畅, 等. 岩石自然结构面刻录制作方法及其直剪条件下磨损特征分析 [J]. 岩石力学与工程学报, 2018, 37(11): 2478-2488.

[143] Li K H, Cao P, Zhang K, et al. Macro and meso characteristics evolution on shear behavior of rock joints[J]. Journal of Central South University, 2015, 22(8): 3087-3096.

[144] Meng F, Zhou H, Wang Z, et al. Experimental study on the prediction of rockburst hazards induced by dynamic structural plane shearing in deeply buried hard rock tunnels[J]. International Journal of Rock Mechanics and Mining Sciences, 2016, 86: 210-223.

[145] Meng F, Zhou H, Li S, et al. Shear behaviour and acoustic emission characteristics of different joints under various stress levels[J]. Rock Mechanics and Rock Engineering, 2016, 49(12): 4919-4928.

[146] Meng F, Wong L, Zhou H, et al. Shear rate effects on the post-peak shear behaviour and acoustic emission characteristics of artificially split granite joints[J]. Rock Mechanics and Rock Engineering, 2019, (52): 2155-2174.

[147] Patton F D. Multiple modes of shear failure in rock[C]. Proceeding of the1st Congress of International Society of Rock Mechanics, 1966.

[148] 刘新荣, 邓志云, 刘永权, 等. 峰前循环剪切作用下岩石节理损伤特征与剪切特性试验研究 [J]. 岩石力学与工程学报, 2018, 37(12): 2664-2675.

[149] Indraratna B, Thirukumaran S, Brown E T, et al. A technique for three-dimensional characterisation of asperity deformation on the surface of sheared rock joints[J]. International Journal of Rock Mechanics and Mining Sciences, 2014, 70: 483-495.

[150] Asadi M S, Rasouli V, Barla G. A laboratory shear cell used for simulation of shear strength and asperity degradation of rough rock fractures[J]. Rock Mechanics and Rock Engineering, 2013, 46(4): 683-699.

[151] Jiang Q, Yang B, Yan F, et al. New method for characterizing the shear damage of natural rock joint based on 3D engraving and 3D scanning[J]. International Journal of Geomechanics, 2020, 20(2): 06019022.

[152] Jiang Q, Song L, Yan F, et al. Experimental investigation of anisotropic wear damage for natural joints under direct shearing test[J]. International Journal of Geomechanics, 2020, 20(4): 04020015.

[153] 李化, 张正虎, 邓建辉, 等. 岩石节理三维表面形貌精细描述与粗糙度定量确定方法的研究 [J]. 岩石力学与工程学报, 2017, S2(36): 4066-4074.

[154] 曹平, 梅慧浩, 宁果果, 等. 经历剪切变形历史的岩石节理表面形貌变化 [J]. 铁道科学与工程学报, 2012, 9(2): 99-104.

[155] Moradian Z A, Ballivy G, Rivard P, et al. Evaluating damage during shear tests of rock joints using acoustic emissions[J]. International Journal of Rock Mechanics and Mining Sciences, 2010, 47(4): 590-598.

[156] Moradian Z A, Ballivy G, Rivard P. Correlating acoustic emission sources with damaged zones during direct shear test of rock joints[J]. Canadian Geotechnical Journal, 2012, 49(6): 710-718.

[157] Meng F, Wong L N Y, Zhou H, et al. Asperity degradation characteristics of soft rock-like fractures under shearing based on acoustic emission monitoring[J]. Engineering Geology, 2020, 266: 105392.

[158] Chen Y, Zhang C, Zhao Z, et al. Shear behavior of artificial and natural granite fractures after heating and water-cooling treatment[J]. Rock Mechanics and Rock Engineering, 2020, 53(12): 5429-5449.

[159] 陈宗基. 岩爆的工程实录、理论与控制 [J]. 岩石力学与工程学报, 1987, 6(1): 1-18.

[160] 李杰, 王明洋, 李新平, 等. 微扰动诱发断裂滑移型岩爆的力学机制与条件 [J]. 岩石力学与

工程学报, 2018, 37(S1): 3205-3214.

[161] 闫苏涛, 王青蕊. 基于岩体结构的岩爆预测方法研究 [J]. 铁道建筑技术, 2020, (11): 14-18.

[162] Feng G L, Feng X T, Chen B R, et al. Effects of structural planes on the microseismicity associated with rockburst development processes in deep tunnels of the Jinping-II Hydropower Station, China[J]. Tunnelling and Underground Space Technology, 2019, 84: 273-280.

[163] Wang J, Chen G, Xiao Y, et al. Effect of structural planes on rockburst distribution: case study of a deep tunnel in Southwest China[J]. Engineering Geology, 2021, 292: 106250.

[164] Cheng G, Zhang J, Gao Q, et al. Experimental study on the influence mechanism of the structural plane to rockbursts in deeply buried hard rock tunnels[J]. Shock and Vibration, 2021: 9839986.

[165] Li Y, Su G, Pang J, et al. Mechanism of structural—slip rockbursts in civil tunnels: an experimental investigation[J]. Rock Mechanics and Rock Engineering, 2021, 54(6): 2763-2790.

[166] 邓树新, 王明洋, 李杰, 等. 冲击扰动下滑移型岩爆的模拟试验及机理探讨 [J]. 岩土工程学报, 2020, 42(12): 2215-2221.

[167] Manouchehrian A, Cai M. Numerical modeling of rockburst near fault zones in deep tunnels[J]. Tunnelling and Underground Space Technology, 2018, 80: 164-180.

[168] 马春驰, 陈柯竹, 李天斌, 等. 基于 GDEM 的应力–结构型岩爆数值模拟研究 [J]. 隧道与地下工程灾害防治, 2020, 2(3): 85-94.

[169] Sainoki A, Mitri H S. Effect of slip-weakening distance on selected seismic source parameters of mining-induced fault-slip[J]. International Journal of Rock Mechanics and Mining Sciences, 2015, 73: 115-122.

[170] 冯帆, 李夕兵, 李地元, 等. 基于有限元/离散元耦合分析方法的含预制裂隙圆形孔洞试样破坏特性数值分析 [J]. 岩土力学, 2017, 38(S2): 337-348.

[171] 赵红亮, 周又和. 深埋地下洞室断裂型岩爆机理的数值模拟 [J]. 爆炸与冲击, 2015, 35(3): 343-349.

[172] Sainoki A, Mitri H S. Dynamic behaviour of mining-induced fault slip[J]. International Journal of Rock Mechanics and Mining Sciences, 2014, 66: 19-29.

[173] 冯夏庭. 岩爆孕育过程的机制、预警与动态调控 [M]. 北京: 科学出版社, 2013.

[174] 吴世勇, 王鸽. 锦屏二级水电站深埋长隧洞群的建设和工程中的挑战性问题 [J]. 岩石力学与工程学报, 2010, 29(11): 2161-2171.

[175] Xu N, Li T, Dai F, et al. Microseismic monitoring of strainburst activities in deep tunnels at the Jinping II Hydropower Station, China[J]. Rock Mechanics and Rock Engineering, 2016, 49(3): 981-1000.

[176] Hu L, Feng X T, Xiao Y X, et al. Effects of structural planes on rockburst position with respect to tunnel cross-sections: a case study involving a railway tunnel in China[J]. Bulletin of Engineering Geology and the Environment, 2020, 79(2): 1061-1081.

[177] Liu F, Tang C, Ma T, et al. Characterizing rockbursts along a structural plane in a

tunnel of the Hanjiang-to-Weihe river diversion project by microseismic monitoring[J]. Rock Mechanics and Rock Engineering, 2019, 52(6): 1835-1856.

[178] Wang Y, Tang C, Tang L, et al. Microseismicity characteristics before and after a rockburst and mechanisms of intermittent rockbursts in a water diversion tunnel[J]. Rock Mechanics and Rock Engineering, 2022, 55(1): 341-361.

[179] Meng F, Wong L, Zhou H. Rock brittleness indices and their applications to different fields of rock engineering: a review[J]. Journal of Rock Mechanics and Geotechnical Engineering, 2021, 13(1): 221-247.

[180] Suorineni F T, Chinnasane D R, Kaiser P K. A procedure for determining rock-type specific hoek-brown brittle parameters [J]. Rock Mechanics and Rock Engineering, 2009, 42(6): 849-881.

[181] Heidari M, Khanlari G R, Torabi-Kaveh M, et al. Effect of porosity on rock brittleness[J]. Rock Mechanics and Rock Engineering, 2014, 47(2): 785-790.

[182] Goktan R. Brittleness and micro-scale rock cutting efficiency[J]. Mining Science and Technology, 1991, 13(3): 237-241.

[183] Altindag R. Assessment of some brittleness indexes in rock-drilling efficiency[J]. Rock Mechanics and Rock Engineering, 2010, 43(3): 361-370.

[184] Bishop A W. Progressive failure-with special reference to the mechanism causing it[J]. Proc. Geotech. Conf., Oslo., 1967, 2: 142-150.

[185] Martin C D. Brittle failure of rock materials: test results and constitutive models[J]. Canadian Geotechnical Journal, 1996, 33(2): 378.

[186] 周辉, 张凯, 冯夏庭, 等. 脆性大理岩弹塑性耦合力学模型研究 [J]. 岩石力学与工程学报, 2010, 29(12): 2398-2409.

[187] Quinn J B, Quinn G D. Indentation brittleness of ceramics: a fresh approach[J]. Journal of Materials Science, 1997, 32(16): 4331-4346.

[188] Lawn B, Marshall D. Hardness, toughness, and brittleness: an indentation analysis[J]. Journal of the American Ceramic Society, 1979, 62(7-8): 347-350.

[189] Copur H, Bilgin N, Tuncdemir H, et al. A set of indices based on indentation tests for assessment of rock cutting performance and rock properties[J]. Journal- South African Institute of Mining and Metallurgy, 2003, 103(9): 589-599.

[190] Reichmuth D R. Point load testing of brittle materials to determine tensile strength and relative brittleness[C]. The 9th US Symposium on Rock Mechanics (USRMS), OnePetro, 1967.

[191] Chen S J, Guo W J, Liu J X. Experiment on formation mechanism of rock class II curve[J]. Journal of China Coal Society, 2010, 35: 54-58.

[192] Bieniawski Z T, Bernede M J. Suggested methods for determining the uniaxial compressive strength and deformability of rock materials[J]. International Journal of Rock Mechanics and Mining Sciences and Geomechanics Abstracts, 1979, 16(2): 138-140.

[193] Kovari K, Tisa A, Einstein H, et al. Suggested methods for determining the strength of rock materials in triaxial compression: revised version[J]. Intl. J. of Rock Mech. and

Mining Sci. and Geomechanic Abs, 1983, 20(6): 285-290.

[194] Fairhurst C, Hudson J A. Draft ISRM suggested method for the complete stress-strain curve for intact rock in uniaxial compression[J]. International Journal of Rock Mechanics and Mining Sciences (1997), 1999, 36(3): 279-289.

[195] Sano O, Terada M, Ehara S. A study on the time-dependent microfracturing and strength of Oshima granite[J]. Tectonophysics, 1982, 84(2-4): 343-362.

[196] Okubo S, Nishimatsu Y. Uniaxial compression testing using a linear combination of stress and strain as the control variable[J]. International Journal of Rock Mechanics and Mining Sciences and Geomechanics Abstracts, 1985, 22(5): 323-330.

[197] Lockner D A, Byerlee J D, Kuksenko V, et al. Quasi-static fault growth and shear fracture energy in granite[J]. Nature, 1991, 350(6313): 39-42.

[198] Cai P, Wu A, Wang B, et al. A rockburst proneness index based on class II whole process curve[J]. Chin. J. Rock Mech. Eng., 2010, 29(S1): 290-294.

[199] Munoz H, Taheri A, Chanda E K. Fracture energy-based brittleness index development and brittleness quantification by pre-peak strength parameters in rock uniaxial compression[J]. Rock Mechanics and Rock Engineering, 2016, 49(12): 4587-4606.

[200] Ai C, Zhang J, Li Y W, et al. Estimation criteria for rock brittleness based on energy analysis during the rupturing process[J]. Rock Mechanics and Rock Engineering, 2016, 49(12): 4681-4698.

[201] Munoz H, Taheri A, Chanda E K. Pre-peak and post-peak rock strain characteristics during uniaxial compression by 3D digital image correlation[J]. Rock Mechanics and Rock Engineering, 2016, 49(7): 2541-2554.

[202] Zheng Y, Chen C, Liu T, et al. Study on the mechanisms of flexural toppling failure in anti-inclined rock slopes using numerical and limit equilibrium models[J]. Engineering Geology, 2018, 237: 116-128.

[203] Wong T F. Micromechanics of faulting in westerly granite[J]. International Journal of Rock Mechanics and Mining Sciences and Geomechanics Abstracts, 1982, 19(2): 49-64.

[204] Lockner D. The role of acoustic emission in the study of rock fracture[J]. International Journal of Rock Mechanics and Mining Sciences and Geomechanics Abstracts, 1993, 30(7): 883-899.

[205] Nishiyama T, Chen Y, Kusuda H, et al. The examination of fracturing process subjected to triaxial compression test in Inada granite[J]. Engineering Geology, 2002, 66(3-4): 257-269.

[206] Wang C, Zhou H, Wang Z, et al. Investigation on the rockburst proneness of beishan granite under different stress state[J]. Advanced Engineering Sciences, 2017, 49(6): 84-90.

[207] Okubo S, Nishimatsu Y, He C. Loading rate dependence of class II rock behaviour in uniaxial and triaxial compression tests—an application of a proposed new control method[J]. International Journal of Rock Mechanics and Mining Sciences and Geomechanics Abstracts, 1990, 27(6): 559-562.

[208] Vogler U, Stacey T. The influence of test specimen geometry on the laboratory-determined Class II characteristics of rocks[J]. Journal of the Southern African Institute of Mining and Metallurgy, 2016, 116(11): 987-1000.

[209] Labuz J F, Biolzi L. Class I vs Class II stability: a demonstration of size effect[J]. International Journal of Rock Mechanics and Mining Sciences and Geomechanics Abstracts, 1991, 28(2-3): 199-205.

[210] Sano O, Ito I, Terada M. Influence of strain rate on dilatancy and strength of Oshima granite under uniaxial compression[J]. Journal of Geophysical Research: Solid Earth, 1981, 86(B10): 9299-9311.

[211] Lajtai E Z, Duncan E J S, Carter B J. The effect of strain rate on rock strength[J]. Rock Mechanics and Rock Engineering, 1991, 24(2): 99-109.

[212] Fuenkajorn K, Kenkhunthod N. Influence of loading rate on deformability and compressive strength of three Thai sandstones[J]. Geotechnical and Geological Engineering, 2010, 28(5): 707-715.

[213] Li Y, Huang D, Li X. Strain rate dependency of coarse crystal marble under uniaxial compression: strength, deformation and strain energy[J]. Rock Mechanics and Rock Engineering, 2014, 47(4): 1153-1164.

[214] Zhang Q B, Zhao J. A review of dynamic experimental techniques and mechanical behaviour of rock materials[J]. Rock Mechanics and Rock Engineering, 2014, 47(4): 1411-1478.

[215] Gong F, Yan J, Luo S, et al. Investigation on the linear energy storage and dissipation laws of rock materials under uniaxial compression[J]. Rock Mechanics and Rock Engineering, 2019, 52(11): 4237-4255.

[216] Yan C, Jiao Y Y, Yang S. A 2D coupled hydro-thermal model for the combined finite-discrete element method[J]. Acta Geotechnica, 2019, 14(2): 403-416.

[217] Meng F, Zhou H, Zhang C, et al. Evaluation methodology of brittleness of rock based on post-peak stress-strain curves[J]. Rock Mechanics and Rock Engineering, 2015, 48(5): 1787-1805.

[218] Barton N. Review of a new shear-strength criterion for rock joints[J]. Engineering Geology, 1973, 7(4): 287-332.

[219] Summers R, Byerlee J. A note on the effect of fault gouge composition on the stability of frictional sliding[J]. International Journal of Rock Mechanics and Mining Sciences and Geomechanics Abstracts, Pergamon, 1977, 14(3): 155-160.

[220] Tarasov B G, Randolph M F. Superbrittleness of rocks and earthquake activity[J]. International Journal of Rock Mechanics and Mining Sciences, 2011, 48(6): 888-898.

[221] Grasselli G, Wirth J, Egger P. Quantitative three-dimensional description of a rough surface and parameter evolution with shearing[J]. International Journal of Rock Mechanics and Mining Sciences, 2002, 39(6): 789-800.

[222] Karami A, Stead D. Asperity degradation and damage in the direct shear test: a hybrid FEM/DEM approach[J]. Rock Mechanics and Rock Engineering, 2008, 41(2): 229-266.

[223] Bahaaddini M, Sharrock G, Hebblewhite B K. Numerical direct shear tests to model the shear behaviour of rock joints[J]. Computers and Geotechnics, 2013, 51: 101-115.

[224] Asadi M S, Rasouli V, Barla G. A bonded particle model simulation of shear strength and asperity degradation for rough rock fractures[J]. Rock Mechanics and Rock Engineering, 2012, 45(5): 649-675.

[225] Bahaaddini M, Hagan P C, Mitra R, et al. Experimental and numerical study of asperity degradation in the direct shear test[J]. Engineering Geology, 2016, 204: 41-52.

[226] Grasselli G, Egger P. Constitutive law for the shear strength of rock joints based on three-dimensional surface parameters[J]. International Journal of Rock Mechanics and Mining Sciences, 2003, 40(1): 25-40.

[227] Gutenberg B, Richter C F. Frequency of earthquakes in California[J]. Bulletin of the Seismological Society of America, 1994, 34(4): 185-188.

[228] Colombo S, Main I G, Forde M C. Assessing damage of reinforced concrete beam using "b-value" analysis of acoustic emission signals[J]. Journal of Materials in Civil Engineering, 2003, 15(3): 280-286.

[229] Rao M, Lakshmi K P. Analysis of b-value and improved b-value of acoustic emissions accompanying rock fracture[J]. Current Science, 2005, 89(9): 1577-1582.

[230] Goebel T H W, Schorlemmer D, Becker T W, et al. Acoustic emissions document stress changes over many seismic cycles in stick-slip experiments: AEs document stress changes[J]. Geophysical Research Letters, 2013, 40(10): 2049-2054.

[231] Meng F, Zhou H, Wang Z, et al. Characteristics of asperity damage and its influence on the shear behavior of granite joints[J]. Rock Mechanics and Rock Engineering, 2018, 51(2): 429-449.

[232] Byerlee J D. The mechanics of stick-slip[J]. Tectonophysics, 1970, 9(5): 475-486.

[233] Scholz C H. The Mechanics of Earthquakes and Faulting[M]. Cambridge: Cambridge University Press, 2019.

[234] Meng F, Zhou H, Wang Z, et al. Experimental study of factors affecting fault slip rockbursts in deeply buried hard rock tunnels[J]. Bulletin of Engineering Geology and the Environment, 2017, 76(3): 1167-1182.

[235] Barton N, Choubey V. The shear strength of rock joints in theory and practice[J]. Rock Mechanics, 1977, 10(1): 1-54.

[236] Tatone B S A, Grasselli G. A new 2D discontinuity roughness parameter and its correlation with JRC[J]. International Journal of Rock Mechanics and Mining Sciences, 2010, 47(8): 1391-1400.

[237] Tse R. Estimating joint roughness coefficients[J]. International Journal of Rock Mechanics and Mining Sciences and Geomechanics Abstracts, 1979, 16(5): 303-307.

[238] Byerlee J D, Brace W F. Stick slip, stable sliding, and earthquakes-effect of rock type, pressure, strain rate, and stiffness[J]. Journal of Geophysical Research, 1968, 73(18): 6031-6037.

[239] Scholz C H, Engelder J T. The role of asperity indentation and ploughing in rock

friction—I: asperity creep and stick-slip[J]. International Journal of Rock Mechanics and Mining Sciences and Geomechanics Abstracts, 1976, 13(5): 149-154.

[240] Eberhardt E, Stimpson B, Stead D. Effects of grain size on the initiation and propagation thresholds of stress-induced brittle fractures[J]. Rock Mechanics and Rock Engineering, 1999, 32(2): 81-99.

[241] Tuğrul A, Zarif I H. Correlation of mineralogical and textural characteristics with engineering properties of selected granitic rocks from Turkey[J]. Engineering Geology, 1999, 51(4): 303-317.

[242] Peng J, Wong L N Y, Teh C I. Effects of grain size-to-particle size ratio on microcracking behavior using a bonded-particle grain-based model[J]. International Journal of Rock Mechanics and Mining Sciences, 2017, 100: 207-217.

[243] Peng J, Wong L N Y, Teh C I. Influence of grain size heterogeneity on strength and microcracking behavior of crystalline rocks[J]. Journal of Geophysical Research: Solid Earth, 2017, 122(2): 1054-1073.

[244] Wang M, Li P, Wu X, et al. A study on the brittleness and progressive failure process of anisotropic shale[J]. Environmental Earth Sciences, 2016, 75(10): 886.

[245] Kabeya K K, Legge T F H. Relationship between grain size and some surface roughness parameters of rock joints[J]. International Journal of Rock Mechanics and Mining Sciences, 1997, 34(3-4): 146.e1-146.e15.

[246] Guo B H. Relationship among several roughness parameters of rock fracture surfaces [J]. Journal of Mining and Safety Engineering, 2011, 28(2): 242-246.

[247] Dieterich J H. Time-dependent friction in rocks[J]. Journal of Geophysical Research, 1972, 77(20): 3690-3697.

[248] Dieterich J H. Modeling of rock friction: 1. experimental results and constitutive equations[J]. Journal of Geophysical Research, 1979, 84(B5): 2161-2168.

[249] Ruina A. Slip instability and state variable friction laws[J]. Journal of Geophysical Research: Solid Earth, 1983, 88(B12): 10359-10370.

[250] Schorlemmer D. Earthquake statistics at parkfield: 1. stationarity of b values[J]. Journal of Geophysical Research Solid Earth, 2004, 109: B12307.

[251] Schorlemmer D, Wiemer S, Wyss M, et al. Earthquake statistics at parkfield: 2. probabilistic forecasting and testing[J]. Journal of Geophysical Research: Solid Earth, 2004, 109(B12): 1-12.

[252] Frohlich C, Davis S D. Teleseismic b values; or, much ado about 1.0[J]. Journal of Geophysical Research: Solid Earth, 1993, 98(B1): 631-644.

[253] Turcotte D L. Fractals and chaos in geology and geophysics[J]. Physics Today, 1993, 46(5): 68-68.

[254] Bakun W H, Aagaard B, Dost B, et al. Implications for prediction and hazard assessment from the 2004 Parkfield earthquake[J]. Nature, 2005, 437(7061): 969-974.

[255] Geller R J, Jackson D D, Kagan Y Y, et al. Earthquakes cannot be predicted[J]. Science, 1997, 275(5306): 1616.

[256] Scholz C H. Earthquakes and friction laws[J]. Nature, 1998, 391(6662): 37-42.

[257] Scholtz C H. The frequency-magnitude relation of microfracturing in rock and its relation to earthquakes[J]. Bull. Ssm. Soc. Am, 1968, 58(1): 1909-1911.

[258] Amitrano D. Brittle-ductile transition and associated seismicity: experimental and numerical studies and relationship with the b value[J]. Journal of Geophysical Research: Solid Earth, 2003, 108: 2044.

[259] Moreno M, Rosenau M, Oncken O. Maule earthquake slip correlates with pre-seismic locking of Andean subduction zone[J]. Nature, 2010, 467(7312): 198-202.

[260] Narteau C, Byrdina S, Shebalin P, et al. Common dependence on stress for the two fundamental laws of statistical seismology[J]. Nature, 2010, 462(7273): 642-645.

[261] Stumpf M P H, Porter M A. Critical truths about power laws[J]. Science, 2012, 335(6069): 665-666.

[262] Virkar Y, Clauset A. Power-law distributions in binned empirical data[J]. The Annals of Applied Statistics, 2014, 8(1): 89-119.

[263] Ishimoto M. Observations of earthquakes registered with the microseismograph constructed recently[J]. Bull. Earthquake Res. Inst. Univ. Tokyo, 1936, 17: 443-478.

[264] Nanjo K Z, Yoshida A. A b map implying the first eastern rupture of the Nankai trough earthquakes[J]. Nature Communications, 2018, 9(1): 1117.

[265] Spada M, Tormann T, Wiemer S, et al. Generic dependence of the frequency-size distribution of earthquakes on depth and its relation to the strength profile of the crust[J]. Geophysical Research Letters, 2013, 40(4): 709-714.

[266] Scholz C H. On the stress dependence of the earthquake b value[J]. Geophysical Research Letters, 2015, 42(5): 1399-1402.

[267] Imoto M. Changes in the magnitude–frequency b-value prior to large ($M \geqslant 6.0$) earthquakes in Japan[J]. Tectonophysics, 1991, 193(4): 311-325.

[268] Nanjo K Z, Hirata N, Obara K, et al. Decade-scale decrease in b value prior to the M9-class 2011 Tohoku and 2004 Sumatra quakes[J]. Geophysical Research Letters, 2012, 39(20): 120304-1-120304-4.

[269] Wang J H, Chen K C, Leu P L, et al. b-Values observations in Taiwan: a review[J]. Tao Terrastrial Atmospheric and Oceanic Sciences, 2015, 26(5):475-492.

[270] Wang J H, Chen K C, Leu P L, et al. Precursor times of abnormal b-values prior to mainshocks[J]. Journal of Seismology, 2016, 20(3): 1-15.

[271] Schorlemmer D, Wiemer S. Earth science: microseismicity data forecast rupture area[J]. Nature, 2005, 434(7037): 1086.

[272] Tormann T, Wiemer S, Mignan A. Systematic survey of high-resolution b value imaging along Californian faults: inference on asperities[J]. Journal of Geophysical Research: Solid Earth, 2014, 119(3): 2029-2054.

[273] Utsu T, Ogata Y, Matsu'ura R S. The centenary of the Omori formula for a decay law of aftershock activity[J]. Journal of Physics of the Earth, 1995, 43(1): 1-33.

[274] Hirata T. A correlation between the b value and the fractal dimension of earthquakes[J]. Journal of Geophysical Research: Solid Earth, 1989, 94(B6): 7507-7514.

[275] Kagan Y Y, Knopoff L. Spatial distribution of earthquakes: the two-point correlation function[J]. Geophysical Journal International, 1980, 62(2): 303-320.

[276] Candela T, Renard F, Klinger Y, et al. Roughness of fault surfaces over nine decades of length scales[J]. Journal of Geophysical Research: Solid Earth, 2012, 117(B8): 1-30.

[277] Brown S R, Scholz C H. Broad bandwidth study of the topography of natural rock surfaces[J]. Journal of Geophysical Research: Solid Earth, 1985, 90(B14): 12575-12582.

[278] Zang A, Wagner F C, Stanchits S, et al. Fracture process zone in granite[J]. Journal of Geophysical Research: Solid Earth, 2000, 105(B10): 23651-23661.

[279] Cheng Y, Wong L N Y. Microscopic characterization of tensile and shear fracturing in progressive failure in marble[J]. Journal of Geophysical Research: Solid Earth, 2018, 123(1): 204-225.

[280] Moore D E, Lockner D A. The role of microcracking in shear-fracture propagation in granite[J]. Journal of Structural Geology, 1995, 17(1): 95-114.

[281] Homand F, Hoxha D, Belem T, et al. Geometric analysis of damaged microcracking in granites[J]. Mechanics of Materials, 2000, 32(6): 361-376.

[282] Zhao Y. Crack pattern evolution and a fractal damage constitutive model for rock[J]. International Journal of Rock Mechanics and Mining Sciences, 1998, 35(3): 349-366.

[283] Vermilye J M, Scholz C H. The process zone: a microstructural view of fault growth[J]. Journal of Geophysical Research: Solid Earth, 1998, 103(B6): 12223-12237.

[284] Anders M H, Wiltschko D V. Microfracturing, paleostress and the growth of faults[J]. Journal of Structural Geology, 1994, 16(6): 795-815.

[285] Rivière J, Lv Z, Johnson P A, et al. Evolution of b-value during the seismic cycle: insights from laboratory experiments on simulated faults[J]. Earth and Planetary Science Letters, 2018, 482: 407-413.

[286] Morrow C A, Moore D E, Lockner D A. Frictional strength of wet and dry montmorillonite[J]. Journal of Geophysical Research: Solid Earth, 2017, 122(5): 3392-3409.

[287] Togo T, Yao L, Ma S, et al. High-velocity frictional strength of Longmenshan fault gouge and its comparison with an estimate of friction from the temperature anomaly in WFSD-1 drill hole[J]. Journal of Geophysical Research: Solid Earth, 2016, 121(7): 5328-5348.

[288] Behnsen J, Faulkner D R. The effect of mineralogy and effective normal stress on frictional strength of sheet silicates[J]. Journal of Structural Geology, 2012, 42: 49-61.

[289] Mehrishal S, Sharifzadeh M, Shahriar K, et al. An experimental study on normal stress and shear rate dependency of basic friction coefficient in dry and wet limestone joints[J]. Rock Mechanics and Rock Engineering, 2016, 49: 4607-4629.

[290] Lei X, Ma S. Laboratory acoustic emission study for earthquake generation process[J]. Earthquake Science, 2014, 27(6): 627-646.

[291] Oded K. Microfracturing, damage, and failure of brittle granites[J]. Journal of Geophysical Research Solid Earth, 2004, 109: B01206.

[292] Amitrano D, Helmstetter A. Brittle creep, damage, and time to failure in rocks[J]. Journal of Geophysical Research: Solid Earth, 2006, 111(B11): 1-17.

[293] Marone C. The effect of loading rate on static friction and the rate of fault healing during the earthquake cycle[J]. Nature, 1998, 101(6662): 1143-1152.

[294] Scholz C H, Dawers N H, Yu J Z, et al. Fault growth and fault scaling laws: preliminary results[J]. Journal of Geophysical Research: Solid Earth, 1993, 98(B12): 21951-21961.

[295] Main I G, Meredith P G, Sammonds P R, et al. Influence of fractal flaw distributions on rock deformation in the brittle field[J]. Geological Society, London, Special Publications, 1990, 54(1): 81-96.

[296] Moore D E, Lockner D A. 11. Friction of the Smectite Clay Montmorillonite A Review and Interpretation of Data[M]. Columbia: Columbia University Press, 2007: 317-345.

致　　谢

本人于 2015 年 6 月博士毕业于中国科学院武汉岩土力学研究所，随后入职青岛理工大学，同年 12 月进入青岛理工大学土木工程博士后流动站，师从王在泉教授，2017 年入选中国博士后科学基金会的"香江学者"计划，2018—2020 年在香港大学地球科学系从事博士后研究，合作导师 Louis Wong 教授。经过六年多的学习，完成博士后研究工作，本书是作者近十年来科研成果的总结。

首先要感谢我的博士阶段的导师，中国科学院武汉岩土力学研究所的周辉研究员，本书的选题正是基于博士阶段的研究内容，同时为保证研究内容的系统性和完整性，本书内也包含了部分博士阶段的研究成果。毫无疑问，没有周辉老师的指导和教诲，就没有本书的研究成果，周老师具有渊博的知识、宽广的胸怀、敏锐的判断，周老师教会学生科研的方法和思维使我受益至今。即使毕业之后，我个人的成长和每次进步都离不开周老师的支持，无论组里还是所里，都为我后续的试验研究提供了极大的支持。

再次要感谢本人博士后合作导师王在泉教授。王老师平易近人、和蔼可亲，与年轻人交流丝毫没有任何架子，王老师平日工作繁忙，为学校发展日夜操劳，但仍经常对本人进行细致的指导和关怀，王老师学识渊博、视野开阔，与王老师的每次交流和讨论都会为自己找到科研的思路和前进的方向。感谢王老师对本人在学习、工作和生活上给予的热心帮助、鼓励和支持。

同时也要感谢本人在香港大学的博士后合作导师 Louis Wong 教授。有幸于 2017 年入选"香江学者"计划，在香港大学地球科学系 Louis Wong 教授的指导下开展两年的博士后合作研究。Wong 教授具有宽广的国际视野，并教授于我恪守学术道德规范，严格要求自己，本书的部分章节也是在 Wong 教授的指导下完成的。Wong 教授为本人在港求学的两年创造了良好的科研环境、学术氛围，以及参与国内外学术交流的机会。每周组会的习惯和指导学生的方法也使我受益良多。

同时也要感谢这十多年来身边同学、同事和师长的帮助及支持 (人数众多，在此不一一列举)，也感谢我的研究生们在日常的科研工作上和本书稿的整理过程中付出的辛勤努力！

编 后 记

　　"博士后文库"是汇集自然科学领域博士后研究人员优秀学术成果的系列丛书。"博士后文库"致力于打造专属于博士后学术创新的旗舰品牌，营造博士后百花齐放的学术氛围，提升博士后优秀成果的学术影响力和社会影响力。

　　"博士后文库"出版资助工作开展以来，得到了全国博士后管委会办公室、中国博士后科学基金会、中国科学院、科学出版社等有关单位领导的大力支持，众多热心博士后事业的专家学者给予积极的建议，工作人员做了大量艰苦细致的工作。在此，我们一并表示感谢！

"博士后文库"编委会